공부씨앗

공통수학1

· 수포자를 구하라

수학을 포기한 사람? 학생들은 어떻게 수포자가 되는 걸까요? 수학의 개념 자체도 잘 이해하지 못했는데 계속해서 학습 진도를 나가거나, 개념은 이해가 되는데 필수 유형 학습이 부족해 심화 유형으로 나아가지 못하고 방치된 경우에 수포자가 됩니다. 여기서 우리가 알아챌 수 있는 사실이 있습니다. 수학을 공부할 때 가장 중요한 지점은 '개념 및 필수 유형을 풀이한 후의 점검'에 있습니다. 이것이 공부씨앗의 필수 유형 문제집이 만들어진 이유입니다.

『공부씨앗 필수 유형 문제집 308제』를 통해 지금까지의 수학 학습법에 대한 고민의 시간을 가져보고, **필수 유형 학습이 제대로 이루어지고 있는지 점검해 보세요.** 유형 학습이 제대로 준비되어 있지 않다면 다시 개념 학습에 집중하면 됩니다. 만약 공부씨앗 문제집을 술술 풀어 낼 수 있다면 다음 단계인 심화 유형 문제를 풀이하며 수학적 사고력을 강화하세요!

· 누구나 학습의 기반을 마련하길 바라며

공정한 경쟁을 위해 필요한 최소한의 조건이 무엇인지 생각해 봤습니다. 누구나 마음을 먹고 공부를 시작했다면 어떻게 해야 제대로 공부할 수 있는지, 어려움에 부딪혔을 때 어떻게 극복할지를 알아야 공정하게 경쟁할 수 있습니다. 나의 문제점을 극복하고 온전한 내 실력을 가져야만 다른 사람과도 경쟁할 수 있기 때문입니다.

어떻게 문제를 풀이하고 학습해야 할까 고민해 본 적이 있을 것입니다. **먼저 자신이 [A. 개념 학습 단계 → B. 유형 학습 단계 → C. 심화 학습 단계] 중 어떤 단계에 속하는지 점검해 보세요.** 어떤 단계에 속해 있든 앞선 학습 단계를 내 것으로 만들지 못했다면 다음 단계로 나아갈 수 없습니다. 뛰어난 문제풀이 실력을 갖추려면 틀린 문제를 이해하고 제대로 풀 수 있을 때까지 해설지를 분석하고 스스로 질문해 보아야 합니다. 그런데 이때 한번에 너무 많은 문제를 해결하려고 하면 채점에만 급급해 문제를 분석하는 과정을 생략하게 될 가능성이 큽니다. 온전한 내 것이 될 수 있도록 적절하게 나눠서 풀이해야 합니다. 다음 그림을 보면 이해하기가 더 쉬울 것입니다.

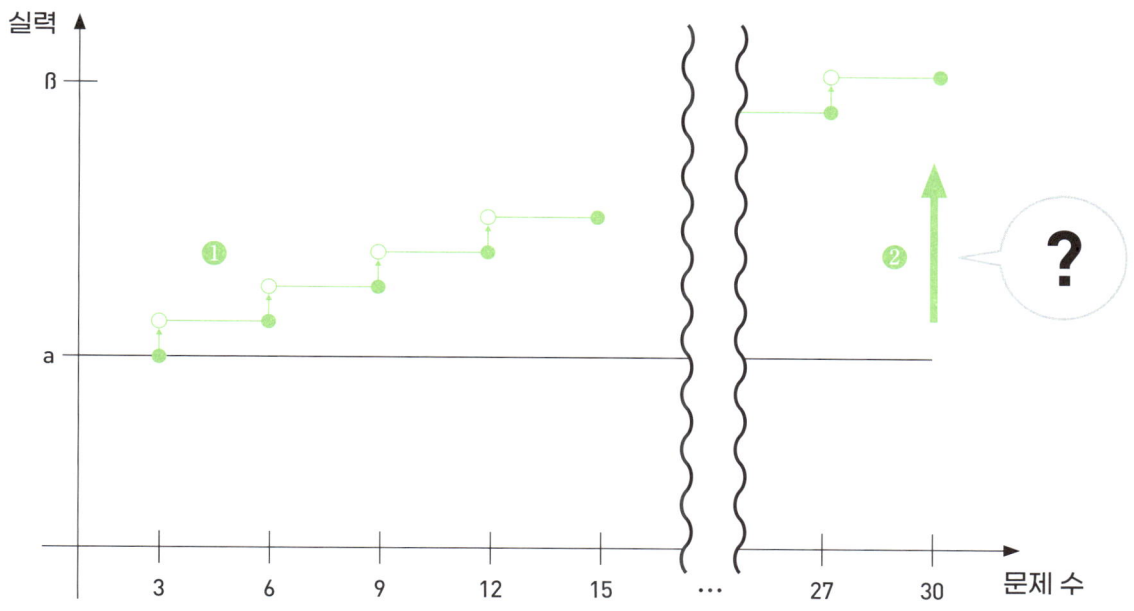

한 단계, 한 단계씩 실력을 체크하며 성장하는 ❶ 풀이 방식과 한꺼번에 모든 문제를 풀이하고 채점하는 ❷ 풀이 방식의 차이점이 보이나요? 대부분의 학생들이 풀이하는 ❷의 경우에는 문제풀이에 지쳐 정작 해결해야 할 분석의 과정을 놓치기 쉽고, 그로 인해 얼마나 성장했는지도 제대로 알 수 없습니다. 반면, 단계적으로 나누어 풀이하는 ❶의 방식을 활용하면 문제를 분석할 기회를 지속하면서 장기적인 학습과 성장에 매우 유리하죠. 공부씨앗에는 지금 당장의 점수가 아니라 완벽하게 내 실력을 쌓을 수 있는 문제풀이 방법을 담았습니다. **많은 학생들이 놓치기 쉬운 필수 유형 308제를 통해 나의 학습 방법을 점검하고, 더 친절하고 상세한 해설지를 통해 학습의 기반을 마련해 보세요.** 누구에게나 100% 통하는 수학 문제풀이 방법이 될 것입니다.

· 이런 학생에게 추천합니다

✓	공통수학1의 기본 유형을 점검하고 싶은 학생
✓	까다로운 필수 유형을 제대로 다지고 싶은 학생
✓	선행 학습 이후, 빠르게 필수 유형을 점검하고 다음 단계로 넘어가고 싶은 학생

본격적인 공부씨앗의 학습을 시작하기 전에 먼저 해야 할 것이 있습니다. 바로 다음의 3가지 궁금증에 대한 답을 확인하는 것입니다.

1. 왜 문제를 풀어야 하나요?
2. 문제를 풀었다면 해설지는 어떻게 활용하는 것이 가장 좋을까요?
3. 문제를 여러 번 반복해서 풀어야 할까요?

당연한 질문 같지만, 이 질문에 대한 답을 확인해야 제대로 된 공부를 시작할 수 있습니다. 마음 속에 바로 답이 떠올랐나요? 아직 답을 찾지 못한 학생이 있다면 공부씨앗이 도와드릴게요. 이렇게 시작해 보세요!

[공부씨앗 학습법]

 **❶ 3문제 풀이법**  **❷ 라인-솔루션 풀이법** **❸ 3회 반복 풀이법**

 ▶▶▶  ▶▶▶

Q1 왜 문제를 풀어야 하나요?

사실 답은 어렵지 않습니다. **문제를 푼다는 것은 금광에서 금을 찾는 것과 같아요.** 만약 여러분이 **금광에**서 금을 발견했다면 열심히 괭이질을 해내서 내 것으로 만들겠죠. 여기서 **중요한 점은 문제를 풀이하는 과**정에서 내가 틀린 문제를 알게 된다는 것, 그것이 바로 금광에서 금을 찾은 것과 같다는 것입니다. **금을 발견했다면(틀린 문제를 알게 됐다면) 금을 내 것으로 만들기 위해(내 실력을 쌓기 위해) 괭이질을 해야 (나의 개선점을 이해해야) 합니다. 이것이 바로 우리가 문제를 풀어야 하는 이유입니다!** 따라서 문제를 풀다가 틀렸다면 감출 것이 아니라 틀린 문제를 해결하는 것, 나의 부족한 부분을 채우기에만 집중하면 됩니다. 하지만 문제풀이는 하루 이틀에 끝나는 것이 아닙니다. 대학 입학까지 고려한다면 상당 기간, 지속적으로 문제를 풀이할 수 있어야 합니다. 지치지 않고 스스로 관리하는 방법을 알아야겠죠. **그래서 준비했습니다. 공부씨앗의 '3문제 풀이법'입니다.**

[3문제 풀이법]

STEP 1

문제 3개를 1세트로 풀이하기

서로 다른 유형의 문제 3개를 1세트로 선택하면 부족한 유형 학습을 개선할 수 있고,
서로 같은 유형의 문제 3개를 1세트로 선택하면 3번의 복습 효과를 얻을 수 있습니다.

STEP 2

문제 1세트당 제한시간은 9분

보통 시험에서는 50분에 20 ~ 25문제가 출제됩니다. 따라서 문제당 풀이 시간은 최대
2분 30초, 1세트인 세 문제는 최소 7분 30초 ~ 최대 9분입니다.

STEP 3

풀이 직후 채점하기! 정답은 O, 오답은 X, 3분 이상 풀이한 문제는 T(Time) 표기하기

문제를 풀고 나서는 해설지를 통해 반드시 문제를 제대로 해결했는지 확인해야 합니다.
세 문제씩 끊어서 풀이하면 조금씩 지속적으로 성장할 수 있습니다.

Q2 해설지는 어떻게 활용하는 것이 가장 좋을까요?

지금까지 해설지를 어떻게 활용해왔나요? 대부분은 문제를 채점하기 위해 쓱 보고 지나치는 경우가 많았을 것입니다. 공부씨앗의 해설지 사용법은 다릅니다. 공부씨앗은 이렇게 정의합니다.

> **!**
> ## 해설지는 첫 번째 선생님이다.

해설지를 어떻게 활용하는지에 따라 학습의 결과가 좌우됩니다. 해설지의 목적은 문제를 풀이하는 학생이 문제에 대한 접근 방식과 풀이 과정을 온전히 이해하는 데 있습니다. 학생 개인마다 문제를 어디까지 풀이했는지, 어떻게 접근해야 하는지 자신만의 솔루션을 만들 수 있어야 합니다. 그래서 공부씨앗은 더 자세한 해설과 더 구체적인 접근 방식을 제안합니다. 앞으로 해설지는 이렇게 활용해 보세요!

[라인 - 솔루션 풀이법]

STEP 1

틀린 문제의 해설에서 내가 이해한 내용까지 선(라인)을 그어 구분하기
만약 문제 자체를 이해하지 못했다면 해설 내용 가장 처음 부분에 선을 긋습니다.
나의 한계를 표시하고, 한계를 뛰어넘기 위한 자신만의 솔루션을 훈련하기 위함입니다.

STEP 2

표시한 선을 기준으로 솔루션 작성하기
내가 이해하지 못한 부분을 뛰어넘기 위한 나만의 솔루션을 작성합니다. 문제를 보면 이 솔루션이 생각날 수 있도록 작성해야 다음에도 같은 유형의 문제를 해결할 수 있습니다.

STEP 3

해설을 끝까지 이해했다면 해설지 없이 다시 문제 풀이하기
해설 내용을 숙지한 것과 실제로 문제를 풀이하는 것은 다른 문제입니다.
완벽하게 문제를 풀이할 수 있는지 반드시 확인하는 과정을 거칩니다.

208 ·············· **정답** 1

> $|x^2-\underset{①}{|x+2|}|<4$의 해가 $a<x<b$일 때, $a+b$ 의 값은? ②

$x<-2$인 경우와 $x \geq -2$인 경우로 나누어 생각하자. ①

두 개의 절댓값 부호가 있지만 부등식의 좌변 전체에 절댓값이 있으므로 연립부등식으로 변환하여 해결할 수 있다. ②

ⅰ) $x<-2$일 때,

$|x^2+x+2|<4$, $-4<x^2+x+2<4$

$\begin{cases} x^2+x+6>0 \\ x^2+x-2<0 \end{cases} \Rightarrow \begin{cases} x는\ 모든\ 실수 \\ -2<x<1 \end{cases}$ 이므로

$x<-2$일 때 해는 없다.

ⅱ) $x \geq -2$일 때,

$|x^2-x-2|<4$, $-4<x^2-x-2<4$

$\begin{cases} x^2-x+2>0 \\ x^2-x-6<0 \end{cases} \Rightarrow \begin{cases} x는\ 모든\ 실수 \\ -2<x<3 \end{cases}$ 이므로

부등식의 해는 $-2<x<3$이다.

ⅰ), ⅱ)에서 주어진 부등식의 해는 $-2<x<3$이므로 $a=-2$, $b=3$이다.

∴ $a+b=1$

라인 - 솔루션 풀이법

1단계 - 허들 설정하기

문제와 해설 내용에 문제를 풀이할 때 막혔던 부분, 즉 '허들'을 찾아 선으로 표시하고, 번호(①, ②, …)를 붙여 주세요.
문제에 아예 손을 대지 못했다면 해설지 맨 위에 표시하면 됩니다.

처음 표시한 선 뒤에도 이해되지 않는 부분이 있다면 허들을 추가하세요.

2단계 - 솔루션 작성하기

내가 막힌 부분과 그 다음 해설지 내용이 어떻게 다른지 분석해 보세요.
해설지가 왜? 그렇게 풀이했는지 생각해 보면서 힌트를 얻는 것입니다.

'좌변이 절댓값이었다는 것을 알아챘어야 했음' 처럼 허들을 넘기 위해 필요했던 생각의 과정, 즉 나만의 솔루션을 작성해 보세요.

3단계 - 복구 작업

해설지를 덮고 스스로의 힘으로 다시 한번 처음부터 끝까지 문제를 풀이해 보세요.
착각을 진짜 실력으로 바꾸는 필수 과정입니다.

4단계 - 3회 반복 풀이법

이 과정을 하루에 한 번, 1주에 3번 연속으로 막힘없이 풀이할 수 있을 때까지 반복하세요.
비로소 완벽한 내 실력이 될 거예요.

Q3 문제를 여러 번 반복해서 풀어야 할까요?

문제를 잘 풀이하는 것과 시험을 잘 보는 것, 두 가지가 같을까요? 시험이 우리에게 묻고 있는 질문은 '이 문제를 풀 수 있나요?'가 아니라 '이 문제를 제한 시간 내에 풀 수 있도록 잘 준비해왔나요?'입니다. 이것이 바로 우리가 문제를 반복해서 풀이해야 하는 이유입니다.

시험을 잘 보고 싶다면, 좋은 점수를 얻고 싶다면 제한 시간 내에 '빠르고 정확하게' 문제를 풀이하기 위해 준비해야 합니다. 문제를 해결할 줄 안다면 시험에 반드시 출제되는 비슷한 유형의 문제를 반복적으로 풀이하여 풀이의 속도를 단축하는 것이 가장 좋은 방법입니다. 무턱대고 반복하기만 하면 될까요? 물론 아닙니다. 공부씨앗의 3회 반복 풀이법을 연습해 보세요.

[3회 반복 풀이법]

STEP 1 3문제 풀이법 세트 문제 위에 풀이 날짜 작성하기
풀이 날짜에 틀린 문제(/)와 맞은 문제(○), 풀이 시간이 오래 걸린 문제(T; Time)를 알아볼 수 있도록 다르게 채점합니다.

 t1 2/1

046

x에 대한 다항식 $x^3 + x^2 + (k-6)x - 2k$가 서로 다른 두 실수 a, b에 대하여 $(x+a)(x+b)^2$꼴로 인수분해 되도록 하는 모든 상수 k값의 합은?

① $-\dfrac{27}{4}$ ② $-\dfrac{29}{4}$ ③ $-\dfrac{31}{4}$

④ $-\dfrac{33}{4}$ ⑤ $-\dfrac{35}{4}$

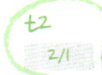 t2 2/1

047

다항식 $x^4 + 4x^3 + 2x^2 - 4x - 3$이 $(x+a)(x-a)\mathrm{P}(x)$로 인수분해될 때, $\mathrm{P}(|a|)$의 값은? (단, a는 상수)

① 2 ② 4 ③ 6
④ 8 ⑤ 10

t3 2/1

048

이차항의 계수가 1인 두 이차방정식 $f(x)$와 $g(x)$에 대하여 $f(x)g(x) = x^4 + 2x^3 - 4x^2 - 2x + 3$이다. 두 다항식 $f(x)$, $g(x)$가 모두 $x-a$로 나누어떨어질 때, $f(4) + g(4)$의 값은? (단, a는 상수이다.)

STEP 2

일주일 안에 '틀린 문제'와 '풀이 시간이 오래 걸린 문제'를 1세트로 묶어 3회 반복 풀이하기

처음 풀이한 날에 반복해서 풀이하는 것은 안 됩니다. 학습의 효과를 제대로 확인하기
위해서는 하루 이틀의 시간을 두고, 일주일 안에 3회 반복 풀이해야 합니다.

046

x에 대한 다항식 $x^3 + x^2 + (k-6)x - 2k$가 서로 다른 두 실수 a, b에 대하여 $(x+a)(x+b)^2$꼴로 인수분해 되도록 하는 모든 상수 k값의 합은?

① $-\dfrac{27}{4}$ ② $-\dfrac{29}{4}$ ③ $-\dfrac{31}{4}$

④ $-\dfrac{33}{4}$ ⑤ $-\dfrac{35}{4}$

048

이차항의 계수가 1인 두 이차방정식 $f(x)$와 $g(x)$에 대하여 $f(x)g(x) = x^4 + 2x^3 - 4x^2 - 2x + 3$이다. 두 다항식 $f(x)$, $g(x)$가 모두 $x-a$로 나누어떨어질 때, $f(4) + g(4)$의 값은? (단, a는 상수이다.)

049

x에 대한 다항식 $P(x)$를 $x^2 - 2x$로 나누었을 때의 나머지가 $2x+1$이고, $x^2 - 5x + 6$으로 나누었을 때의 나머지가 $5x - 5$이다.
다항식 $P(x)$를 $x^3 - 5x^2 + 6x$로 나누었을 때의 나머지를 $R(x)$라 할 때, $R(x)$를 $x-4$로 나누었을 때의 나머지는?

STEP 3

일주일 안에 3번 연속 맞을 때까지 반복 풀이하기

두 번 연속으로 맞았지만 한 번은 틀린 경우, 다시 연속해서 세 번을 다 맞을 때까지 반복
풀이합니다. 꾸준함이 필요한 순간입니다!

046

x에 대한 다항식 $x^3 + x^2 + (k-6)x - 2k$가 서로 다른 두 실수 a, b에 대하여 $(x+a)(x+b)^2$꼴로 인수분해 되도록 하는 모든 상수 k값의 합은?

① $-\dfrac{27}{4}$ ② $-\dfrac{29}{4}$ ③ $-\dfrac{31}{4}$

④ $-\dfrac{33}{4}$ ⑤ $-\dfrac{35}{4}$

048

이차항의 계수가 1인 두 이차방정식 $f(x)$와 $g(x)$에 대하여 $f(x)g(x) = x^4 + 2x^3 - 4x^2 - 2x + 3$이다. 두 다항식 $f(x)$, $g(x)$가 모두 $x-a$로 나누어떨어질 때, $f(4) + g(4)$의 값은? (단, a는 상수이다.)

049

x에 대한 다항식 $P(x)$를 $x^2 - 2x$로 나누었을 때의 나머지가 $2x+1$이고, $x^2 - 5x + 6$으로 나누었을 때의 나머지가 $5x - 5$이다.
다항식 $P(x)$를 $x^3 - 5x^2 + 6x$로 나누었을 때의 나머지를 $R(x)$라 할 때, $R(x)$를 $x-4$로 나누었을 때의 나머지는?

그럼 이제 시작해 볼까요?

더 자세하고 구체적인 공부씨앗의 학습 방법은 멘토디 학습관리센터 블로그와 유튜브 채널을 확인해 주세요!

**멘토디
학습관리센터**

홈페이지	www.mentody.com
블로그	blog.naver.com/mentodymath
유튜브	www.youtube.com/@mentody

수포자라면 반드시 봐야 할 책

공부법 유튜브(@DreamSchool_KR)를 운영하며 수많은 수학의 달인들과 인터뷰를 했다. 그들이 공통적으로 말하는 공부의 비결은 유형별 풀이법, 해설지의 사고 습득이었다. 하지만 애초에 수학에 흥미가 없거나 연습이 되지 않은 학생에게는 두 가지 모두 달성하기 어려운 목표에 불과하다. 문제의 유형을 파악하기 어려운 편제와 무미건조한 해설 때문이다.

하지만 『공부씨앗 필수 유형 문제집』은 현장에서의 경험을 바탕으로 학생들이 어려워 하는 문제 중 308개를 선별해 유형별로 묶고, 마치 과외 선생님이 옆에서 직접 설명해 주는 듯한 해설을 제공한다. 특히 단순한 수식과 계산 과정의 나열이 아니라, 한 문장씩 들어가 있는 원포인트 레슨이 높기만 하던 수학의 문턱을 낮춰 준다. 다시금 수학을 공부하고 싶다는 마음이 들게 하는 책이다.

이윤규 변호사 | 베스트셀러 『무조건 합격하는 암기의 기술』 저자

목차

1단원.

다항식의 연산

유형 1
다항식의 덧셈과 뺄셈

001

그림과 같이 점 O를 중심으로 하는 반원에 내접하는 직사각형 ABCD가 다음 [조건]을 만족시킨다.

[조 건]

(가) $\overline{OC} + \overline{CD} = x + y + 5$

(나) $\overline{DA} + \overline{AB} + \overline{BO} = 3x + y + 7$

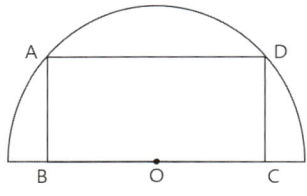

직사각형 ABCD의 넓이를 x, y의 식으로 나타내면?

① $(x-1)(y+4)$ ② $(x+1)(y+4)$

③ $2(x-1)(y+4)$ ④ $2(x+1)(y-4)$

⑤ $2(x+1)(y+4)$

002

세 다항식 $A = (x+2y)(x^2 - 2xy + 4y^2)$,
$B = x^3 - 2x + 1$, $C = x^3 - 3x + 8y^2 - 3$에 대하여
$2(A+B) - 3(B+C)$를 구하시오.

003

$f(x, y) = x^2 - 2y^2 + xy + 3x + 3y + 2$에 대하여
$f(a, b) = 3$일 때, $f(2a + 2b + 1, a + 3b + 1)$의
값은?

① 12   ② 15   ③ 18

④ 21   ⑤ 24

004

다음 그림과 같이 점 O를 중심으로 하는 반원에 내접하는 직사각형 ABCD가 $\overline{AB}+\overline{BO}=3x+y+1$, $\overline{AD}+\overline{DC}+\overline{CO}=5x-3y+7$을 만족할 때, 직사각형 ABCD의 넓이를 x, y를 이용한 식으로 나타낸 것은?

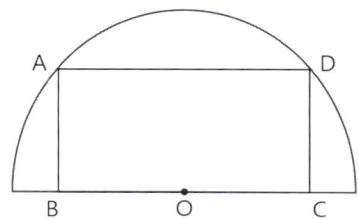

① $2(x-2y+3)(2x-3y-2)$

② $2(x+2y+3)(2x-3y-2)$

③ $2(x-2y+3)(2x+3y-2)$

④ $2(x-2y-3)(2x-3y+2)$

⑤ $2(x+2y-3)(2x+3y+2)$

유형 2

다항식의 전개식에서 계수 구하기

005

다항식 $(x+1)(x+2)(x+3)\cdots(x+9)$의 전개식에서 x^8의 계수는?

① 45　　　② 50　　　③ 55

④ 90　　　⑤ 110

006

$(x^3-6x^2+10)(2x^2+x-3)$의 전개식에서 x^3항의 계수를 a, x^2항의 계수를 b라 할 때, $a+b$의 값은?

007

다항식 $(x^3-4x^2+2x+3)^6$의 전개식에서 모든 항의 계수의 합을 구하면?

008

다항식 $(x^3 - 2x^2 + 5x - 4)(3x + 2)^2$의 전개식에서 x^4의 계수는?

① -15 ② -12 ③ -10

④ -8 ⑤ -6

유형 3

곱셈 공식을 이용한 다항식의 전개

009

$ab + bc + ca = -7$, $abc = -2$,
$(a + b)(b + c)(c + a) = -12$일 때, $a + b + c$의 값은?

010

세 실수 x, y, z가 다음의 조건을 만족시킨다.

[조 건]

(가) x, y, $2z$ 중에서 적어도 하나는 3이다.
(나) $3(x + y + 2z) = xy + 2yz + 2zx$

$10xyz$의 값을 구하시오.

011

세 실수 a, b, c가 $a^2 + b^2 + c^2 = 2$,
$a + b + c = \sqrt{6}$일 때, $\dfrac{bc}{a}$의 값을 구하면?

① 1 ② $\dfrac{\sqrt{2}}{3}$ ③ $\sqrt{2}$

④ $\dfrac{\sqrt{6}}{3}$ ⑤ $\sqrt{3}$

012

$\dfrac{1}{a}+\dfrac{1}{b}+\dfrac{1}{c}=1$, $abc=5$,

$(a+b)(b+c)(c+a)=45$일 때, $a^2+b^2+c^2$의 값은?

유형 4

곱셈 공식의 변형(1)

013

$x+y=-2$, $xy=-5$일 때, $x^5+y^5+x^6+y^6$의 값은?

014

$x^2+y^2=3$, $x^3+y^3=2(x+y)$일 때, $x+y$의 값을 구하시오. (x, y는 모두 양수)

015

$a-b=-2$, $ab=-1$, $x+y=2$, $xy=1$이고 $m=ax-by$, $n=bx-ay$라 할 때, m^3-n^3의 값은?

① -16　　　② -32　　　③ 0

④ 32　　　⑤ 16

016

$a^2-b^2=\sqrt{3}$, $ab=-\dfrac{1}{2}$ 일 때, $(a-b)(a^3+b^3)$

의 값이 $c+\dfrac{\sqrt{3}}{2}$이다. 상수 c의 값은?

① 2　　　② $\sqrt{5}$　　　③ $\sqrt{6}$

④ $\sqrt{7}$　　　⑤ $2\sqrt{3}$

유형 5
곱셈 공식의 변형(2)

017

양수 x에 대하여 $x^2 - \dfrac{1}{x^2} = -2\sqrt{3}$일 때,

$\dfrac{x^6 + 2x^4 + 2x^2 + 1}{x^3}$ 의 값을 구하시오.

018

정삼각형 ABC에서 두 변 AB와 AC의 중점을 각각 M, N이라 하자. 그림과 같이 점 P는 반직선 MN이 삼각형 ABC의 외접원과 만나는 점이고 $\overline{NP} = 1$이다. $\overline{MN} = x$라 할 때, $10\left(x^2 + \dfrac{1}{x^2}\right)$의 값을 구하시오.

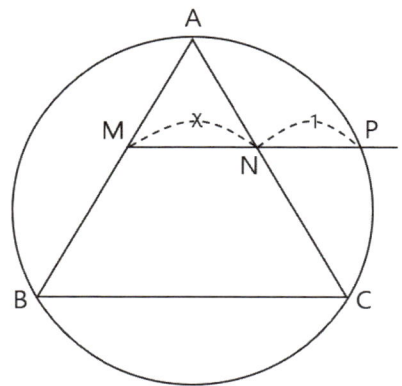

019

다항식 $P(x) = x^3 + ax^2 + bx + c$가 있다.
0이 아닌 모든 실수 x에 대하여 등식
$P\left(x - 2 + \dfrac{1}{x}\right) = x^3 - 2 + \dfrac{1}{x^3}$이 성립할 때, abc의
값은? (단, a, b, c는 상수이다.)

① 0   ② 12   ③ 15

④ 18   ⑤ 54

020

$x + \dfrac{1}{x} = 6$일 때, $x + x^2 + x^3 - \dfrac{1}{x} + \dfrac{1}{x^2} + \dfrac{1}{x^3}$의 값은 $p + q\sqrt{2}$이다. 이때, $\dfrac{p}{q}$의 값은?

(단, $x < 1$이고 p, q는 유리수이다.)

유형 6
곱셈 공식의 변형(3)

021

$a - b = -3$, $b - c = 2$ 일 때,
$a^2 + b^2 + c^2 - ab - bc - ca$의 값을 구하시오.

022

$\dfrac{1}{a} + \dfrac{1}{b} + \dfrac{1}{c} = \dfrac{7}{3}$, $abc = 3$, $(a+b)(b+c)(c+a) = 25$

일 때, $a^2 + b^2 + c^2$의 값은?

① 2　　　　　② 4　　　　　③ 6
④ 8　　　　　⑤ 10

023

그림과 같은 직육면체의 겉넓이가 66이고
$\overline{AD}^2 + \overline{AF}^2 + \overline{FD}^2 = 68$일 때, 이 직육면체의 모든 모서리의 길이의 합은?

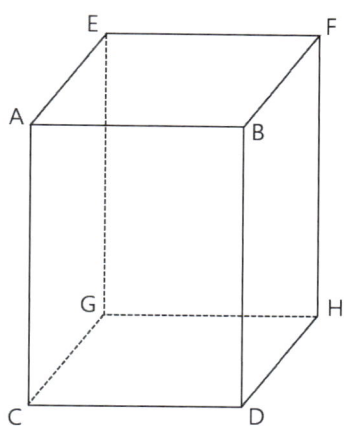

① 40　　　　　② 44　　　　　③ 48
④ 52　　　　　⑤ 56

024

$x + y = 1$, $x^2 + y^2 = 5$을 만족하는 두 실수 x, y에 대하여 $x^7 + y^7$의 값은?

① 56　　　　　② 127　　　　　③ 786
④ 1024　　　　⑤ 1136

유형 7
몫과 나머지의 변형

025

다항식 $P(x)$를 $3x+1$로 나누었을 때의 몫을 $Q(x)$, 나머지를 R이라 할 때, $xP(x)$를 $x+\dfrac{1}{3}$로 나누었을 때의 몫과 나머지를 차례대로 나열한 것은?

① $xQ(x)+R,\ -\dfrac{1}{3}R$ ② $xQ(x)+R,\ \dfrac{1}{3}R$

③ $3xQ(x)+R,\ -\dfrac{1}{3}R$ ④ $3xQ(x)+R,\ \dfrac{1}{3}R$

⑤ $3xQ(x)+R,\ 3R$

026

4차 방정식 $f(x)$를 2차 다항식 $g(x)$로 나눈 몫을 $Q(x)$, 나머지를 $R(x)$라 할 때, [보기]에서 옳은 것만을 있는 대로 고른 것은? (단, $m>n>0$)

[보 기]
ㄱ. $Q(x)$의 차수는 $R(x)$의 차수보다 크다.
ㄴ. $f(x)$를 $Q(x)$로 나눈 나머지는 $R(x)$이다.
ㄷ. $f(x)+g(x)$를 $g(x)$로 나눈 나머지는 $R(x)$이다.

① ㄱ   ② ㄷ   ③ ㄱ, ㄷ
④ ㄴ, ㄷ   ⑤ ㄱ, ㄴ, ㄷ

027

5차 다항식 $f(x)$와 3차 다항식 $g(x)$가 있다. $f(x)$를 $g(x)$로 나누었을 때의 몫을 $Q(x)$, 나머지를 $R(x)$라 할 때, [보기]에서 옳은 것만을 있는 대로 고른 것은?

[보 기]
ㄱ. $R(x)$의 차수는 $g(x)$의 차수보다 작다.
ㄴ. $f(x)$를 $Q(x)$로 나누었을 때의 나머지는 $R(x)$이다.
ㄷ. $Q(x)-f(x)$를 $g(x)-1$로 나누었을 때의 나머지는 $R(x)$이다.

① ㄱ   ② ㄴ   ③ ㄷ
④ ㄱ, ㄷ   ⑤ ㄱ, ㄴ, ㄷ

028

최고차항의 계수가 1인 두 이차다항식 $P(x)$, $Q(x)$가 다음 [조건]을 만족한다.

[조 건]
(가) $Q(1)=0,\ P(1)>0$
(나) $P(1-x)$를 $x-1$로 나눈 나머지는 4이다.
(다) $(x-2)Q(x)$는 $P(x)$로 나누어떨어진다.

$P(1)+Q(1)$의 값은?

① 1   ② 2   ③ 3
④ 4   ⑤ 5

유형 8
다항식 연산의 도형 활용

029

아래 그림과 같이 겉넓이가 148이고, 모든 모서리의 길이의 합이 60인 직육면체 ABCD−EFGH가 있다. $\overline{BG}^2 + \overline{GD}^2 + \overline{DB}^2$의 값은?

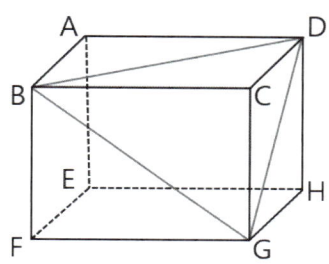

① 136   ② 142   ③ 148

④ 154   ⑤ 160

030

다음 그림과 같이 선분 AB위의 점 C에 대하여 선분 AC를 대각선으로 하는 정육면체와 선분 CB를 대각선으로 하는 정육면체를 만든다. $\overline{AB} = 5\sqrt{3}$이고 두 정육면체의 부피의 합이 20일 때, 두 정육면체의 겉넓이의 합은?

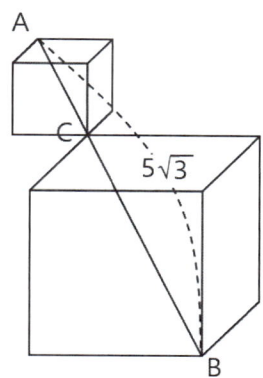

① 42   ② 48   ③ 54

④ 60   ⑤ 66

031

$\overline{AD} = 1$, $\overline{AB} = x\,(0 < x < 1)$인 직사각형 ABCD가 있다. 그림과 같이 사각형 ABFE가 정사각형이 되도록 두 변 AD와 BC위에 두 점 E, F를 각각 정하면 두 사각형 ABCD와 FCDE는 닮음이다. 또, 사각형 GFCH가 정사각형이 되도록 두 변 EF와 DC 위에 두 점 G, H를 각각 정하고, 사각형 EGJI가 정사각형이 되도록 두 변 ED와 GH 위에 두 점 I, J를 각각 정한다. [보기]에서 옳은 것만을 있는 대로 고른 것은?

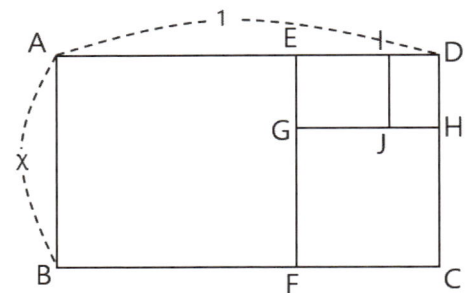

[보 기]

ㄱ. $\dfrac{1-x}{x} = \dfrac{2-x}{2x-1}$

ㄴ. $x^4 - x^3 - 2x^2 + 3x - 1 = 0$

ㄷ. 사각형 IJHD의 넓이는 $-2x^4 + 7x - 4$이다.

---

① ㄱ   ② ㄴ   ③ ㄷ

④ ㄴ, ㄷ   ⑤ ㄱ, ㄷ

032

세 정사각형 $OABC$, $ODEF$, $OGHI$와 세 삼각형 OCD, OFG, OIA가 한 점 O에서 만나고, $\angle COD = \angle FOG = \angle IOA = 30\,°$이다. 세 정사각형의 둘레의 길이의 합이 80이고, 세 정사각형의 넓이의 합이 112일 때, 세 삼각형의 넓이의 합은?

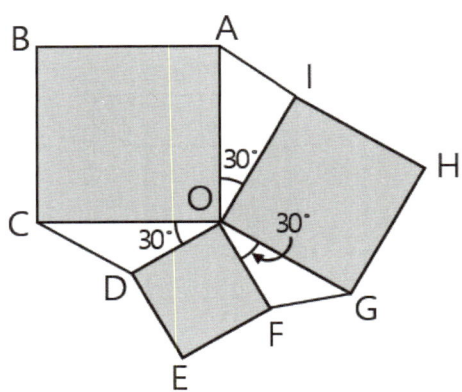

① 33°   ② 34°   ③ 35°

④ 36°   ⑤ 37°

001 ·········· 정답 ⑤

그림과 같이 점 O를 중심으로 하는 반원에 내접하는 직사각형 ABCD가 다음 [조건]을 만족시킨다.

---- [조 건] ----

(가) $\overline{OC} + \overline{CD} = x + y + 5$ ①

(나) $\overline{DA} + \overline{AB} + \overline{BO} = 3x + y + 7$ ②

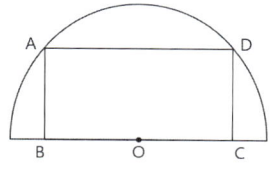

③

직사각형 ABCD의 넓이를 x, y의 식으로 나타내면?

① $(x-1)(y+4)$ 　　② $(x+1)(y+4)$

③ $2(x-1)(y+4)$ 　② $2(x+1)(y-4)$

⑤ $2(x+1)(y+4)$

---
③

□ABCD의 넓이를 다른 식으로 나타내야 한다. 그때 반드시 변수를 x, y로 둘 필요가 없다(가로, 세로 등을 x, y로 두면 문제에서 주어진 조건과 헷갈림). 새로운 변수를 설정해서 그 식을 x, y로 나타내야 한다. □ABCD는 $\overline{BC} \times \overline{AB}$로 구할 수 있는데 $\overline{BC}$, $\overline{AB}$를 다른 변수로 설정한 후, 그 변수를 x, y로 나타내야 한다. $\overline{OC}$를 P, $\overline{CD}$는 Q라고 하면

① $P + Q = x + y + 5$ ········· ㉠

② $\overline{DA} = \overline{BC} = 2\overline{OC} = 2P$,

$\overline{AB} = \overline{CD} = Q$, $\overline{BO} = \overline{OC} = P$

$2P + Q + P = 3x + y + 7$

$3P + Q = 3x + y + 7$ ········· ㉡

㉡ - ㉠ : $2P = 2x + 2$, $P = x + 1$을 ㉠에 대입하면

$x + 1 + Q = x + y + 5$

$Q = y + 4$

∴ □ABCD의 넓이는 $2P \cdot Q = 2(x+1)(y+4)$

002 ·········· 정답 해설 참고

세 다항식 $A = (x + 2y)(x^2 - 2xy + 4y^2)$,

$B = x^3 - 2x + 1$, $C = x^3 - 3x + 8y^2 - 3$ 에 대하여

① $2(A + B) - 3(B + C)$를 구하시오.

---
①

먼저 $2(A + B) - 3(B + C)$를 간단히 한 후, 대입한다.

$2(A + B) - 3(B + C) = 2A + 2B - 3B - 3C$

$\qquad\qquad\qquad\qquad = 2A - B - 3C$

$2A = 2(x + 2y)(x^2 - 2xy + 4y^2)$

$\quad\ = 2(x^3 + 8y^3)$

$(\because (a + b)(a^2 - ab + b^2) = a^3 + b^3$ 이용)

$2A - B - 3C = 2x^3 + 16y^3 - (x^3 - 2x + 1)$

$\qquad\qquad\qquad - 3(x^3 - 3x + 8y^2 - 3)$

$\qquad\qquad = 2x^3 + 16y^3 - x^3 + 2x - 1$

$\qquad\qquad\qquad - 3x^3 + 9x - 24y^2 + 9$

$\qquad\qquad = -2x^3 + 11x + 16y^3 - 24y^2 + 8$

003   정답 ①

① $f(x, y) = x^2 - 2y^2 + xy + 3x + 3y + 2$ 에 대하여
$f(a, b) = 3$일 때, $f(2a + 2b + 1, a + 3b + 1)$의
② 값은?

① 12   ② 15   ③ 18

④ 21   ⑤ 24

---

①

$f(x, y)$를 인수분해하여 x, y를 어떻게 대입시키는지
간단한 식으로 나타낸다.

$f(x, y)$를 x에 대한 내림차순으로 정리하면
$f(x, y) = x^2 + (y + 3)x - 2y^2 + 3y + 2 = 3$

x $(2y + 1)$ (∵ x에 대해 인수분해)
x $(-y + 2)$
     $= (x + 2y + 1)(x - y + 2)$
$f(a, b) = (a + 2b + 1)(a - b + 2) = 3$ ㉠

②

$f(2a + 2b + 1, a + 3b + 1) \rightarrow f(x, y)$
각 x와 y에 대입
$f(2a + 2b + 1, a + 3b + 1)$
$= \{(2a + 2b + 1) + 2(a + 3b + 1) + 1\}$
         $\{(2a + 2b + 1) - (a + 3b + 1) + 2\}$
$= \{4a + 8b + 1 + 2 + 1\}\{a - b + 1 - 1 + 2\}$
$= (4a + 8b + 4)(a - b + 2)$
$= 4(a + 2b + 1)(a - b + 2) = 4 \times 3 = 12$
        ㉠

---

004   정답 ③

다음 그림과 같이 점 O를 중심으로 하는 반원에 내
접하는 직사각형 ABCD가 $\overline{AB} + \overline{BO} = 3x + y + 1$, ①
② $\overline{AD} + \overline{DC} + \overline{CO} = 5x - 3y + 7$을 만족할 때, 직사각형
ABCD의 넓이를 x, y를 이용한 식으로 나타낸 것은?
③

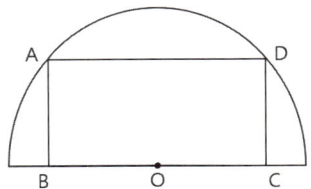

① $2(x - 2y + 3)(2x - 3y - 2)$
② $2(x + 2y + 3)(2x - 3y - 2)$
③ $2(x - 2y + 3)(2x + 3y - 2)$
④ $2(x - 2y - 3)(2x - 3y + 2)$
⑤ $2(x + 2y - 3)(2x + 3y + 2)$

---

③

□ABCD의 넓이를 다른 식으로 나타내야 한다. 그때
반드시 변수를 x, y로 둘 필요가 없다(가로, 세로 등
을 x, y로 두면 문제에서 주어진 조건과 헷갈림). 새
로운 변수를 설정해서 그 식을 x, y로 나타내야 한다.

$\overline{AB}$를 P, $\overline{BO}$를 Q라고 하면
$\overline{AD} = 2Q$, $\overline{DC} = P$, $\overline{CO} = Q$
$P + Q = 3x + y + 1$ ①
$2Q + P + Q = 3Q + P = 5x - 3y + 7$ ②
□ABCD $= 2Q \times P$

②－① 을 계산하면 $2Q = 2x - 4y + 6$
$Q = x - 2y + 3$
$P = 3x + y + 1 - (x - 2y + 3) = 2x + 3y - 2$
∴ □ABCD $= 2(x - 2y + 3)(2x + 3y - 2)$

005　　　　　　　　　　　　　　　　　정답 ①

다항식 $(x+1)(x+2)(x+3)\cdots(x+9)$의 전개식에서 x^8의 계수는?

① 45　　　　　② 50　　　　　③ 55

④ 90　　　　　⑤ 110

$(x+1)(x+2)\cdots(x+9)$를 전개하려면 각 괄호에서 하나씩 선택해서 $(\underline{x}+1)(\underline{x}+2)(\underline{x}+3)\cdots(\underline{x}+9)$를 전부 곱해야 한다.

x^8은 9개 괄호 중 x를 8개, 숫자 1개를 선택하면 총 9가지가 나온다.

(예) $(x+①)(x+2)(x+3)(x+4)$
$\qquad\qquad(x+5)(x+6)(x+7)(x+8)(x+9)$
선택된 항을 전부 곱하면 $1\cdot x^8$
2를 선택하고 x^8, 3을 선택하고 x^8, $\cdots$,
9를 선택하고 x^8 전부 더하면
$$\therefore \; x^8\cdot 9 + x^8\cdot 8 + x^8\cdot 7 + x^8\cdot 6 + \cdots + x^8\cdot 1$$
$$= (1+2+3+\cdots+9)x^8 = 45\cdot x^8$$

006　　　　　　　　　　　　　　　　　정답 29

$(x^3-6x^2+10)(2x^2+x-3)$의 전개식에서 x^3항의 계수를 a, x^2항의 계수를 b라 할 때, $a+b$의 값은?

x^3항의 계수는 (x^3-6x^2+10)에서의 한 항과 $(2x^2+x-3)$에서의 한 항의 곱이 3차가 되어야 한다.
$$x^3\times(-3)+(-6x^2)\cdot x = -3x^3-6x^3 = -9x^3$$
$$a=-9$$
x^2항도 마찬가지로
$$(-6x^2)\cdot(-3)+10\cdot 2x^2 = 18x^2+20x^2 = 38x^2$$
$$b=38$$
$$\therefore \; a+b=29$$

007　　　　　　　　　　　　　　　　　정답 64

다항식 $(x^3-4x^2+2x+3)^6$의 전개식에서 모든 항의 계수의 합을 구하면?

주어진 식을 전부 전개한다면 18차식이 된다.
($\because$ 3차식이 6번 곱해져 있음)

전부 전개하여 문제를 풀 수 없다. 단, 상수항을 제외하고 모든 항에 x가 1번 이상 곱해져 있으므로
$$(ax^{18}+bx^{17}+cx^{16}\cdots k)$$
모든 항의 계수의 합이 궁금한 경우에는 x에 1을 대입하여 구할 수 있다.
$$a\cdot 1^{18}+b\cdot 1^{17}+c\cdot 1^{16}+d\cdot 1^{15}\cdots k$$
$$= a+b+c+d+\cdots k$$
$f(x)=(x^3-4x^2+2x+3)^6$이라 하면
$f(1)$을 구하면 된다.
$$f(1)=(1-4+2+3)^6 = 64$$

008　　　　　　　　　　　　　　　　　정답 ⑤

다항식 $(x^3-2x^2+5x-4)(3x+2)^2$의 전개식에서 x^4의 계수는?

① -15　　　② -12　　　③ -10

④ -8　　　⑤ -6

모든 전개식을 전부 구하면 시간이 너무 오래 걸리므로 문제에서 구하고자 하는 항만 구한다.

$(3x+2)^2$만 전개하면 $9x^2+12x+4$ ($\because$ 곱해져 있는 인수 or 괄호의 개수가 적을수록 계산을 줄일 수 있음)
$\therefore$ 주어진 식은 $(x^3-2x^2+5x-4)(9x^2+12x+4)$

x^4의 계수를 물어봤으므로 x^4만 찾는다. 괄호가 2개이므로 2개를 곱해서 차수가 4가 되는 경우만 찾는다.
3차×1차, 2차×2차, 2가지 경우만 가능하다.
$$x^3\times 12x+(-2x^2)\times 9x^2 = 12x^4-18x^4 = -6x^4$$

009

> ① $ab+bc+ca=-7$, $abc=-2$,
> ②
> ③ $(a+b)(b+c)(c+a)=-12$일 때, $a+b+c$의 값은?

구하고자 하는 값 $a+b+c$와 비슷하게 생기거나 공통 ③ 부분이 있어서 변형하기 쉬운 조건을 먼저 사용한다.

$a+b+c=x$라고 하면 ㉠

$a+b=x-c$, $b+c=x-a$, $c+a=x-b$

$(a+b)(b+c)(c+a)=(x-c)(x-a)(x-b)=-12$

위의 식을 풀면 $(x^2-cx-ax+ac)(x-b)=-12$

$= x^3-cx^2-ax^2+acx-bx^2+bcx+abx-abc$

$= x^3-x^2(a+b+c)+x(ab+bc+ca)-abc$

$= x^3-x^3-7x+2=-12-7x=-14$

$\therefore x=2$

010

> 세 실수 x, y, z가 다음의 조건을 만족시킨다.
>
> **[조 건]**
>
> (가) x, y, $2z$ 중에서 적어도 하나는 3이다.
> (나) $3(x+y+2z)=xy+2yz+2zx$
>
> $10xyz$의 값을 구하시오.

적어도 하나는 3이라는 의미이다. (가)

$x=3$ 또는 $y=3$ 또는 $2z=3$

$x-3=0$ 또는 $y-3=0$ 또는 $2z-3=0$

하나의 식으로 표현하면 $(x-3)(y-3)(2z-3)=0$

으로 바꿀 수 있다. 식을 전개하면

$(xy-3x-3y+9)(2z-3)=0$

$= 2xyz-6xz-6yz+18z-3xy+9x+9y-27$

$= 2xyz-3(2xz+2yz+xy)+9(x+y+2z)-27$

(나) 조금 더 복잡한 식을 바꾼다.

$= 2xyz-9(x+y+2z)+9(x+y+2z)-27=0$

$2xyz=27$, $xyz=\dfrac{27}{2}$

$\therefore 10xyz=135$

011

> 세 실수 a, b, c가 $a^2+b^2+c^2=2$,
> ② $a+b+c=\sqrt{6}$일 때, $\dfrac{bc}{a}$의 값을 구하면?
>
> ① 1 ② $\dfrac{\sqrt{2}}{3}$ ③ $\sqrt{2}$
>
> ④ $\dfrac{\sqrt{6}}{3}$ ⑤ $\sqrt{3}$

①과 ② 모두 관련된 곱셈 공식을 사용해 연관성을 찾는다.

② $(a+b+c)^2=a^2+b^2+c^2+2(ab+bc+ca)$

$$(\sqrt{6})^2=2+2(ab+bc+ca)$$
$$ab+bc+ca=2 \qquad \text{ⓐ}$$

$\dfrac{bc}{a}$ 를 바로 구할 수 없으므로 ⓐ식과 $ab+bc+ca$와 관련된 식으로 관계를 찾는다.

$a^2+b^2+c^2-(ab+bc+ca)$

$$=\frac{1}{2}\{(a-b)^2+(b-c)^2+(c-a)^2\}=0$$

∴ $a=b=c$이다. $a+b+c=\sqrt{6}$ 이므로

$$a=b=c=\frac{\sqrt{6}}{3}$$

$$\frac{bc}{c}=\frac{\sqrt{6}}{3}$$

012

> ① $\dfrac{1}{a}+\dfrac{1}{b}+\dfrac{1}{c}=1$, ② $abc=5$,
> ③ $(a+b)(b+c)(c+a)=45$일 때, $a^2+b^2+c^2$의 값은?

$$\frac{1}{a}+\frac{1}{b}+\frac{1}{c}=\frac{ab+bc+ca}{abc}\;(\because 통분)$$

$$\frac{1}{a}+\frac{1}{b}+\frac{1}{c}=\frac{bc+ac+ab}{abc}=1$$

$$ab+bc+ca=5 \qquad \text{㉠}$$

$(a+b)(b+c)(c+a)$ 식을 전개하면

$$=(ab+ac+b^2+bc)(c+a)$$
$$=abc+a^2b+ac^2+a^2c+b^2c+ab^2+bc^2+abc$$
$$\qquad\qquad +abc-abc$$

각 ab, ac, bc로 묶었을 때
abc항이 부족하므로 변형해야 한다.

$$=ab(a+b+c)+ac(a+b+c)$$
$$\quad +bc(a+b+c)-abc$$
$$=(ab+bc+ca)(a+b+c)-abc=45$$

$$a+b+c=\frac{5+45}{5}=10$$

$a^2+b^2+c^2$과 관련된 곱셈 공식은
$(a+b+c)^2-2(ab+bc+ca)=a^2+b^2+c^2$

$$\therefore\; a^2+b^2+c^2=(a+b+c)^2-2(ab+bc+ca)$$
$$=10^2-2\times 5$$
$$=90$$

013 ·············· 정답 1212

> ① $x+y=-2$, $xy=-5$일 때, $x^5+y^5+x^6+y^6$의 값은? ②③

$x^5=x^2 \cdot x^3$, $x^6=(x^3)^2$, $y^5=y^2 \cdot y^3$, $y^6=(y^3)^2$이 ③
므로 $x^2 \cdot y^2$, $x^3 \cdot y^3$으로 이루어진 식을 만들어서 주어진 조건을 사용한다.

$(x^2+y^2)(x^3+y^3)$

(∵ 곱했을 때 $x^5 \cdot y^5$이 나올 수 있다.)

$= x^5+x^2y^3+y^2x^3+y^5$

$= x^5+y^5+x^2y^2(x+y)$

이때, $x^2+y^2=(x+y)^2-2xy=4+10=14$ ········· ㉠
          ①   ②

$x^3+y^3=(x+y)^3-3xy(x+y)=-8-30=-38$ ㉡
          ①   ②   ①

$(x^2+y^2)(x^3+y^3)=x^5+y^5+x^2y^2(x+y)-532$
  ㉠   ㉡   ①   ②

          $= x^5+y^5-50$

$x^5+y^5=-482$

$x^6+y^6=(x^3)^2+(y^3)^2=(x^3+y^3)^2-2x^3y^3=1694$
                              ㉡   ②

∴ $x^5+y^5+x^6+y^6=-482+1694=1212$

014 ·············· 정답 $\sqrt{5}$

> $x^2+y^2=3$, $x^3+y^3=2(x+y)$일 때, $x+y$의 값을 구하시오. (x, y는 모두 양수)

$x^2+y^2=(x+y)^2-2xy=3$ ········· ㉠

$x^3+y^3=(x+y)^3-3xy(x+y)=2(x+y)$

$(x+y)\{(x+y)^2-3xy\}=2(x+y)$

∴ $(x+y)^2-3xy=2$ ········· ㉡

㉠$-$㉡ $=(x+y)^2-2xy-(x+y)^2+3xy$

$= xy=1$

$(x+y)^2-2xy=3$에 $xy=1$을 대입한다.

$(x+y)^2=3+2$

$x+y=\pm\sqrt{5}$

$x+y=\sqrt{5}$ (x, y 모두 양수)

015 ·············· 정답 ①

> $a-b=-2$, $ab=-1$, $x+y=2$, $xy=1$이고
> $m=ax-by$, $n=bx-ay$라 할 때, m^3-n^3의 값은?
>
> ① -16 ② -32 ③ 0
> ④ 32 ⑤ 16

m^3-n^3을 구해야 하므로 관련 공식을 확인한다.

$m^3-n^3=(m-n)^3+3mn(m-n)$

$x^2+y^2=(x+y)^2-2xy=4-2=2$ ········· ㉠

$a^2+b^2=(a-b)^2+2ab=4-2=2$ ········· ㉡

$m-n=ax-by-bx+ay$

$\quad = (a-b)x+(a-b)y=(a-b)(x+y)=-4$

$mn=(ax-by)(bx-ay)$

$\quad = abx^2-a^2xy-b^2xy+aby^2$

$\quad = ab(x^2+y^2)-(a^2+b^2)xy=-2-2=-4$
                ㉠   ㉡

∴ $m^3-n^3=(-4)^3+3(-4)(-4)$

$\quad = -64+48=-16$

016 정답 ⑤

$a^2 - b^2 = \sqrt{3}$ ①, $ab = -\dfrac{1}{2}$ ② 일 때, $(a-b)(a^3+b^3)$ ③

의 값이 $c + \dfrac{\sqrt{3}}{2}$ 이다. 상수 c의 값은?

① 2   ② $\sqrt{5}$ ③ $\sqrt{6}$

④ $\sqrt{7}$ ⑤ $2\sqrt{3}$

---

③

$$(a-b)(a^3+b^3) = (a-b)(a+b)(a^2-ab+b^2)$$
$$= (a^2-b^2)(a^2+b^2-ab) \ ②$$

값을 모르므로 ①, ②식을
변형해서 구한다.

$$(a^2+b^2)^2 = (a^2-b^2)^2 + 4a^2b^2 = 3 + 1 = 4$$

$a^2 + b^2 = 2 \ (\because a^2 + b^2 \neq -2)$

$\therefore (a-b)(a^3+b^3) = (a^2-b^2)(a^2+b^2-ab)$
$$= \sqrt{3} \cdot \left(2 + \dfrac{1}{2}\right) = \dfrac{5\sqrt{3}}{2}$$

$c + \dfrac{\sqrt{3}}{2} = \dfrac{5\sqrt{3}}{2}$

$c = 2\sqrt{3}$

017 정답 $5\sqrt{6}$

양수 x에 대하여 $x^2 - \dfrac{1}{x^2} = -2\sqrt{3}$ ① 일 때,

$\dfrac{x^6 + 2x^4 + 2x^2 + 1}{x^3}$ ② 의 값을 구하시오.

---

②

분수의 성질을 이용하여 식을 간단히 만들고 조건 ①
이 나오도록 만든다.

$$\dfrac{x^6 + 2x^4 + 2x^2 + 1}{x^3} = \dfrac{x^6}{x^3} + \dfrac{2x^4}{x^3} + \dfrac{2x^2}{x^3} + \dfrac{1}{x^3}$$

$$= x^3 + 2x + \dfrac{2}{x} + \dfrac{1}{x^3}$$

$$= x^3 + \dfrac{1}{x^3} + 2\left(x + \dfrac{1}{x}\right)$$

$a^3 + b^3$ 꼴 이용 $\left(x^3 + \dfrac{1}{x^3} = \left(x + \dfrac{1}{x}\right)^3 - 3 \cdot x \cdot \dfrac{1}{x}\left(x + \dfrac{1}{x}\right)\right)$

$$= \left(x + \dfrac{1}{x}\right)^3 - 3\left(x + \dfrac{1}{x}\right) + 2\left(x + \dfrac{1}{x}\right)$$

$$= \left(x + \dfrac{1}{x}\right)^3 - \left(x + \dfrac{1}{x}\right) \qquad \text{㉠}$$

①

$x^2 - \dfrac{1}{x^2} = \left(x + \dfrac{1}{x}\right)\left(x - \dfrac{1}{x}\right)$ 로 만들면 $x + \dfrac{1}{x}$ 을 모르

므로 구할 수 없다. 따라서

$\left(x^2 - \dfrac{1}{x^2}\right)^2 + 4 = \left(x^2 + \dfrac{1}{x^2}\right)^2$ 을 이용한다.

$(-2\sqrt{3})^2 + 4 = 16$

$\left(x^2 + \dfrac{1}{x^2}\right)^2 = 16$

$x^2 + \dfrac{1}{x^2} = 4 \ \left(\because x^2 + \dfrac{1}{x^2} = \pm 4, \ x^2, \ \dfrac{1}{x^2} \ 모두 양수\right)$

$x^2 + \dfrac{1}{x^2} = \left(x + \dfrac{1}{x}\right)^2 - 2 = 4$

$\therefore \left(x + \dfrac{1}{x}\right)^2 = 6$

$x + \dfrac{1}{x} = \sqrt{6}$

$\left(\because x + \dfrac{1}{x} = \pm 6, \ 조건에서 양수 x이므로\right)$

$\left(x + \dfrac{1}{x}\right)^3 - \left(x + \dfrac{1}{x}\right) = (\sqrt{6})^3 - \sqrt{6} = 5\sqrt{6}$

018 ··········· 정답 30

정삼각형 ABC에서 두 변 AB와 AC의 중점을 각각 ①
M, N이라 하자. 그림과 같이 점 P는 반직선 MN
이 삼각형 ABC의 외접원과 만나는 점이고 $\overline{NP}=1$
이다. $\overline{MN}=x$라 할 때, $10\left(x^2+\dfrac{1}{x^2}\right)$의 값을 구하
시오. ②

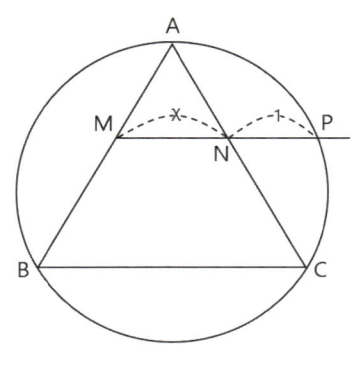

삼각형의 한 변의 길이 $\overline{MN}$을 x라 했고, ②에서 ①②
$x^2+\dfrac{1}{x^2}$을 구해야 하므로 주어진 도형에서 변을 공
유하고, 닮은꼴인 삼각형을 찾아 길이의 비를 이용해
야 $x^2+\dfrac{1}{x^2}$ 식이 나온다. 보조선, 삼각형 등을 그려
서 닮은꼴을 먼저 찾는다.

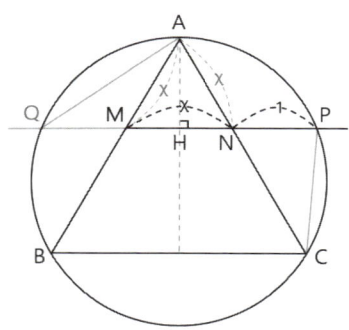

△ABC는 정삼각형이고, $\overline{AM}=\overline{AN}=x$이다.
닮은꼴을 찾을 때 원주각을 고려하면
∠AQP와 ∠ACP는 같다. (∵ 원주각 $\overparen{AP}$)
맞꼭지각 ∠ANQ = ∠PNC
∴ △AQN ∽ △PCN(AAA 닮음)

$\overline{QM}=\overline{PN}=1$ (∵ 점 A에서 $\overline{BC}$에 수선의 발을 내
리면 외심을 지난다. 그때, 수선과 MN이 만나는
점을 H라고 하면 $\overline{QH}=\overline{PH}$)

$\overline{QN}:\overline{CN}=\overline{AN}:\overline{PN}$
$(1+x):x=x:1,\ 1+x=x^2$
∴ $x^2-x-1=0$

②

$x\neq0(\because$ 길이)이므로 양변을 x로 나누면
$x-1-\dfrac{1}{x}=0,\ x-\dfrac{1}{x}=1$

$x^2+\dfrac{1}{x^2}=\left(x-\dfrac{1}{x}\right)^2+2=1^2+2=3$

∴ $10\left(x^2+\dfrac{1}{x^2}\right)=30$

019 ··········· 정답 ①

다항식 $P(x)=x^3+ax^2+bx+c$가 있다.
0이 아닌 모든 실수 x에 대하여 등식
① $P\left(x-2+\dfrac{1}{x}\right)=x^3-2+\dfrac{1}{x^3}$이 성립할 때, abc의

값은? (단, a, b, c는 상수이다.)

① 0   ② 12   ③ 15
④ 18   ⑤ 54

①

주어진 식에서 $P\left(x-2+\dfrac{1}{x}\right)$ 정의역의 식이 복잡하
게 되어 있고, 정의역과 치역의 관계가 명확하게 드러나
있지 않으므로 $x+\dfrac{1}{x}$과 $x^3+\dfrac{1}{x^3}$의 관계를 이용한다.

$x+\dfrac{1}{x}=X$라고 하면

$x^3+\dfrac{1}{x^3}=\left(x+\dfrac{1}{x}\right)^3-3\left(x+\dfrac{1}{x}\right)=X^3-3X$

$$\therefore P(X-2) = X^3 - 3X - 2 = (X-2)(X+1)^2$$
→ 인수분해 $= (X-2) + 3$

$$P(X-2) = (X-2)\{(X-2)+3\}^2$$
같은 변수 x로 바꿀 수 있다.

$$\therefore P(x) = x(x+3)^2 = x^3 + 6x^2 + 9x$$

$$\therefore a = 6, \ b = 9, \ c = 0$$

$$\therefore abc = 0$$

020 .... 정답 **−58**

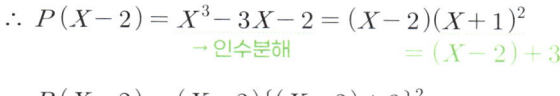

$x + \dfrac{1}{x} = 6$일 때, $x + x^2 + x^3 - \dfrac{1}{x} + \dfrac{1}{x^2} + \dfrac{1}{x^3}$ 의 값

은 $p + q\sqrt{2}$ 이다. 이때, $\dfrac{p}{q}$ 의 값은?

(단, $x < 1$이고 p, q는 유리수이다.)

②식에서 각 항의 순서를 바꿔서 ①식과 비슷하게 변형하면

$\left(x - \dfrac{1}{x}\right) + \left(x^2 + \dfrac{1}{x^2}\right) + \left(x^3 + \dfrac{1}{x^3}\right)$이 된다. ① 식을 이

용하여 $x - \dfrac{1}{x}$, $x^2 + \dfrac{1}{x^2}$, $x^3 + \dfrac{1}{x^3}$ 값을 구한다.

$$x^2 + \frac{1}{x^2} = \left(x + \frac{1}{x}\right)^2 - 2 = 6^2 - 2 = 34$$

$$x^3 + \frac{1}{x^3} = \left(x + \frac{1}{x}\right)^3 - 3\left(x + \frac{1}{x}\right) = 6^3 - 3 \cdot 6 = 198$$

$$\left(x - \frac{1}{x}\right)^2 = \left(x + \frac{1}{x}\right)^2 - 4 = 36 - 4 = 32$$

$$x - \frac{1}{x} = \pm\sqrt{32} = \pm 4\sqrt{2} \quad (④ \ x < 1이므로 \ x < \frac{1}{x}$$

$$\therefore x - \frac{1}{x} < 0, \ x - \frac{1}{x} = -4\sqrt{2})$$

$$\therefore x + x^2 + x^3 - \frac{1}{x} + \frac{1}{x^2} + \frac{1}{x^3}$$

$$= -4\sqrt{2} + 34 + 198 = 232 - 4\sqrt{2}$$

$$p = 232, \ q = -4$$

$$\therefore \frac{p}{q} = -58$$

021 .... 정답 **7**

$\underset{①}{a-b} = -3$, $\underset{②}{b-c} = 2$ 일 때,

$\underset{③}{a^2 + b^2 + c^2 - ab - bc - ca}$의 값을 구하시오.

③식을 ①, ②와 연관된 식으로 변형한다.

$$a^2 + b^2 + c^2 - ab - bc - ca$$

$$= \frac{1}{2}\{2a^2 + 2b^2 + 2c^2 - 2ab - 2bc - 2ca\}$$

$$= \frac{1}{2}\{(a^2 - 2ab + b^2) + (b^2 - 2bc + c^2) + (c^2 - 2ca + a^2)\}$$

$$= \frac{1}{2}\{(a-b)^2 + (b-c)^2 + (c-a)^2\} \quad \text{ⓐ}$$

$a - b$와 $b - c$는 주어졌으므로 두 식을 이용하여 $c - a$를 구한다. ①+②를 하면

$$a - b + b - c = a - c = -1$$

$$c - a = 1$$

$$\frac{1}{2}\{(a-b)^2 + (b-c)^2 + (c-a)^2\}$$

$$= \frac{1}{2}\{(-3)^2 + 2^2 + 1^2\} = \frac{1}{2}(9 + 4 + 1) = 7$$

022 ⸺⸺⸺⸺⸺⸺⸺⸺⸺⸺⸺⸺⸺⸺⸺⸺ 정답 ①

> ①
> $\dfrac{1}{a}+\dfrac{1}{b}+\dfrac{1}{c}=\dfrac{7}{3}$, ② $abc=3$, ③ $(a+b)(b+c)(c+a)=25$
>
> 일 때, ④ $a^2+b^2+c^2$의 값은?
>
> ① 2 　　　　② 4 　　　　③ 6
>
> ④ 8 　　　　⑤ 10

$a^2+b^2+c^2$과 관련된 곱셈 공식 중 이차식은
$(a+b+c)^2=a^2+b^2+c^2+2(ab+bc+ca)$
이므로 ㉠
주어진 식을 이용하여 $a+b+c$와
$ab+bc+ca$를 구한다.

①식을 통분하면 $\dfrac{bc+ac+ab}{abc}=\dfrac{7}{3}$

$ab+bc+ca=7$

③식을 전개하면 $(ab+ac+b^2+cb)(c+a)$

$=abc+a^2b+ac^2+a^2c+b^2c+ab^2+c^2b+abc$

ab, bc, ca가 들어간 항끼리 묶는다.

$=a^2b+ab^2+abc+b^2c+abc+bc^2$
$\quad+a^2c+abc+c^2a-abc$

$=ab(a+b+c)+bc(a+b+c)$
$\quad+ca(a+b+c)-abc$ ②

$=(ab+bc+ca)(a+b+c)-abc$

$=7\times(a+b+c)-3=25$

$\therefore a+b+c=4$

㉠ $(a+b+c)^2=a^2+b^2+c^2+2(ab+bc+ca)$

$\quad 4^2=a^2+b^2+c^2+2\times7$

$\therefore a^2+b^2+c^2=2$

023 ⸺⸺⸺⸺⸺⸺⸺⸺⸺⸺⸺⸺⸺⸺⸺⸺ 정답 ①

> ①
> 그림과 같은 직육면체의 겉넓이가 66이고
> ② $\overline{AD}^2+\overline{AF}^2+\overline{FD}^2=68$일 때, 이 직육면체의 모든 ③ 모서리의 길이의 합은?
>
>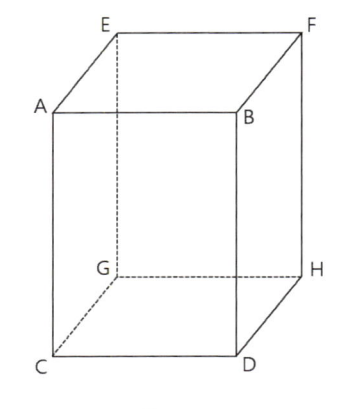
>
> ① 40 　　　　② 44 　　　　③ 48
>
> ④ 52 　　　　⑤ 56

직육면체와 세 모서리를
a, b, c라 하고, 겉넓이를
a, b, c에 대한 식으로
표현한다.

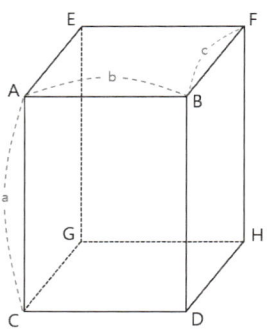

$\overline{AC}=a$, $\overline{AB}=b$, $\overline{BF}=c$
라고 하면 겉넓이는
$2(ab+bc+ca)=66$
$ab+bc+ca=33$ ㉠

$\overline{AD}^2+\overline{AF}^2+\overline{FD}^2$을 a, b, c에 대한 식으로 표현 하면, $\overline{AD}$는 사각형 $\square ABCD$의 대각선 길이이므로 $\overline{AD}^2=a^2+b^2$이고,
마찬가지로 $\overline{AF}^2=b^2+c^2$, $\overline{FD}^2=a^2+c^2$
$(a^2+b^2)+(b^2+c^2)+(a^2+c^2)=68$
$2(a^2+b^2+c^2)=68$. $a^2+b^2+c^2=34$ ㉡

곱셈 공식
$(a+b+c)^2=a^2+b^2+c^2+2(ab+bc+ca)=100$
　　　　　　　　　　　㉡　　　　　　　㉠

$\therefore a+b+c=10$

③ 모서리의 합은 $4(a+b+c)=40$

024

> ① ②
> $x+y=1$, $x^2+y^2=5$을 만족하는 두 실수 x, y에
> 대하여 x^7+y^7의 값은?
> ③
> ① 56　　　　② 127　　　　③ 786
> ④ 1024　　　　⑤ 1136

③

$x^7=x^3 \cdot x^4$, $y^7=y^3 \cdot y^4$이므로 주어진 식으로
x^3, x^4, y^3, y^4이 나오도록 변형한다.

① $x^3+y^3=(x+y)^3-3xy(x+y)$ ㉠
→ xy값이 필요

② $x^4+y^4=(x^2+y^2)^2-2x^2y^2$ ㉡
→ xy값이 필요

$(x+y)^2-2xy=x^2+y^2$, $1^2-2xy=5$
$\therefore xy=-2$

㉠ $x^3+y^3=1^3-3\cdot(-2)\cdot(1)=7$
㉡ $x^4+y^4=5^2-2\cdot(-2)^2=25-8=17$

$(x^3+y^3)(x^4+y^4)=x^7+x^3y^4+x^4y^3+y^7$
$\qquad\qquad\qquad =x^7+y^7+x^3y^3(x+y)$

$7\times17=x^7+y^7+(-2)^3\cdot1$
$x^7+y^7=127$

025

> ①
> 다항식 $P(x)$를 $3x+1$로 나누었을 때의 몫을 $Q(x)$,
> 나머지를 R이라 할 때, $xP(x)$를 $x+\dfrac{1}{3}$로 나누었을
> 때의 몫과 나머지를 차례대로 나열한 것은?
>
> ① $xQ(x)+R$, $-\dfrac{1}{3}R$　　② $xQ(x)+R$, $\dfrac{1}{3}R$
>
> ③ $3xQ(x)+R$, $-\dfrac{1}{3}R$　　④ $3xQ(x)+R$, $\dfrac{1}{3}R$
>
> ⑤ $3xQ(x)+R$, $3R$

① $P(x)=(3x+1)Q(x)+R$
② $xP(x)=x\{(3x+1)Q(x)+R\}$

$3x+1$을 $3\left(x+\dfrac{1}{3}\right)$로 변형한다.

$xP(x)=3\cdot x\cdot\left(x+\dfrac{1}{3}\right)Q(x)+xR$

나머지가 xR인 경우 $\left(x+\dfrac{1}{3}\right)$로 더 나눌 수 있다.

xR을 $x+\dfrac{1}{3}$로 묶는다.

$xR=\left(x+\dfrac{1}{3}\right)R-\dfrac{R}{3}$로 변형한다.

$\therefore xP(x)=3x\left(x+\dfrac{1}{3}\right)Q(x)+\left(x+\dfrac{1}{3}\right)R-\dfrac{1}{3}R$

$\qquad\quad =\left(x+\dfrac{1}{3}\right)\{3xQ(x)+R\}-\dfrac{1}{3}R$
　　　　　　　　　　　　몫　　　　　나머지

026   정답 ⑤

> ①
> 4차 방정식 $f(x)$를 2차 다항식 $g(x)$로 나눈 몫을 $Q(x)$, 나머지를 $R(x)$라 할 때, [보기]에서 옳은 것만을 있는 대로 고른 것은? (단, $m > n > 0$)
>
> ──────── [보 기] ────────
> ㄱ. $Q(x)$의 차수는 $R(x)$의 차수보다 크다. ②
> ㄴ. $f(x)$를 $Q(x)$로 나눈 나머지는 $R(x)$이다. ③
> ㄷ. $f(x) + g(x)$를 $g(x)$로 나눈 나머지는 $R(x)$이다. ④
>
> ① ㄱ   ② ㄷ   ③ ㄱ, ㄷ
> ④ ㄴ, ㄷ   ⑤ ㄱ, ㄴ, ㄷ

① $f(x) = g(x)Q(x) + R(x)$

①
4차식을 2차식으로 나눴으므로 몫 $Q(x)$는 2차 다항식이어야 한다. 나머지 $R(x)$는 나누는 다항식 $Q(x)$보다 차수가 작아야 하므로 1차식이거나 상수항이어야 한다.

② ㄱ. (○)

③ $f(x) = Q(x)g(x) + R(x)$

$Q(x)$가 2차, $R(x)$는 1차 이하이므로 $f(x)$를 $Q(x)$로 나누었을 때의 몫은 $g(x)$, 나머지는 $R(x)$
→ ㄴ. (○)

④
$f(x) + g(x) = \{g(x)Q(x) + R(x)\} + g(x)$로 설정 후 $g(x)$로 묶는다.
$$= g(x)Q(x) + R(x) + g(x)$$
$$= g(x)\{Q(x) + 1\} + R(x)$$
                          몫   나머지
→ ㄷ. (○)

027   정답 ①

> ①
> 5차 다항식 $f(x)$와 3차 다항식 $g(x)$가 있다. $f(x)$를 $g(x)$로 나누었을 때의 몫을 $Q(x)$, 나머지를 $R(x)$라 할 때, [보기]에서 옳은 것만을 있는 대로 고른 것은?
>
> ──────── [보 기] ────────
> ㄱ. $R(x)$의 차수는 $g(x)$의 차수보다 작다. ②
> ㄴ. $f(x)$를 $Q(x)$로 나누었을 때의 나머지는 $R(x)$이다. ③
> ㄷ. $Q(x) - f(x)$를 $g(x) - 1$로 나누었을 때의 나머지는 $R(x)$이다. ④
>
> ① ㄱ   ② ㄴ   ③ ㄷ
> ④ ㄱ, ㄷ   ⑤ ㄱ, ㄴ, ㄷ

① $f(x) = g(x)Q(x) + R(x)$
    $f(x) = g(x)Q(x) + R(x)$
  5차   3차 × 2차   2차 이하

② $R(x)$(나머지)는 $g(x)$(나누는 다항식)보다 차수가 작아야 한다. → ㄱ. (○)

③ $f(x) = Q(x)g(x) +$ 나머지
  5차   3차 × 2차   1차 이하
∴ $R(x)$로 볼 수 없다. → ㄴ. (✕)

④ $Q(x) - f(x) = Q(x) - \{g(x)Q(x) + R(x)\}$로 놓고 변형한다.
$$= Q(x) - g(x)Q(x) - R(x)$$
$$= Q(x)\{1 - g(x)\} - R(x)$$
$$= -Q(x)\{g(x) - 1\} - R(x)$$
나머지는 $-R(x)$이다. → ㄷ. (✕)

028

최고차항의 계수가 1인 두 이차다항식 $P(x)$, $Q(x)$
가 다음 [조건]을 만족한다.

[조 건]

(가) $Q(1) = 0$, $P(1) > 0$ ①

(나) $P(1-x)$를 $x-1$로 나눈 나머지는 4이다. ②

(다) $(x-2)Q(x)$는 $P(x)$로 나누어떨어진다. ③

$P(1) + Q(1)$의 값은?

① 1   ② 2   ③ 3

④ 4   ⑤ 5

---

①

(가) 조건을 해석하면 $Q(1) = 0$

→ $Q(x)$에 1을 대입하면 나머지 0 (∵ 나머지정리)

→ $Q(x)$는 $x-1$을 인수로 갖는다. (∵ 인수정리)

→ 최고차항 계수가 1인 이차방정식이므로
$Q(x) = (x-1)(x-a)$로 둘 수 있다.

②

$P(1-x) = (x-1) \times 몫 + 4$로 두면

x가 1일 때, 즉 $P(0)$일 때 나머지는 4이다. ㉠

→ $P(0) = 4$. $P(x)$를 x로 나눈 나머지가 4.
$P(x) = x(x-b) + 4$
(∵ 최고차항의 계수가 1인 이차방정식)

③

$(x-2)Q(x) = (x-2)(x-1)(x-a)$
$\qquad\qquad = P(x) \times (일차식)$

∴ $P(x)$는 $x-2$, $x-1$, $x-a$, 세 일차식 중 두
일차식의 곱으로 이루어진다.

이때, $P(1) > 0$(①)이므로 $x-1$은 $P(x)$의 인수가
아니다.

∴ $P(x) = (x-2)(x-a)$
$P(0) = 4$(∵㉠)이므로 $2a = 4$, $a = 2$

∴ $P(x) = (x-2)^2$, $Q(x) = (x-1)(x-2)$

∴ $P(1) = 1$, $Q(1) = 0$, $P(1) + Q(1) = 1$

029

①   ②

아래 그림과 같이 겉넓이가 148이고, 모든 모서리의
길이의 합이 60인 직육면체 ABCD - EFGH가 있
다. $\overline{BG}^2 + \overline{GD}^2 + \overline{DB}^2$의 값은?

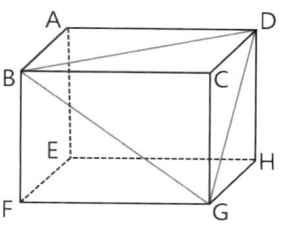

① 136   ② 142   ③ 148

④ 154   ⑤ 160

---

①

$\overline{AB}$, $\overline{BC}$, $\overline{BF}$의 길이를 각각 a, b, c라 하자.

겉넓이가 148이므로 $2(ab + bc + ca) = 148$

$ab + bc + ca = 74$ ㉠

②

모서리의 합이 60이므로 $4(a+b+c) = 60$

$a + b + c = 15$ ㉡

곱셈 공식

$a^2 + b^2 + c^2 = (a+b+c)^2 - 2(ab+bc+ca)$에

㉠, ㉡을 대입하면 $a^2 + b^2 + c^2 = 15^2 - 2 \cdot 74 = 77$

$\overline{BG}^2 = b^2 + c^2$

$\overline{GD}^2 = a^2 + c^2$

$\overline{DB}^2 = a^2 + b^2$

$\overline{BG}^2 + \overline{GD}^2 + \overline{DB}^2$

$\quad = (b^2 + c^2) + (a^2 + c^2) + (a^2 + b^2)$

$\quad = 2(a^2 + b^2 + c^2) = 154$

030   정답 ⑤

다음 그림과 같이 선분 AB위의 점 C에 대하여 선분
① AC를 대각선으로 하는 정육면체와 선분 CB를 대각
선으로 하는 정육면체를 만든다. $\overline{AB} = 5\sqrt{3}$ 이고 두 ②
정육면체의 부피의 합이 20일 때, 두 정육면체의 겉
넓이의 합은? ③

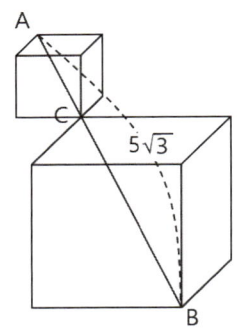

① 42   ② 48   ③ 54

④ 60   ⑤ 66

① 직육면체의 대각선의 길이는 밑면의 대각선 길이와 높이를 두 변으로 갖는 직각삼각형의 빗변의 길이를 의미한다.

$$\therefore \overline{AC} = \sqrt{3}\,a$$

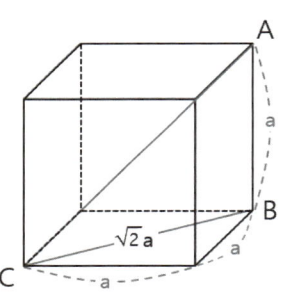

작은 정육면체의 한 변의 길이를 a, 큰 정육면체의 한 변의 길이를 b라고 하면 $\overline{AC} = \sqrt{3}\,a$, $\overline{CB} = \sqrt{3}\,b$

$$\therefore \overline{AC} + \overline{CB} = 5\sqrt{3} = \sqrt{3}\,(a+b),\quad a+b = 5 \quad ⋯ ㉠$$

② 두 정육면체 부피의 합은 $a^3 + b^3 = 20$ ⋯ ㉡

$$a^3 + b^3 = (a+b)^3 - 3ab(a+b) = 5^3 - 3ab \cdot 5 = 20$$

$$ab = 7 \quad ⋯ ㉢$$

③ 작은 정육면체의 겉넓이 $6a^2$,

   큰 정육면체의 겉넓이 $6b^2$,

   겉넓이의 합은 $6a^2 + 6b^2 = 6(a^2 + b^2)$

$$a^2 + b^2 = (a+b)^2 - 2ab = 5^2 - 2 \cdot 7 = 25 - 14 = 11$$
              ㉠   ㉢

$$\therefore 겉넓이의 합 \; 6(a^2 + b^2) = 66$$

031 ·· 정답 ④

$\overline{\text{AD}} = 1$, $\overline{\text{AB}} = x\,(0 < x < 1)$인 직사각형 ABCD가 있다. 그림과 같이 사각형 ABFE가 정사각형이 되도록 두 변 AD와 BC위에 두 점 E, F를 각각 정하면 두 사각형 ABCD와 FCDE는 닮음이다. 또, 사각형 GFCH가 정사각형이 되도록 두 변 EF와 DC 위에 두 점 G, H를 각각 정하고, 사각형 EGJI가 정사각형이 되도록 두 변 ED와 GH 위에 두 점 I, J를 각각 정한다. [보기]에서 옳은 것만을 있는 대로 고른 것은?

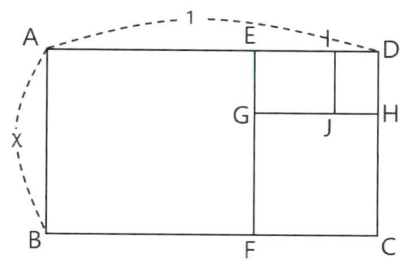

[보 기]

ㄱ. $\dfrac{1-x}{x} = \dfrac{2-x}{2x-1}$

ㄴ. $x^4 - x^3 - 2x^2 + 3x - 1 = 0$

ㄷ. 사각형 IJHD의 넓이는 $-2x^4 + 7x - 4$이다.

① ㄱ   ② ㄴ   ③ ㄷ

④ ㄴ, ㄷ   ⑤ ㄱ, ㄷ

닮음을 이용하여 식을 세운다.

$\square \text{ABCD} \backsim \square \text{FCDE}$

$x : 1 = 1 - x : x$

$1 - x = x^2$

$x^2 + x - 1 = 0$ ·········· ㉠

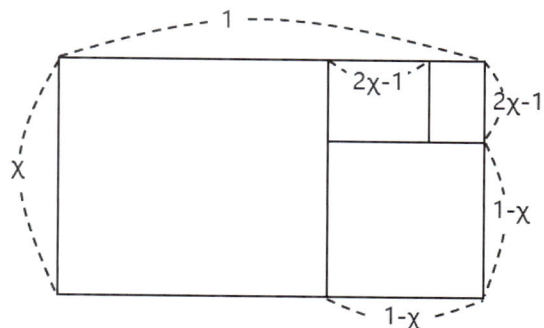

ㄱ. 식을 풀어서 다항식을 만든 후, 주어진 조건에 맞는지 확인한다.

$$\frac{1-x}{x} = \frac{2-x}{2x-1}, \quad (1-x)(2x-1) = (2-x)x$$

$$2x - 1 - 2x^2 + x = 2x - x^2$$

$$-2x^2 + 3x - 1 = -x^2 + 2x$$

$$x^2 - x + 1 = 0 \ (\because \text{㉠식과 다름}) \rightarrow \text{거짓}$$

ㄴ. ㉠ 식을 활용하여 ㉠ 식이 주어진 식의 인수이면 ㄴ은 참. 주어진 식을 인수분해하여 인수를 확인한다.

1	1	−1	−2	3	−1
		1	0	−2	1
1	1	0	−2	1	0
		1	1	−1	
	1	1	−1	0	

$$x^4 - x^3 - 2x^2 + 3x - 1$$
$$= (x^2 + x - 1)(x^2 - 2x + 1) = 0 \rightarrow \text{참}$$

$$\overline{\text{ID}} = (1-x) - (2x-1) = -3x + 2$$
$$\overline{\text{DH}} = x - (1-x) = 2x - 1$$

ㄷ. $\square \text{IJHD} = \overline{\text{ID}} \times \overline{\text{DH}} = -6x^2 + 7x - 2$

㉠식을 활용하여 $-6x^2 + 7x - 2$와 ㄷ의 주어진 식이 같음을 보인다.

$$-6x^2 + 7x - 2$$
$$= -6(x^2 + x - 1) + 13x - 8 = 13x - 8$$

$-2x^4 + 7x - 4$를 $x^2 + x - 1$로 나누면

$$-2x^4 + 7x - 4$$
$$= (x^2 + x - 1)(-2x^2 + 2x - 4) + 13x - 8$$

$$= 13x - 8 \rightarrow \text{참}$$

032 ·· 정답 ④

세 정사각형 $OABC$, $ODEF$, $OGHI$와 세 삼각형 OCD, OFG, OIA가 한 점 O에서 만나고, ①

$\angle COD = \angle FOG = \angle IOA = 30°$ 이다. 세 정사각형의 둘레의 길이의 합이 80이고, 세 정사각형의 넓이의 합이 112일 때, 세 삼각형의 넓이의 합은?

②   ③

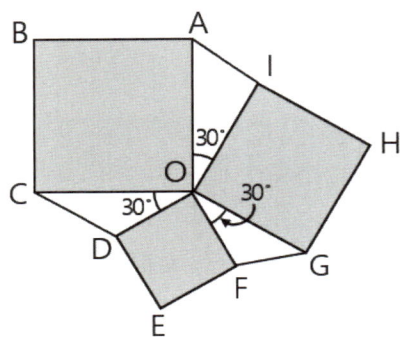

① $33°$ ② $34°$ ③ $35°$
④ $36°$ ⑤ $37°$

①②

주어진 조건을 식으로 변형한다.

$\overline{OA} = a$, $\overline{OG} = b$, $\overline{OD} = c$라고 하면

① $4(a+b+c) = 80$, $a+b+c = 20$,

② $a^2 + b^2 + c^2 = 112$

$(a+b+c)^2 = a^2 + b^2 + c^2 + 2(ab+bc+ca)$

$20^2 = 112 + 2(ab+bc+ca)$

$ab+bc+ca = 144$

③

삼각형의 넓이 공식 $\dfrac{1}{2}ab\sin C$

삼각형 넓이의 합을 S라고 하면

$S = \dfrac{1}{2}ab\sin 30° + \dfrac{1}{2}bc\sin 30° + \dfrac{1}{2}ca\sin 30°$

$\quad = \dfrac{1}{4}(ab+bc+ca) = \dfrac{1}{4} \times 144 = 36$

2단원.

나머지정리와 인수분해

나머지정리를 활용한 수의 나눗셈

033

15^{13}을 16으로 나누었을 때의 나머지를 p라 하고, 14^{13}을 13으로 나누었을 때의 나머지를 q라고 할 때, $p + q$의 값은? (단, p, q는 자연수)

① 13   ② 14   ③ 15

④ 16   ⑤ 17

034

$3^3 = 26 + 1$을 이용하여 $3^{1000} + 3^{1001} + 3^{1002}$을 26으로 나누었을 때의 나머지를 구하면?

035

다음은 2024^{101}을 2025로 나누었을 때 나머지를 구하는 과정이다. (a), (b), (c)에 알맞은 숫자를 찾아 모두 더하면?

---

x^{101}을 일차식 $x + 1$로 나누었을 때의 몫을 $Q(x)$, 나머지를 R이라 하면 $x^{101} = (x + 1)Q(x) + R$와 같이 나타낼 수 있다. 이 등식에 $x = \boxed{\text{(a)}}$ 를 대입하면 $R = \boxed{\text{(b)}}$ 이므로

$x^{101} = (x + 1)Q(x) + \boxed{\text{(b)}}$ 이다.

또 이 등식에 $x = 2024$를 대입하면

$2024^{101} = 2025Q(2024) + \boxed{\text{(b)}}$ 이므로

2024^{101}을 2025로 나누었을 때의 나머지는

$\boxed{\text{(c)}}$ 이다.

036

$2025^3 + 2024$를 2023×2026으로 나눈 나머지는?

유형 2

항등식의 성질

037

모든 실수 x에 대하여 $\dfrac{x^2 + Ax + B}{2x^2 + Bx + 4}$의 값이 항상

일정할 때, 상수 A, B에 대하여 $A+B$의 값은?

(단, $2x^2 + Bx + 4 \neq 0$이다.)

038

자연수 n에 대하여

$\mathrm{P}_n(x) = x(x+1)(x+2)(x+3) \cdots (x+n-1)$이라

하자. 등식 $a\mathrm{P}_3(x) + b\mathrm{P}_2(x) + c\mathrm{P}_1(x) + d =$

$2x^3 + 5x^2 - x + 3$이 x의 값에 관계없이 항상 성립

한다고 할 때, $abcd$의 값은?

(단, a, b, c, d는 상수이다.)

039

x값에 관계없이 $\dfrac{5x+b}{x-a}$가 항상 일정한 값을 가질

때, 실수 a, b에 대하여 $\dfrac{b}{a}$의 값은? (단, $x \neq 0$)

① -1　　　　② 1　　　　③ 0

④ -5　　　　⑤ 5

040

등식 $(k+4)a - (3k-5)b - 2k + 1 = 0$이

k의 값에 관계없이 항상 성립할 때, 두 상수 a, b에

대하여 $a+b$의 값은?

유형 3
여러 개의 문자를 포함한 다항식의 인수분해

041

다음 중 다항식
$6x^3 - 15x^2 + 5x^2y + xy^2 - 11xy + 6x - 2y^2 + 2y$의
인수인 것을 고르면?

① $x + 2$　　② $2x - y$　　③ $2y - 1$

④ $x + y - 1$　　⑤ $2x + y - 1$

042

다항식 $x^2 - xy - 2y^2 + 8x - 7y + 15$를 인수분해하면
$(x + ay + b)(x + y + c)$이다. 상수 a, b, c에 대하여
$a + b + c$의 값은?

043

다항식 $2x^2 - xy - y^2 + 4x - y + 2$가 $ax + by + 1$과
$cx + dy + 2$를 인수로 가질 때, $ad - bc$의 값은?
(단, a, b, c, d는 실수)

044

다음 식을 인수분해하면?

$$xy^2 + yz^2 + zx^2 - x^2y - y^2z - z^2x$$

유형 4
인수정리를 이용한 다항식의 인수분해

045

다항식 $2x^3 - 3x^2 + ax + 1$을 인수분해하면
$(2x-1)f(x)$일 때, $f(3)$의 값은? (단, a는 상수)

① 1 ② 2 ③ 3

④ 4 ⑤ 5

046

x에 대한 다항식 $x^3 + x^2 + (k-6)x - 2k$가 서로 다른 두 실수 a, b에 대하여 $(x+a)(x+b)^2$꼴로 인수분해 되도록 하는 모든 상수 k값의 합은?

① $-\dfrac{27}{4}$ ② $-\dfrac{29}{4}$ ③ $-\dfrac{31}{4}$

④ $-\dfrac{33}{4}$ ⑤ $-\dfrac{35}{4}$

047

다항식 $x^4 + 4x^3 + 2x^2 - 4x - 3$이
$(x+a)(x-a)P(x)$로 인수분해될 때, $P(|a|)$의 값은?
(단, a는 상수)

① 2 ② 4 ③ 6

④ 8 ⑤ 10

048

이차항의 계수가 1인 두 이차방정식 $f(x)$와 $g(x)$에 대하여 $f(x)g(x) = x^4 + 2x^3 - 4x^2 - 2x + 3$이다. 두 다항식 $f(x)$, $g(x)$가 모두 $x - a$로 나누어떨어질 때, $f(4) + g(4)$의 값은? (단, a는 상수이다.)

유형 5
삼차식으로 나누었을 때의 나머지

049

x에 대한 다항식 $P(x)$를 $x^2 - 2x$로 나누었을 때의 나머지가 $2x + 1$이고, $x^2 - 5x + 6$으로 나누었을 때의 나머지가 $5x - 5$이다.

다항식 $P(x)$를 $x^3 - 5x^2 + 6x$로 나누었을 때의 나머지를 $R(x)$라 할 때, $R(x)$를 $x - 4$로 나누었을 때의 나머지는?

050

다항식 $x^{20} - 1$을 $(x+1)^2(x-1)$으로 나누었을 때의 나머지를 $R(x)$라고 할 때 $R(3)$은?

051

다항식 $f(x)$가 다음 [조건]을 만족할 때, $R(2)$의 값은?

[조 건]
- (가) $f(x)$를 $x^3 - 8$로 나눈 나머지는 $R(x)$이다.
- (나) $f(x)$를 $x^2 + 2x + 4$로 나눈 몫은 $Q(x)$, 나머지는 10이다.
- (다) $Q(2) = R(2)$

052

다항식 $P(x)$를 $2x^2 + 1$로 나누었을 때의 나머지는 $x - 1$이고, $x + 3$으로 나누었을 때의 나머지가 8이다. 이때, $P(x)$를 $(2x^2 + 1)(x + 3)$으로 나누었을 때의 나머지는?

유형 6

인수분해를 이용한 복잡한 수의 계산

053

$\sqrt{15 \times 16 \times 17 \times 18 + 1}$ 의 값은?

054

2 이상의 네 자연수 a, b, c, d에 대하여

$(13^2 + 2 \times 13)^2 - 23 \times (13^2 + 2 \times 13) + 120$
$= a \times b \times c \times d$ 일 때 $a + b + c + d$의 값은?

① 56   ② 58   ③ 60

④ 62   ⑤ 64

055

2 이상의 세 자연수 a, b, c에 대하여
$37 \times (37 - 1) \times (37 + 6) + 5 \times 37 - 5 = a \times b \times c$일 때, $a + b + c$의 값은?

056

다음 식의 값을 구하시오.

$$\frac{113^3 - 1}{113^2 - 1} \times \frac{115^2 - 1}{113^2 + 113 + 1}$$

유형 7
인수분해와 삼각형의 모양

057

삼각형의 세 변의 길이 a, b, c에 대하여 등식 $ab(a+b)-bc(b+c)+ca(a-c)=0$이 성립할 때, 이 삼각형은 어떤 삼각형인가?

① 정삼각형

② 빗변의 길이가 a인 직각삼각형

③ 빗변의 길이가 c인 직각삼각형

④ $a=c$인 이등변삼각형

⑤ $b=c$인 이등변삼각형

058

세 변의 길이가 a, b, c인 삼각형 ABC가 다음 [조건]을 만족시킨다. 삼각형 ABC의 둘레의 길이는?

[조 건]

(가) $(-b-c)a^3-(bc+c^2)a^2+(b^2c+b^3)a+b^2c^2+b^3c = 0$

(나) $-7a-3b+13c=0$

(다) 삼각형 ABC의 넓이는 240이다.

059

삼각형 ABC에서 세 변 AB, BC, CA의 길이를 각각 c, a, b라고 할 때, $c^3-ac^2+(a-c)(a^2+b^2-2ab)=0$이 성립한다. 삼각형 ABC는 어떤 삼각형인가?

① 정삼각형

② $a=c$인 이등변삼각형

③ $a=b$인 이등변삼각형

④ $\overline{AC}$를 빗변으로 하는 직각삼각형

⑤ $\overline{AB}$를 빗변으로 하는 직각삼각형

060

세 변의 길이가 a, b, c인 삼각형 ABC가 다음 [조건]을 만족시킨다.

[조 건]

(가) $(a-b)c^2+(2a^2-ab-b^2)c+a^3-ab^2=0$

(나) $6a+2b=5c$

(다) 삼각형 ABC의 둘레의 길이는 36이다.

삼각형 ABC의 넓이는?

유형 8

조립제법을 이용하여 항등식의 미정계수 구하기

061

모든 실수 x에 대하여
$3(x+1)^3 + 2(x+1)^2 - (x+1) + 1$
$= a(x-1)^3 + b(x-1)^2 + c(x-1) + d$가 성립할 때,
네 상수 a, b, c, d에 대하여 $a+b+c+d$의 값은?

062

모든 실수 x에 대하여 등식 $2x^3 - x^2 + x + 3$
$= a(2x+1)^3 + b(2x+1)^2 + c(2x+1) + d$가 성립할
때, 상수 a, b, c, d에 대하여 $a+b+c+d$의 값은?

① 1　　　　② 2　　　　③ 3

④ 4　　　　⑤ 5

063

x에 대한 다항식 $x^3 + ax + b$가 $(x-3)^2$으로 나누어
떨어질 때 몫을 $Q(x)$라 하자. 두 상수 a, b에 대하
여 $a+b+Q(-6)$의 값을 구하시오.

064

x에 대한 사차다항식 $2x^4 - 5x^3 + 14x^2 - 22x + 9$를
$a(2x-4)^4 + b(2x-4)^3 + c(2x-4)^2 + d(2x-4)$
$+ e$로 나타낼 때, $a+b+c+d+e$의 값은?

유형 9

이차식으로 나누어떨어지는 다항식

065

다항식 $3x^3 - 2ax^2 + bx + 7$을 $x^2 + 1$로 나누었을 때, 몫은 $ax - 6$이고, 나머지는 $3x + c$이다. a, b, c에 대하여 $a + b + c$의 값은?

066

다항식 $f(x)$를 $3x^2 + 5x - 2$로 나누었을 때의 나머지가 $3x - 4$일 때, 다항식 $f(x)$의 x에 $6x - 5$를 대입하여 만든 다항식 $f(6x - 5)$를 $2x - 1$로 나누었을 때의 나머지는?

067

삼차방정식 $p(x)$가 다음 [조건]을 만족시킨다. $p(x)$를 $x^2 - 3x + 2$로 나눈 나머지를 $R(x)$라고 할 때, $R(3)$의 값은?

───────── **[조 건]** ─────────
(가) $p(0) = 2$
(나) $p(x + 1) = p(x) + 2x^2 + 1$

068

두 다항식 $f(x)$, $g(x)$에 대하여 $f(x) + g(x)$를 $x^2 + x - 1$로 나누었을 때의 나머지가 2이고, $f(x) - g(x)$를 $x^2 + x - 1$로 나누었을 때의 나머지가 -1이다. 다항식 $kf(x) - g(x)$가 $x^2 + x - 1$을 인수로 갖도록 하는 상수 k의 값은?

033

> ①
> 15^{13}을 16으로 나누었을 때의 나머지를 p라 하고,
> 14^{13}을 13으로 나누었을 때의 나머지를 q라고 할 때,
> $p+q$의 값은? (단, p, q는 자연수)
>
> ① 13　　　② 14　　　③ 15
> ④ 16　　　⑤ 17

나머지가 음수인 경우 예를 들어 28을 3으로 나눈다고 하자.
㉠ $28 = 3 \times 9 + 1$이지만
㉡ $28 = 3 \times 10 - 2$로 나타낼 수도 있다.
㉡의 경우가 나머지가 음수로 표현되는 경우이다.

이때 나머지를 양수로 표현하기 위해 몫(10)에서 하나를 빼서 $3 \times (9+1) - 2 = 3 \times 9 + 3 - 2 = 3 \times 9 + 1$이 되므로 나누는 수 3에 음수인 나머지를 더하면 몫이 1 작아지면서 나머지를 양수로 바꿀 수 있다.

①

나머지 정리를 활용하기 위해 나누는 수를 미지수로 설정한다.

$16 = x$라고 하면 $(x-1)^{13} = x \cdot \mathrm{Q}(x) + \mathrm{R}$에서
$x = 0$을 대입

$(-1)^{13} = \mathrm{R}$, 자연수를 자연수로 나눈 나머지는 음수일 수 없으므로 나누는 수를 더해야 한다.
∴ 나머지는 $-1 + 16 = 15$

$13 = y$라고 하면 $(y+1)^{13} = y \cdot \mathrm{Q}'(y) + \mathrm{R}'$에서
$y = 0$을 대입

$1^{13} = \mathrm{R}'$, 나머지는 1
∴ $p + q = 15 + 1 = 16$

034

> ①
> $3^3 = 26 + 1$을 이용하여 $3^{1000} + 3^{1001} + 3^{1002}$을 26으로 나누었을 때의 나머지를 구하면?

①

밑을 3으로 하는 지수로 $(3^{1000} + 3^{1001} + 3^{1002})$를 묶을 수 있고, 나누는 수가 26이므로 3^n(3의 거듭제곱수 중에서 26과 가장 가까운 $27 = 3^3$)을 미지수 x로 설정하면 나머지정리를 이용할 수 있다.
$26 = x - 1$이고, x를 이용하여 표현하면
$3^{1000} + 3^{1001} + 3^{1002}$
$= 3^{3 \times 333 + 1} + 3^{3 \times 333 + 2} + 3^{3 \times 334}$
$= 3x^{333} + 3^2 x^{333} + x^{334}$
$= 12x^{333} + x^{334}$
여기에서 $12x^{333} + x^{334}$를 $x - 1$로 나눈 나머지는 $12x^{333} + x^{334}$에 $x = 1$을 대입하면 된다.
∴ 나머지는 13

035 .... 정답 2022

다음은 2024^{101}을 2025로 나누었을 때 나머지를 구하는 과정이다. (a), (b), (c)에 알맞은 숫자를 찾아 모두 더하면?

> x^{101}을 일차식 $x+1$로 나누었을 때의 몫을 $Q(x)$, 나머지를 R이라 하면 $x^{101} = (x+1)Q(x) + R$와 같이 나타낼 수 있다. 이 등식에 $x =$ ☐(a)
> 를 대입하면 R = ☐(b) 이므로
> $x^{101} = (x+1)Q(x) +$ ☐(b) 이다.
> 또 이 등식에 $x = 2024$를 대입하면
> $2024^{101} = 2025Q(2024) +$ ☐(b) 이므로
> 2024^{101}을 2025로 나누었을 때의 나머지는
> ☐(c) 이다.

$x^{101} = (x+1)Q(x) + R$에서 나머지인 R을 구하는 과정이므로 $(x+1)Q(x)$항을 0으로 만들기 위해서 x에 -1을 넣는다.

$x = -1$을 대입

$(-1)^{101} = -1 = R$

$\therefore$ (a) $= -1$, (b) $= -1$

$\therefore x^{101} = (x+1)Q(x) - 1$이고,

$2024^{101} = 2025Q(2024) - 1$에서 나머지는

0보다 크거나 같고 나누는 수보다 작아야 한다.

$2024^{101} = 2025\{Q(2024) - 1\} + 2024$

$\therefore$ (c) $= 2024$

$\therefore$ (a) $+$ (b) $+$ (c) $= 2022$

036 .... 정답 8101

> ① $2025^3 + 2024$를 2023×2026으로 나눈 나머지는?

① 2025, 2024, 2023, 2026, 네 수의 크기가 비슷하므로 네 수 중에서 하나의 수를 미지수 x로 설정하고, 나머지 수를 x로 표현한다. 네 수 중 가장 작은 수를 $2023 = x$라고 하면,

$2024 = x + 1$, $2025 = x + 2$, $2026 = x + 3$

$(x+2)^3 + x + 1 = x(x+3)Q(x) + ax + b$

나누는 수가 $x(x+3)$이차식이므로 1차식으로 표현

$x = 0$을 대입하면, $2^3 + 1 = b$

$\therefore b = 9$

$x = -3$을 대입하면, $(-1)^3 - 2 = -3a + b$

$-3 = -3a + 9$

$\therefore a = 4$

$\therefore$ 나머지는 $4 \times 2023 + 9 = 8101$

037 .... 정답 3

> 모든 실수 x에 대하여 $\dfrac{x^2 + Ax + B}{2x^2 + Bx + 4}$의 값이 ① 항상 일정할 때, 상수 A, B에 대하여 $A + B$의 값은?
> (단, $2x^2 + Bx + 4 \neq 0$이다.)

① 값이 항상 일정하므로 상수로 둔다.

$\dfrac{x^2 + Ax + B}{2x^2 + Bx + 4} = k$ 이므로 (단, k는 실수)

$x^2 + Ax + B = 2kx^2 + Bkx + 4k$에서 계수를 비교하여 미지수를 구한다.

$1 = 2k$, $A = Bk$, $B = 4k$ 이므로

$k = \dfrac{1}{2}$, $B = 2$, $A = 1$이다.

$\therefore A + B = 3$

038

자연수 n에 대하여
① $P_n(x) = x(x+1)(x+2)(x+3) \cdots (x+n-1)$이라
하자. 등식 $aP_3(x) + bP_2(x) + cP_1(x) + d =$
$2x^3 + 5x^2 - x + 3$이 x의 값에 관계없이 항상 성립
한다고 할 때, $abcd$의 값은?
(단, a, b, c, d는 상수이다.)

$aP_3(x)$, $bP_2(x)$, $cP_1(x)$를 식으로 표현하면
$aP_3(x) = ax(x+1)(x+2)$
$bP_2(x) = bx(x+1)$
$cP_1(x) = cx$
$aP_3(x) + bP_2(x) + cP_1(x) + d$
   $= ax(x+1)(x+2) + bx(x+1) + cx + d$ ㉠
   $= 2x^3 + 5x^2 - x + 3$

a는 3차항의 계수이므로 $a = 2$
㉠에서 각 항을 0으로 만들 수 있는
$x = 0, -1, -2$를 각각 대입하여 계수를 구한다.
$x = 0$ 대입, $d = 3$
$x = -1$ 대입, $-c + d = 7$이므로 $c = -4$
$x = -2$ 대입, $2b - 2c + d = 9$이므로 $b = -1$
$\therefore abcd = 24$

039

② x값에 관계없이 $\dfrac{5x+b}{x-a}$가 ① 항상 일정한 값을 가질
때, 실수 a, b에 대하여 $\dfrac{b}{a}$의 값은? (단, $x \neq 0$)

① -1 ② 1 ③ 0
④ -5 ⑤ 5

항상 일정한 값을 가지므로 임의의 상수 k로 둔다.
$\dfrac{5x+b}{x-a} = k$ (k는 실수)
$5x + b = kx - ak$
$\therefore (5-k)x + ak + b = 0$

이 식이 x의 값에 관계없이 항상 성립하므로
x에 대한 $5 - k = 0$, $ak + b = 0$을 만족한다.
$\therefore k = 5$, $b = -5a$
$\therefore \dfrac{b}{a} = \dfrac{-5a}{a} = -5$

040

등식 $(k+4)a - (3k-5)b - 2k + 1 = 0$이
k의 값에 관계없이 항상 성립할 때, 두 상수 a, b에
대하여 $a+b$의 값은?

등식이 k의 값에 관계없이 항상 성립하므로 등식을 k
에 대한 식으로 정리한다.
$(a - 3b - 2)k + 4a + 5b + 1 = 0$
k에 어떤 값을 대입해도 등식은 성립해야 하므로
$a - 3b - 2 = 0$, $4a + 5b + 1 = 0$을 만족
두 식을 연립하면 $a = \dfrac{7}{17}$, $b = -\dfrac{9}{17}$
$\therefore a+b = -\dfrac{2}{17}$

041 .... 정답 ⑤

다음 중 다항식
$$6x^3 - 15x^2 + 5x^2y + xy^2 - 11xy + 6x - 2y^2 + 2y$$ ①
의 인수인 것을 고르면?

① $x+2$ ② $2x-y$ ③ $2y-1$

④ $x+y-1$ ⑤ $2x+y-1$

x는 3차, y는 2차이므로 차수가 낮은 y에 대해서 내림차순으로 정리하자.

$$(x-2)y^2 + (5x^2 - 11x + 2)y + 6x^3 - 15x^2 + 6x$$

$$\begin{matrix} 1 & \diagdown & -2 \\ 5 & \diagup & -1 \end{matrix}$$

$$= (x-2)y^2 + (x-2)(5x-1)y + 3x(2x^2 - 5x + 2)$$

$$\begin{matrix} 2 & \diagdown & -1 \\ 1 & \diagup & -2 \end{matrix} \rightarrow -1$$

$$= (x-2)\{y^2 + (5x-1)y + 3x(2x-1)\}$$

$$\begin{matrix} 1 & \diagdown & 3x \\ 1 & \diagup & 2x-1 \end{matrix}$$

$$= (x-2)(y+3x)(y+2x-1)$$

042 .... 정답 6

다항식 $x^2 - xy - 2y^2 + 8x - 7y + 15$ ① 를 인수분해하면 $(x+ay+b)(x+y+c)$이다. 상수 a, b, c에 대하여 $a+b+c$의 값은?

x와 y의 차수가 같으므로 x, y 중 하나의 내림차순으로 정리한 후 인수분해한다.
x에 대하여 내림차순으로 정리하면
$$x^2 - (y-8)x - (2y^2 + 7y - 15)$$

$$\begin{matrix} 2 & \diagdown & -3 \\ 1 & \diagup & 5 \end{matrix}$$

$$= x^2 - (y-8)x - (2y-3)(y+5)$$

$$\begin{matrix} 1 & \diagdown & -2y+3 \\ 1 & \diagup & y+5 \end{matrix}$$

$$= (x-2y+3)(x+y+5)$$

그러므로 $a=-2, b=3, c=5$
$\therefore a+b+c = 6$

043 .... 정답 3

다항식 $2x^2 - xy - y^2 + 4x - y + 2$ ① 가 $ax+by+1$과 $cx+dy+2$를 인수로 가질 때, $ad-bc$의 값은?
(단, a, b, c, d는 실수)

주어진 식을 x에 대한 내림차순으로 정리하자.
$$2x^2 - (y-4)x - (y^2 + y - 2)$$
$$= 2x^2 - (y-4)x - (y+2)(y-1)$$

인수분해
$$\begin{matrix} 1 & \diagdown & -(y-1) \\ 2 & \diagup & y+2 \end{matrix}$$

$$= \{x-(y-1)\}(2x+y+2)$$
$$= (x-y+1)(2x+y+2)$$

$\therefore a=1, b=-1, c=2, d=1$
$\therefore ad-bc = 3$

044 ·········· 정답 $(x-y)(y-z)(z-x)$

다음 식을 인수분해하면?

$$xy^2 + yz^2 + zx^2 - x^2y - y^2z - z^2x$$

x에 대한 내림차순으로 정리한다.

$xy^2 + yz^2 + zx^2 - x^2y - y^2z - z^2x$
$= x^2(z-y) + x(y^2 - z^2) + yz(z-y)$

공통인수를 밖으로 빼내어 식을 간단히 한다.

$= (z-y)\{x^2 - (y+z)x + yz\}$
$= (z-y)(x-y)(x-z)$
$= (x-y)(y-z)(z-x)$

045 ·········· 정답 ⑤

다항식 $2x^3 - 3x^2 + ax + 1$을 인수분해하면
$(2x-1)f(x)$일 때, $f(3)$의 값은? (단, a는 상수)

① 1   ② 2   ③ 3
④ 4   ⑤ 5

다항식이 $(2x-1)$로 나누어떨어지므로 주어진 식에
$x = \dfrac{1}{2}$을 대입하면 $\dfrac{1}{4} - \dfrac{3}{4} + \dfrac{a}{2} + 1 = 0$, $a = -1$

$2x^3 - 3x^2 - x + 1$에서

$$
\begin{array}{r|rrrr}
\frac{1}{2} & 2 & -3 & -1 & 1 \\
 &   & 1 & -1 & -1 \\
\hline
 & 2 & -2 & -2 & 0 \\
\end{array}
$$

위 조립제법에 의해

$2x^3 - 3x^2 - x + 1 = \left(x - \dfrac{1}{2}\right)(2x^2 - 2x - 2)$
$\quad = (2x-1)(x^2 - x - 1)$이므로 $f(x) = x^2 - x - 1$
$\therefore f(3) = 5$

046 ·········· 정답 ③

x에 대한 다항식 $x^3 + x^2 + (k-6)x - 2k$가 서로 다른 두 실수 a, b에 대하여 $(x+a)(x+b)^2$꼴로 인수분해 되도록 하는 모든 상수 k값의 합은?

① $-\dfrac{27}{4}$ ② $-\dfrac{29}{4}$ ③ $-\dfrac{31}{4}$
④ $-\dfrac{33}{4}$ ⑤ $-\dfrac{35}{4}$

적당한 수를 대입해 다항식이 0이 되는 x값을 찾는다. $x = 2$를 대입하면 다항식이 0이 되므로 주어진 다항식은 $(x-2)$를 인수로 갖는다.
조립제법을 이용하면

$$
\begin{array}{r|rrrr}
2 & 1 & 1 & k-6 & -2k \\
 &   & 2 & 6 & 2k \\
\hline
 & 1 & 3 & k & 0 \\
\end{array}
$$

위의 조립제법으로부터
$x^3 + x^2 + (k-6)x - 2k = (x-2)(x^2 + 3x + k)$

$(x+a)(x+b)^2$꼴로 인수분해되어야 하므로
$x^2 + 3x + k = (x+b)^2$ 즉, 이차방정식이 중근을 갖거나, $(x-2)^2 = (x+b)^2$ 즉, 이차방정식이 $x = 2$를 한 근으로 가지면 된다.

i) 이차방정식 $x^2 + 3x + k = 0$이 중근을 가지는 경우, 이 방정식의 판별식을 D라고 하면
$D = 9 - 4k = 0$에서 $k = \dfrac{9}{4}$

ii) 이차방정식 $x^2 + 3x + k = 0$이 $x = 2$를 한 근으로 가지는 경우, $4 + 6 + k = 0$, $k = -10$

i), ii)에서 $k = \dfrac{9}{4}$ 또는 $k = -10$이다.

$\therefore$ 모든 k의 합은 $-\dfrac{31}{4}$

047 ⸺⸺⸺⸺⸺⸺ 정답 ④

다항식 $x^4 + 4x^3 + 2x^2 - 4x - 3$이
$(x+a)(x-a)\mathrm{P}(x)$로 인수분해될 때, $\mathrm{P}(|a|)$의 값은?
(단, a는 상수)

① 2　　　　② 4　　　　③ 6

④ 8　　　　⑤ 10

조립제법을 이용하여 인수분해한다.

$$
\begin{array}{r|rrrr}
1 & 1 & 4 & 2 & -4 & -3 \\
  &   & 1 & 5 & 7 & 3 \\ \hline
  & 1 & 5 & 7 & 3 & \;0 \\
-1 & & -1 & -4 & -3 \\ \hline
  & 1 & 4 & 3 & \;0
\end{array}
$$

$\therefore\ x^4 + 4x^3 + 2x^2 - 4x - 3$
$\quad = (x+1)(x-1)(x^2 + 4x + 3)$
$\therefore\ |a| = 1$이고, $\mathrm{P}(x) = x^2 + 4x + 3$이다.
$\therefore\ \mathrm{P}(|a|) = \mathrm{P}(1) = 8$

048 ⸺⸺⸺⸺⸺⸺ 정답 36

이차항의 계수가 1인 두 이차방정식 $f(x)$와 $g(x)$에
대하여 $f(x)g(x) = x^4 + 2x^3 - 4x^2 - 2x + 3$이다. 두
다항식 $f(x)$, $g(x)$가 모두 $x-a$로 나누어떨어질 때,
$f(4) + g(4)$의 값은? (단, a는 상수이다.)

조립제법에 의해

$$
\begin{array}{r|rrrr}
1 & 1 & 2 & -4 & -2 & 3 \\
  &   & 1 & 3 & -1 & -3 \\ \hline
  & 1 & 3 & -1 & -3 & \;0 \\
1 &   & 1 & 4 & 3 \\ \hline
  & 1 & 4 & 3 & \;0
\end{array}
$$

이므로

$x^4 + 2x^3 - 4x^2 - 2x + 3$
$\quad = (x-1)^2(x^2 + 4x + 3)$
$\quad = (x-1)^2(x+1)(x+3)$이다.

두 다항식이 공통인수를 가져야 하므로 $f(x)g(x)$는
$(x-a)^2$의 꼴을 인수로 가져야 한다. $\therefore\ a = 1$
그러므로

$f(x) = (x-1)(x+1)\ \text{or}\ f(x) = (x-1)(x+3)$
$g(x) = (x-1)(x+3)\ \text{or}\ g(x) = (x-1)(x+1)$
$\therefore\ f(x) + g(x)$는 어떤 경우를 선택하더라도 성립
$f(x) + g(x) = (x-1)(x+1) + (x-1)(x+3)$
$\qquad\quad = 2x^2 + 2x - 4$
$\therefore\ f(4) + g(4) = 36$

049

> ①
> x에 대한 다항식 $P(x)$를 x^2-2x로 나누었을 때의 나머지가 $2x+1$이고, x^2-5x+6으로 나누었을 때의 나머지가 $5x-5$이다.
> ②
> ③ 다항식 $P(x)$를 x^3-5x^2+6x로 나누었을 때의 나머지를 $R(x)$라 할 때, $R(x)$를 $x-4$로 나누었을 때의 나머지는?

①
$P(x)$를 x^2-2x로 나누었을 때의 몫을 $Q(x)$라 하면
$$P(x) = (x^2-2x)Q(x) + 2x + 1$$
$$= x(x-2)Q(x) + 2x + 1 \quad\cdots\cdots ㉠$$

②
$P(x)$를 x^2-5x+6으로 나누었을 때의 몫을 $Q'(x)$라 하면
$$P(x) = (x^2-5x+6)Q'(x) + 5x - 5 \quad\cdots\cdots ㉡$$

③
$P(x)$를 x^3-5x^2+6x로 나누었을 때의 나머지 $R(x)$는 $R(x) = ax^2 + bx + c$로 나타낼 수 있다. (∵ 나누는 수가 3차)
이때, 몫을 $Q''(x)$라 한다면
$$P(x) = (x^3-5x^2+6x)Q''(x) + ax^2 + bx + c \quad\cdots\cdots ㉢$$
$$P(x) = x(x-2)Q(x) + 2x + 1 \quad\cdots\cdots ㉠$$
$$= (x-2)(x-3)Q'(x) + 5x - 5 \quad\cdots\cdots ㉡$$
$$= x(x-2)(x-3)Q''(x) + ax^2 + bx + c \quad\cdots\cdots ㉢$$

㉡과 ㉢에서 나누는 수 $(x-2)(x-3)$이 공통이므로 ㉢을 변형해 ㉡과 비교한다. ㉢의 나머지는 2차식, 나누는 수가 $(x-2)(x-3)$인 2차식일 때, 나머지 $ax^2 + bx + c$는 $(x-2)(x-3)$으로 한 번 더 나눌 수 있다. 이때,

$$ax^2 + bx + c = a(x-2)(x-3) + \boxed{일차식} \text{ 꼴이 된다.}$$
$$(\because \text{계수가 } a) \quad R(x)$$

따라서 ㉢식은

$$\underset{\text{공통 부분}}{x(x-2)(x-3)Q''(x)} + \underset{\text{공통 부분}}{a(x-2)(x-3)} + \boxed{일차식}$$

공통 부분으로 묶으면

$$(x-2)(x-3)\{xQ''(x) + a\} + \boxed{일차식} \text{ 꼴이 된다.}$$

이 식은 ㉡식과 같으므로

$$(x-2)(x-3)Q'(x) + 5x - 5 \text{와 같다.}$$
$$P(x) = (x-2)(x-3)\{xQ''(x) + a\} + 5x - 5$$

㉠에서 $P(0) = 1$이므로 위 식의 x에 0을 대입하면
$$6a - 5 = 1, \quad a = 1$$
$$R(x) = (x-2)(x-3) + 5x - 5$$
$$= x^2 - 5x + 6 + 5x - 5$$
$$= x^2 + 1$$
∴ $R(x)$를 $x-4$로 나눈 나머지는 $R(4) = 17$

050 .... 정답 80

① 다항식 $x^{20}-1$을 $(x+1)^2(x-1)$으로 나누었을 때의 나머지를 $R(x)$라고 할 때 $R(3)$은?

다항식 $x^{20}-1$을 $(x-1)^2(x+1)$로 나눈 몫을 $Q(x)$, 나머지 $R(x)=ax^2+bx+c$라고 하면

3차로 나누었으니 나머지는 2차

$x^{20}-1=(x+1)^2(x-1)Q(x)+ax^2+bx+c$

$x=-1$을 대입, $a-b+c=0$

$x=1$을 대입, $a+b+c=0$

$\therefore$ $b=0$, $a=-c$

따라서 $ax^2+bx+c=ax^2-a$

$\qquad\qquad\qquad = a(x-1)(x+1)$

그러므로 $x^{20}-1$

$\quad = (x+1)^2(x-1)Q(x)+a(x-1)(x+1)$

$\quad = (x+1)(x-1)\{(x+1)Q(x)+a\}$

$\quad = (x^2-1)\{(x+1)Q(x)+a\}$

────────────────────────────── ①

$x^{20}-1=(x^2-1)\{(x+1)Q(x)+a\}$에서 $(x+1)^2(x-1)$로 나누었을 때의 나머지를 물어봤는데, $(x+1)^2(x-1)$로 묶여 있지 않고, (x^2-1)로 묶여 있다.

$(x+1)^2(x-1)=(x+1)(x-1)(x+1)$

$=(x^2-1)(x+1)$로 쓸 수 있으므로 전체식을 x^2-1로 나누고 다시 $x+1$로 나누어야 한다.

$x^{20}-1=(x^2)^{10}-1$로 나타낼 수 있고, x^2을 t로 치환하는 경우 $t^{10}-1=(t-1)(t^9+t^8+t^7+\cdots+1)$꼴로 나타낼 수 있다.

조립제법

$x^{20}-1=(x^2-1)\{(x^2)^9+(x^2)^8+(x^2)^7+\cdots+1\}$

$x^{20}-1$을 x^2-1로 나눈 몫을

$x^{18}+x^{16}+x^{14}+\cdots+x^2+1$

$x^{18}+x^{16}+x^{14}+\cdots+x^2+1$을 $(x+1)$로 나누어서 나머지를 구하려면 나머지정리를 이용한다.

$x^{18}+x^{16}+x^{14}+\cdots+x^2+1=(x+1)Q(x)+a$

따라서 $x=-1$을 대입하면 $a=10$

$\therefore$ $R(x)=10x^2-10$이므로 $R(3)=80$

051 ························· 정답 $-\dfrac{1}{11}$

다항식 $f(x)$가 다음 [조건]을 만족할 때, $R(2)$의 값은?

[조 건]

(가) $f(x)$를 $x^3 - 8$로 나눈 나머지는 $R(x)$이다. ①

(나) $f(x)$를 $x^2 + 2x + 4$로 나눈 몫은 $Q(x)$, 나머지는 1이다. ②

(다) $Q(2) = R(2)$

① 나누는 수는 $x^3 - 8 = (x-2)(x^2 + 2x + 4)$이고,

② 나누는 수는 $x^2 + 2x + 4$이므로 3차로 나누는 식을 세운 후, 2차로 나눴을 때의 몫과 나머지의 조건을 이용하여 3차로 나눴을 때의 나머지(2차식)을 변형하여 $R(x)$를 구할 수 있다.

다항식 $f(x)$를 $x^3 - 8$로 나눈 몫을 $Q'(x)$, 나머지를 $R(x) = ax^2 + bx + c$라고 하자.
$f(x)$는

$$(x-2)(x^2 + 2x + 4)Q'(x) + ax^2 + bx + c$$

$f(x)$를 $x^2 + 2x + 4$로 나눈 나머지가 1이므로 $ax^2 + bx + c$를 $x^2 + 2x + 4$로 나눈 나머지도 1이다.

$\therefore R(x) = a(x^2 + 2x + 4) + 1$

나머지가 $ax^2 + bx + c$이고 나누는 수가 $x^2 + 2x + 4$인 경우 ($x^2 + 2x + 4$로 묶으려고 하는 경우)
나머지도 2차, 나누는 수도 2차이므로 나머지를 나누는 수로 나눌 수 있다.

$$
\begin{array}{r}
a \\
x^2 + 2x + 4\,{\overline{\smash{\big)}\,ax^2 + bx + c}} \\
\underline{ax^2 + 2ax + 4a} \\
\boxed{\text{나머지}}
\end{array}
$$
→ 이 경우 몫은 a, 나머지는 일차식 이하

$f(x) = \underset{\text{공통 부분}}{(x-2)(x^2 + 2x + 4)Q'(x)} + \underset{\text{공통 부분}}{a(x^2 + 2x + 4)} + \boxed{\text{나머지}}$

$f(x) = (x^2 + 2x + 4)\{(x-2)Q'(x) + a\} + \boxed{\text{나머지}}$
→ 묶을 수 있다.

$f(x)$를 $(x^2 + 2x + 4)$로 나눈 나머지가 1이므로
$\boxed{\text{나머지}} = 1$이고 $ax^2 + bx + c$를 $x^2 + 2x + 4$로 나눈 $\boxed{\text{나머지}}$ 도 1이다.

+ 다른 풀이

$f(x)$
$= (x-2)(x^2 + 2x + 4)Q'(x) + a(x^2 + 2x + 4) + 1$
$= (x^2 + 2x + 4)\{(x-2)Q'(x) + a\} + 1$

다항식 $f(x)$를 $x^2 + 2x + 4$로 나눈 몫이 $Q(x)$이므로
$Q(x) = (x-2)Q'(x) + a$
$R(2) = 12a + 1$

$Q(2) = a$, $Q(2) = R(2)$이므로 $a = -\dfrac{1}{11}$

$R(x) = -\dfrac{1}{11}(x^2 + 2x + 4) + 1$

$\therefore R(2) = -\dfrac{12}{11} + 1 = -\dfrac{1}{11}$

052   정답 $\dfrac{24}{19}x^2 + x - \dfrac{7}{19}$

> ①
> 다항식 $P(x)$를 $2x^2+1$로 나누었을 때의 나머지는 $x-1$이고, $x+3$으로 나누었을 때의 나머지가 8이
> ② 다. 이때, $P(x)$를 $(2x^2+1)(x+3)$으로 나누었을 때의 나머지는?

①

$P(x) = (2x^2+1)Q(x) + x - 1$

$P(x) = (x+3)Q'(x) + 8$

$P(x) = (2x^2+1)(x+3)Q''(x) + R(x)$

$P(x)$를 3차로 나눈 나머지는 2차이다.

$P(x)$를 $2x^2+1$로 나누었을 때의 나머지가 $x-1$이므로 $R(x)$를 $2x^2+1$로 나누었을 때의 나머지는 $x-1$이다.

$\therefore R(x) = a(2x^2+1) + x - 1$

$\therefore P(x)$
$\quad = (2x^2+1)(x+3)Q'(x) + a(2x^2+1) + x - 1$

②

$P(-3) = 8$

$\therefore P(-3) = 19a - 4 = 8 \qquad \therefore a = \dfrac{12}{19}$

$\therefore R(x) = \dfrac{12}{19}(2x^2+1) + x - 1$

$= \dfrac{24}{19}x^2 + x - \dfrac{7}{19}$

053   정답 271

> ①
> $\sqrt{15 \times 16 \times 17 \times 18 + 1}$ 의 값은?

①

연속한 수를 4번 연속 곱하므로 적당한 수를 미지수로 잡는다.

$14 = x$ 라고 하면

$\sqrt{(x+1)(x+2)(x+3)(x+4)+1}$

$= \sqrt{(x+1)\cdot(x+4) \times (x+2)\cdot(x+3) + 1}$

$= \sqrt{(x^2+5x+4)(x^2+5x+6)+1}$

$x^2 + 5x = t$ 로 치환하면

$= \sqrt{(t+4)(t+6)+1} = \sqrt{t^2+10t+25}$

$= \sqrt{(t+5)^2} = t + 5 \ (\because t > 0)$

$\therefore 14^2 + 5 \times 14 + 5 = 271$

054   정답 ①

> 2 이상의 네 자연수 a, b, c, d에 대하여
> ① $(13^2 + 2 \times 13)^2 - 23 \times (13^2 + 2 \times 13) + 120$
> $= a \times b \times c \times d$ 일 때 $a+b+c+d$의 값은?
>
> ① 56   ② 58   ③ 60
> ④ 62   ⑤ 64

①

공통인 13을 t로 치환하여 식을 간단히 만든다.

$(t^2+2t)^2 - 23 \times (t^2+2t) + 120 = a \times b \times c \times d$

$t^2 + 2t$가 공통이므로 X로 치환한다.

$X^2 - 23X + 120$

$= (X-15)(X-8)$

$= (t^2+2t-15)(t^2+2t-8)$

$= (t-3)(t+5)(t-2)(t+4)$

$= 10 \times 18 \times 11 \times 17$

$\therefore a + b + c + d = 56$

055 .... 정답 116

> 2 이상의 세 자연수 a, b, c에 대하여
> ① $37 \times (37-1) \times (37+6) + 5 \times 37 - 5 = a \times b \times c$일 때, $a+b+c$의 값은?

①

반복되는 숫자 37을 미지수로 치환한다.

$37 = x$라고 하면,

$x \times (x-1) \times (x+6) + 5x - 5$

$= x(x-1)(x+6) + 5(x-1)$

$= (x-1)(x^2 + 6x + 5)$

$= (x-1)(x+1)(x+5)$

x에 37을 대입하면

$= 36 \times 38 \times 42$

$\therefore a+b+c = 116$

056 .... 정답 116

> 다음 식의 값을 구하시오.
>
> $$\frac{113^3 - 1}{113^2 - 1} \times \frac{115^2 - 1}{113^2 + 113 + 1}$$

반복되는 숫자 113을 x로 두고 식을 정리한다.

$113 = x$라고 하면

$\dfrac{x^3 - 1}{x^2 - 1} \times \dfrac{(x+2)^2 - 1}{x^2 + x + 1}$ ▶ 합차 공식 활용

$= \dfrac{(x-1)(x^2 + x + 1)}{(x+1)(x-1)} \times \dfrac{(x+1)(x+3)}{x^2 + x + 1}$ ◀

$= x + 3$

$\therefore 116$

057 .... 정답 ④

> ②
> 삼각형의 세 변의 길이 a, b, c에 대하여 등식 $ab(a+b) - bc(b+c) + ca(a-c) = 0$이 성립할 때, 이 삼각형은 어떤 삼각형인가?
> ①
>
> ① 정삼각형
> ② 빗변의 길이가 a인 직각삼각형
> ③ 빗변의 길이가 c인 직각삼각형
> ④ $a = c$인 이등변삼각형
> ⑤ $b = c$인 이등변삼각형

①

인수분해를 위해 내림차순으로 정리한다.

a에 대해서 내림차순으로 정리하면

$a^2(b+c) + a(b^2 - c^2) - bc(b+c) = 0$

$(b+c)(a^2 + (b-c)a - bc) = 0$

$(b+c)(a+b)(a-c) = 0$

②

삼각형의 세 변의 길이이기 때문에 $a, b, c > 0$이다.

$\therefore b+c \neq 0, \ a+b \neq 0, \ a-c = 0$

$a = c$

058 ········· 정답 72

> 세 변의 길이가 a, b, c인 삼각형 ABC가 다음 [조건]을 만족시킨다. 삼각형 ABC의 둘레의 길이는?
>
> **[조 건]**
> (가) $(-b-c)a^3 - (bc+c^2)a^2 + (b^2c+b^3)a + b^2c^2 + b^3c$
> $= 0$ ①
> (나) $-7a - 3b + 13c = 0$ ②
> (다) 삼각형 ABC의 넓이는 240이다.

①

(가)를 간단히 하면
$$-(b+c)a^3 - c(b+c)a^2 + b^2(b+c)a + b^2c(b+c) = 0$$
$$(b+c)(-a^3 - a^2c + ab^2 + b^2c) = 0$$
$$(b+c)(-a(a^2-b^2) - c(a^2-b^2)) = 0$$
$$-(b+c)(a-b)(a+b)(a+c) = 0$$
$(b+c,\ a+b,\ a+c$는 모두 양수이다.)
$$\therefore a = b$$
이 조건을 (나)에 적용한다.

②

$a = b$를 (나)의 조건에 적용시켜 a, b, c의 비율을 구해야 한다.
$$-7a - 3a + 13c = 0,\ -10a + 13c = 0$$
$$a = \frac{13}{10}c$$
$a : c = 13 : 10$이므로
$a = 13k$, $c = 10k$로 두자. (k는 상수)
(다)의 조건을 이용해 상수 k의 값을 구한 뒤, 둘레를 구할 수 있다.

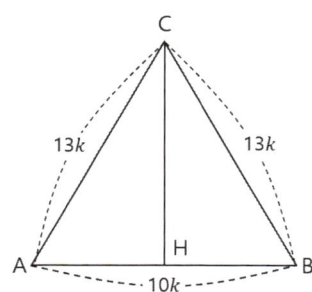

점 c에서 $\overline{AB}$에 내린 수선의 발을 H라고 하면
$\overline{AH} = 5k$이므로 $\overline{CH} = 12k$
$$\triangle ABC = \frac{1}{2} \times 10k \times 12k = 240$$
$$\therefore k = 2$$
$\therefore$ 삼각형 ABC의 둘레는
$$13k + 13k + 10k = 36k = 72$$

059 ········· 정답 ②

> 삼각형 ABC에서 세 변 AB, BC, CA의 길이를 각각 c, a, b라고 할 때,
> ① $c^3 - ac^2 + (a-c)(a^2 + b^2 - 2ab) = 0$이 성립한다. 삼각형 ABC는 어떤 삼각형인가?
> ① 정삼각형
> ② $a = c$인 이등변삼각형
> ③ $a = b$인 이등변삼각형
> ④ $\overline{AC}$를 빗변으로 하는 직각삼각형
> ⑤ $\overline{AB}$를 빗변으로 하는 직각삼각형

①

공통인수 찾기
$$c^3 - ac^2 + (a-c)(a^2 + b^2 - 2ab) = 0$$
$$\blacktriangleright c^2(c-a) \qquad (a-c)(a-b)^2$$
$$= -(a-c)c^2 \qquad \Rightarrow a-c가 \ 공통인수$$
$$\blacktriangleright = (a-c)(-c^2 + (a-b)^2)$$
$$= (a-c)((a-b)^2 - c^2)$$
$$= (a-c)(a-b-c)(a-b+c) = 0$$
$$\therefore a = c$$

$$\begin{bmatrix} a-b-c = 0,\ a = b+c \\ a-b+c = 0,\ b = a+c \end{bmatrix}$$

이 경우는 한 변의 길이가 나머지 두 변의 길이의 합과 같으므로 삼각형이 성립되지 않는다.

060 .... 정답 **48**

> 세 변의 길이가 a, b, c인 삼각형 ABC가 다음 [조건]을 만족시킨다.
>
> ---[조 건]---
> (가) $(a-b)c^2 + (2a^2 - ab - b^2)c + a^3 - ab^2 = 0$ ①
> (나) $6a + 2b = 5c$
> (다) 삼각형 ABC의 둘레의 길이는 36이다.
>
> 삼각형 ABC의 넓이는?

.... ①

공통인수 찾아 인수분해하기

(가) $(a-b)c^2 + (2a+b)(a-b)c + a(a-b)(a+b) = 0$
$(a-b)(c^2 + (2a+b)c + a(a+b)) = 0$
$(a-b)(c+a)(c+a+b) = 0$
$\therefore a = b$인 이등변삼각형

(다)에서 둘레의 길이가 36이라고 했으므로
$a + b + c = 36$, $a = b$이므로 $2a + c = 36$
(나)에서 $6a + 2b = 5c$, $a = b$이므로 $8a = 5c$
$2a + c = 36$
$8a = 5c$를 연립하면 $c = 16$, $a = b = 10$

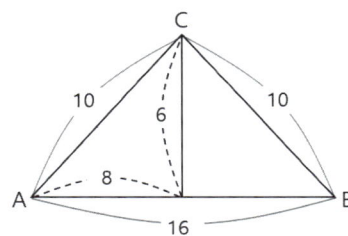

에서 삼각형 ABC의 넓이는 48

061 .... 정답 **97**

> 모든 실수 x에 대하여
> $3(x+1)^3 + 2(x+1)^2 - (x+1) + 1$
> $= a(x-1)^3 + b(x-1)^2 + c(x-1) + d$가 성립할 때,
> 네 상수 a, b, c, d에 대하여 $a+b+c+d$의 값은?

좌변을 간단히 하기 위해 x 대신 $x-1$을 대입한다.
$3x^3 + 2x^2 - x + 1$
$= a(x-2)^3 + b(x-2)^2 + c(x-2) + d$

조립제법을 이용하면

$(x-2)$로 나누었을때

	3	2	-1	1
2		6	16	30
	3	8	15	31 나머지
2		6	28	
몫 $3x^2 + 8x + 15$	3	14	43	
2		6		
	3	20		

조립제법으로부터 $3x^3 + 2x^2 - x + 1$
$= (x-2)(3x^2 + 8x + 15) + 31$

같은 방법으로 진행하기

$= (x-2)\{(x-2)(3x+14) + 43\} + 31$
$= (x-2)^2(3x+14) + 43(x-2) + 31$
$= (x-2)^2(3(x-2)+20) + 43(x-2) + 31$
$= 3(x-2)^3 + 20(x-2)^2 + 43(x-2) + 31$
$\therefore a = 3, \ b = 20, \ c = 43, \ d = 31$
$\therefore a+b+c+d = 97$

062 ⸻⸻⸻⸻⸻⸻⸻⸻⸻⸻⸻⸻⸻ 정답 ③

모든 실수 x에 대하여 등식 $2x^3 - x^2 + x + 3$
① $= a(2x+1)^3 + b(2x+1)^2 + c(2x+1) + d$가 성립할
때, 상수 a, b, c, d에 대하여 $a+b+c+d$의 값은?

① 1   ② 2   ③ 3

④ 4   ⑤ 5

$$
\begin{array}{r|rrrr}
& 2 & -1 & 1 & 3 \\
-\frac{1}{2} & & -1 & 1 & -1 \\
\hline
& 2 & -2 & 2 & \boxed{2} \\
-\frac{1}{2} & & -1 & \frac{3}{2} & \\
\hline
& 2 & -3 & \boxed{\frac{7}{2}} & \\
-\frac{1}{2} & & -1 & & \\
\hline
& 2 & \boxed{-4} & &
\end{array}
$$

조립제법에서 $2x^3 - x^2 + x + 3$

$= \left(x + \dfrac{1}{2}\right)(2x^2 - 2x + 2) + 2$

$= \left(x + \dfrac{1}{2}\right)\left(\left(x + \dfrac{1}{2}\right)(2x - 3) + \dfrac{7}{2}\right) + 2$

$= \left(x + \dfrac{1}{2}\right)\left\{\left(x + \dfrac{1}{2}\right)\left(2\left(x + \dfrac{1}{2}\right) - 4\right) + \dfrac{7}{2}\right\} + 2$

$= 2\left(x + \dfrac{1}{2}\right)^3 - 4\left(x + \dfrac{1}{2}\right)^2 + \dfrac{7}{2}\left(x + \dfrac{1}{2}\right) + 2$

⸻⸻⸻⸻⸻⸻⸻⸻⸻⸻⸻⸻⸻⸻ ①

$x + \dfrac{1}{2}$을 $2x + 1$의 꼴로 변환하기

$= 2\left(\dfrac{1}{2}(2x+1)\right)^3 - 4\left(\dfrac{1}{2}(2x+1)\right)^2 + \dfrac{7}{2}\left(\dfrac{1}{2}(2x+1)\right) + 2$

$= \dfrac{1}{4}(2x+1)^3 - (2x+1)^2 + \dfrac{7}{4}(2x+1) + 2$

$\therefore a = \dfrac{1}{4}$, $b = -1$, $c = \dfrac{7}{4}$, $d = 2$

$\therefore a + b + c + d = 3$

063 ⸻⸻⸻⸻⸻⸻⸻⸻⸻⸻⸻⸻⸻ 정답 27

①
x에 대한 다항식 $x^3 + ax + b$가 $(x-3)^2$으로 나누어
떨어질 때 몫을 $Q(x)$라 하자. 두 상수 a, b에 대하
여 $a + b + Q(-6)$의 값을 구하시오.

⸻⸻⸻⸻⸻⸻⸻⸻⸻⸻⸻⸻⸻⸻ ①

다항식이 $(x-3)^2$으로 나누어떨어지므로 조립제법의
반복을 통해 나머지가 0이 되도록 한다.

$$
\begin{array}{r|rrrr}
& 1 & 0 & a & b \\
3 & & 3 & 9 & 3a+27 \\
\hline
& 1 & 3 & a+9 & \boxed{3a+b+27} \\
3 & & 3 & 18 & \\
\hline
& 1 & 6 & \boxed{a+27} &
\end{array}
$$

$x^3 + ax + b$가 $x - 3$으로 나누어떨어지므로
$3a + b + 27 = 0$ ⸻⸻ ㉠
$x^2 + 3x + a + 9$가 $(x-3)$으로 나누어떨어지므로
$a + 27 = 0$ ⸻⸻ ㉡
$\therefore x^3 + ax + b = (x-3)^2(x+6)$에서 $Q(x) = x + 6$
㉠과 ㉡을 연립하면 $a = -27$, $b = 54$
$\therefore a + b + Q(-6) = -27 + 54 + 0 = 27$

064
정답 $\dfrac{83}{2}$

> ① x에 대한 사차다항식 $2x^4 - 5x^3 + 14x^2 - 22x + 9$를 $a(2x-4)^4 + b(2x-4)^3 + c(2x-4)^2 + d(2x-4) + e$로 나타낼 때, $a+b+c+d+e$의 값은?

조립제법을 이용하면

$$
\begin{array}{r|rrrrr}
 & 2 & -5 & 14 & -22 & 9 \\
2 & & 4 & -2 & 24 & 4 \\
\hline
 & 2 & -1 & 12 & 2 & \boxed{13} = e \\
2 & & 4 & 6 & 36 & \\
\hline
 & 2 & 3 & 18 & \boxed{38} = 2d \\
2 & & 4 & 14 & \\
\hline
 & 2 & 7 & \boxed{32} = 4c \\
2 & & 4 & \\
\hline
 & 2 & \boxed{11} = 8b \\
 & & = 16a
\end{array}
$$

① $2x-4$를 $2(x-2)$의 꼴로 변형한 수의 계수를 비교해야 한다.

$a(2x-4)^4 + b(2x-4)^3 + c(2x-4)^2 + d(2x-4) + e$
$= 16a(x-2)^4 + 8b(x-2)^3 + 4c(x-2)^2$
$\qquad + 2d(x-2) + e$

$\therefore a = \dfrac{1}{8}, \quad b = \dfrac{11}{8}, \quad c = 8, \quad d = 19, \quad e = 13$

$\therefore a+b+c+d+e = \dfrac{83}{2}$

065
정답 22

> ① 다항식 $3x^3 - 2ax^2 + bx + 7$을 $x^2 + 1$로 나누었을 때, 몫은 $ax - 6$이고, 나머지는 $3x + c$이다. a, b, c에 대하여 $a+b+c$의 값은?

① $p(x) = ($나누는 수$) \times ($몫$) + ($나머지$)$로 표현한 후 계수 비교법으로 미지수를 구한다.

$3x^3 - 2ax^2 + bx + 7 = (x^2+1)(ax-6) + 3x + c$
$\quad = ax^3 - 6x^2 + ax - 6 + 3x + c$
$\quad = ax^3 - 6x^2 + (a+3)x + c - 6$

$\therefore a = 3, \quad b = 6, \quad c = 13$

$\therefore a+b+c = 22$

066
정답 -10

> ① 다항식 $f(x)$를 $3x^2 + 5x - 2$로 나누었을 때의 나머지가 $3x - 4$일 때, 다항식 $f(x)$의 x에 $6x - 5$를 대 ② 입하여 만든 다항식 $f(6x-5)$를 $2x - 1$로 나누었을 때의 나머지는?

① 다항식 $f(x)$를 $3x^2 + 5x - 2$로
나눈 몫을 $Q(x)$라고 하면
$f(x) = (3x^2 + 5x - 2)Q(x) + 3x - 4$
$\qquad = (3x-1)(x+2)Q(x) + 3x - 4$

② 여기서 x에 $6x - 5$를 대입하면 $f(6x-5)$
$\quad = (18x-16)(6x-3)Q(6x-5) + 18x - 19$
나머지정리에 의해 $2x - 1$로 나눈 나머지는 다항식
$f(6x-5)$에 $x = \dfrac{1}{2}$을 대입한 값이다.

$\therefore f\left(6 \times \dfrac{1}{2} - 5\right) = 9 - 19 = -10$

067 .... 정답 9

삼차방정식 $p(x)$가 다음 [조건]을 만족시킨다. $p(x)$를 ①
x^2-3x+2로 나눈 나머지를 $R(x)$라고 할 때, $R(3)$
의 값은?

[조건]

(가) $p(0)=2$

(나) $p(x+1)=p(x)+2x^2+1$ ②

수식으로 표현 ①

$p(x)=(x^2-3x+2)Q(x)+R(x)$

$R(x)$를 $ax+b$라 하면

$p(x)=(x-1)(x-2)Q(x)+ax+b$

②

(가), (나)에서 (나)에 $x=0$을 대입하면,

$p(1)=p(0)+1$ $\therefore p(1)=3$

$x=1$을 대입하면

$p(2)=p(1)+3$ $\therefore p(2)=6$

$p(1)=a+b=3$

$p(2)=2a+b=6$

$\therefore a=3, \ b=0$

$R(x)=3x$

$\therefore R(3)=9$

068 .... 정답 3

두 다항식 $f(x), \ g(x)$에 대하여 $f(x)+g(x)$를 ①
x^2+x-1로 나누었을 때의 나머지가 2이고,
② $f(x)-g(x)$를 x^2+x-1로 나누었을 때의 나머지가
-1이다. 다항식 $kf(x)-g(x)$가 x^2+x-1을 인수
로 갖도록 하는 상수 k의 값은?
③

다항식을 수식으로 정리한다. $f(x)+g(x)$를
x^2+x-1로 나누었을 때의 몫을 $Q_1(x)$라고 하면

①

$f(x)+g(x)=(x^2+x-1)Q_1(x)+2$

$f(x)-g(x)$를 x^2+x-1로 나누었을 때의 몫을
$Q_2(x)$라고 하면

②

$f(x)-g(x)=(x^2+x-1)Q_2(x)-1$

①, ②를 연립하자.

①+②

$\rightarrow 2f(x)=(x^2+x-1)(Q_1(x)+Q_2(x))+1$

$f(x)=\dfrac{1}{2}(x^2+x-1)(Q_1(x)+Q_2(x))+\dfrac{1}{2}$

①-②

$\rightarrow 2g(x)=(x^2+x-1)(Q_1(x)-Q_2(x))+3$

$g(x)=\dfrac{1}{2}(x^2+x-1)(Q_1(x)-Q_2(x))+\dfrac{3}{2}$

③

$kf(x)-g(x)$가 x^2+x-1을 인수로 가지므로
$\Rightarrow$ 나머지$=0$

$kf(x)$를 x^2+x-1로 나누었을 때의 나머지는 $\dfrac{k}{2}$

$g(x)$를 x^2+x-1로 나누었을 때의 나머지는 $\dfrac{3}{2}$

$\therefore \ kf(x)-g(x)$를 x^2+x-1로 나누었을 때의

나머지는 $\dfrac{k-3}{2}$

그런데 $kf(x)-g(x)$가 x^2+x-1을 인수로 가지므로

나머지 $\dfrac{k-3}{2}=0$

$\therefore \ k=3$

3단원.

복소수

유형1
복소수가 주어질 때 식의 값 구하기

069

$x = \dfrac{3-i}{1+i}$ 일 때, $-x^3 + 2x^2 - 7x + 5$의 값을 구하시오.

070

$x = 2+i$, $y = 2-i$ 일 때, $x^4 + x^2 y^2 + y^4$의 값은?
(단, $i = \sqrt{-1}$ 이다.)

① 9   ② 10   ③ 11

④ 12   ⑤ 13

071

$x = -1 + \sqrt{5}\,i$ 일 때, $x^5 - 5x^2 + 3x + 1$의 값은?
(단, $i = \sqrt{-1}$)

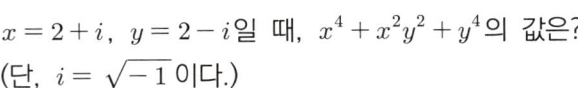

072

$x = \dfrac{-1 - \sqrt{3}\,i}{2}$ 일 때, $x^2 + x$의 값을 구하면?

① -5 ② -4 ③ -3

④ -2 ⑤ -1

유형 2
켤레복소수의 성질

073

실수가 아닌 두 복소수 z, ω가 $z+\overline{\omega}=0$을 만족시킬 때, 항상 실수인 것만을 [보기]에서 있는 대로 모두 고른 것은?

[보 기]

ㄱ. $z+\omega$　　　　　　ㄴ. $z\omega$

ㄷ. $(\overline{z}+\omega)i$　　　　ㄹ. $\dfrac{\overline{\omega}}{\overline{z}}$

---

① ㄱ, ㄴ　　　② ㄴ, ㄷ　　　③ ㄱ, ㄷ

④ ㄴ, ㄷ, ㄹ　　⑤ ㄱ, ㄴ, ㄷ

074

두 복소수 z_1, z_2에 대하여 [보기]에서 옳은 것만을 있는 대로 고른 것은?
(단, $\overline{z_1}$는 z_1의 켤레복소수이다.)

[보 기]

ㄱ. $z_1+\overline{z_1}$는 항상 실수이다.

ㄴ. $z_2=\overline{z_1}$이고 $z_1z_2=0$이면 $z_1=0$이다.

ㄷ. $z_1{}^2+z_2{}^2=0$이면 $z_1=0$이고 $z_2=0$이다.

---

① ㄱ　　　② ㄷ　　　③ ㄱ, ㄴ

④ ㄴ, ㄷ　　⑤ ㄱ, ㄴ, ㄷ

075

복소수 z에 대하여 [보기]에서 옳은 것만을 있는 대로 고른 것은? (단, $\overline{z}$는 x의 켤레복소수이다.)

[보 기]

ㄱ. $\overline{z}=-z$이면 $z^2>0$이다.

ㄴ. $z^3+\overline{z}^3$은 실수이다.

ㄷ. $z^2+\overline{z}^2=0$이면 $\dfrac{z^3+\overline{z}^3}{(z+\overline{z})^3}=-\dfrac{1}{2}$이다.
　　(단, $z\neq0$이다.)

---

① ㄱ　　　② ㄴ　　　③ ㄱ, ㄴ

④ ㄴ, ㄷ　　⑤ ㄱ, ㄴ, ㄷ

076

복소수 z에 대하여 [보기]에서 옳은 것만을 있는 대로 고른 것은?

(단, $i = \sqrt{-1}$ 이고 $\bar{z}$는 x의 켤레복소수이다.)

───── [보 기] ─────
ㄱ. $zi = \bar{z}$이면 z^2은 0 또는 순허수이다.
ㄴ. $z - \bar{z} = i$, $z^2 + \bar{z}^2 = 0$이면 $z\bar{z} = 2$이다.
ㄷ. $z^2 = -\bar{z}$를 만족하는 복소수의 개수는 2이다.

① ㄱ   ② ㄷ   ③ ㄱ, ㄴ
④ ㄴ, ㄷ   ⑤ ㄱ, ㄴ, ㄷ

유형 3
켤레복소수의 성질을 이용한 계산

077

두 복소수 $\alpha = 3 + i$, $\beta = 1 - 2i$에 대하여 $(\alpha - \beta)(\bar{\alpha} - \bar{\beta})$의 값은? (단, $i = \sqrt{-1}$ 이고, $\bar{\alpha}$, $\bar{\beta}$는 각각 α, β의 켤레복소수이다.)

① 11   ② 13   ③ 15
④ 17   ⑤ 19

078

실수가 아닌 두 복소수 z, w가 $z + \bar{w} = 0$을 만족시킬 때, 항상 실수인 것만을 [보기]에서 있는 대로 고른 것은? (단, $\bar{z}$, $\bar{w}$는 각각 z, w의 켤레복소수이다.)

───── [보 기] ─────
ㄱ. $\dfrac{\bar{z}}{w}$ ㄴ. $i(\bar{z} + w)$
ㄷ. $\bar{z}w$ ㄹ. $\overline{w\bar{z}} + z\bar{z}$

① ㄱ, ㄴ   ② ㄴ, ㄷ   ③ ㄷ, ㄹ
④ ㄱ, ㄴ, ㄹ   ⑤ ㄱ, ㄴ, ㄷ, ㄹ

079

두 복소수 α, β에 대하여 $\alpha + \beta = 1 - i$,
$\overline{\alpha}^2 - \overline{\beta}^2 = 3 + i$가 성립할 때, $\alpha\beta \times \overline{\alpha}\overline{\beta}$의 값은?
(단, $i = \sqrt{-1}$이고, $\overline{\alpha}$, $\overline{\beta}$는 각각 α, β의 켤레복소수이다.)

080

a, b, c, d가 자연수일 때, 두 복소수 $\alpha = a + bi$,
$\beta = c + di$에 대하여 $\alpha\overline{\alpha} = 13$이고,
$\overline{\alpha}(\alpha + \beta) + \overline{\beta}(\alpha + \beta) = 52$이다. $\beta\overline{\beta}$의 최솟값은?
(단, $i = \sqrt{-1}$이고, $\overline{\alpha}$, $\overline{\beta}$는 각각 α, β의 켤레복소수이다.)

① 9   ② 10   ③ 13
④ 17   ⑤ 25

유형 4
조건을 만족시키는 복소수 구하기

081

실수 a에 대하여 복소수 $z = a + 2i$가 $\overline{z} = \dfrac{z^2}{4i}$을 만족시킬 때, a^2의 값을 구하시오.
(단, $i = \sqrt{-1}$이고, $\overline{z}$는 z의 켤레복소수이다.)

082

5 이하의 두 자연수 a, b에 대하여 복소수 z를
$z = a + bi$라 할 때, $\dfrac{z}{\overline{z}}$의 실수부분이 0이 되게 하는
모든 복소수 z의 개수는?
(단, $i = \sqrt{-1}$이고, $\overline{z}$는 z의 켤레복소수이다.)

① 1   ② 2   ③ 3
④ 4   ⑤ 5

083

등식 $iz + (1+i)\bar{z} = 1 - i$를 만족시키는 복소수 z는?
(단, $i = \sqrt{-1}$ 이고, $\bar{z}$는 z의 켤레복소수이다.)

① $1 - i$ ② $1 + 3i$ ③ $3 - i$

④ $3 + i$ ⑤ $5 - i$

084

등식 $\dfrac{5z}{1+2i} - 2i\bar{z} = 1 + i$을 만족시키는 복소수 z에 대하여 $z\bar{z}$의 값은? (단, $\bar{z}$는 z의 켤레복소수)

① 25   ② 26   ③ 27

④ 28   ⑤ 29

유형 5

복소수의 거듭제곱

085

두 복소수 $z_1 = \dfrac{\sqrt{2}}{1+i}$, $z_2 = \dfrac{-1+\sqrt{3}\,i}{2}$에 대하여 $z_1{}^n = z_2{}^n$을 만족시키는 자연수 n의 최솟값을 구하시오. (단, $i = \sqrt{-1}$)

086

복소수 $z = \dfrac{-1+\sqrt{3}\,i}{2}$에 대하여 [보기]에서 옳은 것만을 있는 대로 고른 것은? (단, $i = \sqrt{-1}$)

[보 기]

ㄱ. $z^3 = 1$

ㄴ. $z^4 + z^5 = -1$

ㄷ. $z^n + z^{2n} + z^{3n} + z^{4n} + z^{5n} = -1$을 만족시키는 100 이하의 모든 자연수 n의 개수는 66이다.

① ㄱ   ② ㄴ   ③ ㄱ, ㄴ

④ ㄱ, ㄷ,   ⑤ ㄱ, ㄴ, ㄷ

087

복소수 $z = \dfrac{1 + \sqrt{3}\,i}{\sqrt{3} - i}$ 에 대하여 $\omega = \dfrac{\overline{z}(1 + z)}{\sqrt{2}}$ 라 할 때, $\omega^n = 1$을 만족시키는 200이하의 자연수 n의 개수는? (단, $i = \sqrt{-1}$ 이고, $\overline{z}$는 z의 켤레복소수이다.)

① 6 ② 8 ③ 12
④ 18 ⑤ 25

089

$0 < a < 1$일 때,

$\dfrac{\sqrt{a}\cdot\sqrt{-a}}{\sqrt{a-1}\sqrt{1-a}} + \dfrac{\sqrt{1-a}}{\sqrt{a-1}}\sqrt{\dfrac{a-1}{1-a}}$ 를 간단히 하시오.

088

복소수 $z = \dfrac{1 - i}{\sqrt{2}}$ 에 대하여

$1 + z + z^2 + z^3 + \cdots + z^n = 0$이 되도록 하는 두 자리 자연수 n의 최댓값은? (단, $i = \sqrt{-1}$)

① 93 ② 94 ③ 95
④ 96 ⑤ 97

090

0이 아닌 두 실수 a, b에 대하여 $\dfrac{\sqrt{a}}{\sqrt{b}} = -\sqrt{\dfrac{a}{b}}$ 일 때, $\sqrt{(a-b)^2} + |b| + \sqrt{a^2} + \sqrt{b^2}$ 을 간단히 하면?

① $2a + 3b$ ② $2a - 3b$
③ $-4a$ ④ $-4a + 2b$
⑤ $-4a - 2b$

091

세 실수 a, b, c가 다음 [조건]을 모두 만족시킬 때, a, b, c의 대소 관계로 옳은 것은?

___

[조 건]

(가) $\sqrt{a-1}\sqrt{1-b}=-\sqrt{(a-1)(1-b)}$

(나) $|a+b|+|b+c-2|=0$

___

① $a \leq b \leq c$

② $b < a < c$

③ $b < a \leq c$

④ $b < c < a$

⑤ $a < c \leq b$

092

다음 [조건]을 만족시키는 복소수 $z = a + bi$

(a, b는 실수)에 대하여

$\sqrt{a^2} + \sqrt{b^2} + \sqrt{\dfrac{a}{b}} \times \sqrt{ab} + \sqrt{\dfrac{b}{a}} \times \sqrt{ab}$ 의 값은?

(단, $i = \sqrt{-1}$, $\bar{z}$는 z의 켤레복소수이다.)

___

[조 건]

(가) $z + \bar{z} > 0$

(나) $(z - \bar{z})i > 0$

___

① $-2a$

② $-2b$

③ 0

④ $-2a-2b$

⑤ $2a-2b$

069 ⟶ 정답 $3+4i$

> ①
> $x=\dfrac{3-i}{1+i}$ 일 때, ② $-x^3+2x^2-7x+5$의 값을 구하시오.

①

②식에 x를 대입하면 계산 과정이 길고 시간이 오래 걸린다. ①식을 변형해서 허수 i에 대한 식으로 변형한다.

$$x=\dfrac{(3-i)(1-i)}{(1+i)(1-i)}=\dfrac{3-3i-i-1}{2}$$

$$=\dfrac{2-4i}{2}=1-2i$$

$x-1=-2i$ 양변을 제곱하면

$x^2-2x+1=-4,\ x^2-2x=-5$ ⟶ ㉠

$x=1-2i$ ⟶ ㉡

②

주어진 식을 x^2-2x와 x 모양이 나오게 변형한다.

$-x^3+2x^2-7x+5$

$=-x(x^2-2x)-7x+5$

$=-x(-5)-7x+5$

$=-2x+5$

$=-2(1-2i)+5$

$=-2+4i+5$

$=3+4i$

070 ⟶ 정답 ③

> ①
> $x=2+i,\ y=2-i$일 때, ② $x^4+x^2y^2+y^4$의 값은?
> (단, $i=\sqrt{-1}$ 이다.)
>
> ① 9 　　② 10 　　③ 11
> ④ 12 　　⑤ 13

②

주어진 식을 변형한 후 $x,\ y$에 값을 대입한다.

$x^4+x^2y^2+y^4=x^4+2x^2y^2+y^4-x^2y^2$

$=(x^2+y^2)^2-(xy)^2$ ⟶ ㉠

($\because$ 주어진 식이 $x^2+2ab+b^2$꼴과 비슷하므로 $x^2+2ab+b^2$ 꼴이 나오게 변형한다.)

①

㉠식에 그냥 대입하면 계산이 복잡해진다. 주어진 식을 $x+y,\ xy$를 통해 찾을 수 있으므로 $x+y,\ xy$를 먼저 구하면

$x+y=4,\ xy=5$

$x^2+y^2=(x+y)^2-2xy=16-10=6$

$(x^2+y^2)^2-(xy)^2=6^2-5^2=11$

071 ························· 정답 $-58-7\sqrt{5}\,i$

> ① $x=-1+\sqrt{5}\,i$일 때, ② x^5-5x^2+3x+1의 값은?
> (단, $i=\sqrt{-1}$)

②식에 x를 대입하면 계산 과정이 길고 시간이 오래 걸린다. ①식을 변형해서 허수 i에 대한 식으로 변형한다.

$x+1=\sqrt{5}\,i$ 양변을 제곱하면 $x^2+2x+1=-5$,

$x^2+2x+6=0$ ········· ㉠

제곱하거나 변형해도 ②식과 비슷한 모양을 만들기가 힘들다. (∵ ②식을 차수가 5차 ㉠식에 3차항을 곱해도 4차, 3차 항이 새로 생김)

②식을 ㉠식으로 나눠서 A×B+C 꼴로 만든다.

$$
\begin{array}{r}
x^3-2x^2-2x+11 \\
x^2+2x+6\,)\overline{\,x^5\qquad\quad\ -5x^2+3x+1} \\
\underline{x^5+2x^4+6x^3\qquad\qquad} \\
-2x^4-6x^3-5x^2+3x+1 \\
\underline{-2x^4-4x^3-12x^2\qquad} \\
-2x^3+7x^2+3x+1 \\
\underline{-2x^3-4x^2-12x\quad} \\
11x^2+15x+1 \\
\underline{11x^2+22x+66} \\
-7x-65
\end{array}
$$

∴ x^5-5x^2+3x+1

$=(x^2+2x+6)(x^3-2x^2-2x+11)+(-7x-65)$

　㉠ 0

$=-7x-65=-7(-1+\sqrt{5}\,i)-65$

$=7-7\sqrt{5}\,i-65$

$=-58-7\sqrt{5}\,i$

072 ························· 정답 ⑤

> ① $x=\dfrac{-1-\sqrt{3}\,i}{2}$일 때, ② x^2+x의 값을 구하면?
>
> ① -5　　　② -4　　　③ -3
>
> ④ -2　　　⑤ -1

②식에 x를 대입하면 계산 과정이 길고 시간이 오래 걸린다. ①식을 변형해서 허수 i에 대한 식으로 변형한다.

$x=\dfrac{-1-\sqrt{3}\,i}{2}$, $2x+1=-\sqrt{3}\,i$

양변을 제곱하면

$4x^2+4x+1=-3$, $4x^2+4x=-4$

∴ $x^2+x=-1$

073 .... 정답 ②

실수가 아닌 두 복소수 z, ω가 $z + \overline{\omega} = 0$을 만족시킬 때, 항상 실수인 것만을 [보기]에서 있는 대로 모두 고른 것은?

[보 기]

ㄱ. $z + \omega$ ㄴ. $z\omega$

ㄷ. $(\overline{z} + \omega)i$ ㄹ. $\dfrac{\overline{\omega}}{z}$

① ㄱ, ㄴ   ② ㄴ, ㄷ   ③ ㄱ, ㄷ

④ ㄴ, ㄷ, ㄹ   ⑤ ㄱ, ㄴ, ㄷ

$z = -\overline{\omega}$, ω를 $a + bi$라고 하면 $\overline{\omega} = a - bi$이다.

ㄱ. $z + \omega = -\overline{\omega} + \omega = -a + bi + a + bi = 2bi$
항상 실수가 아니다. (✕)

ㄴ. $z\omega = -\overline{\omega}\omega = -(a - bi)(a + bi) = -(a^2 + b^2)$
항상 실수이다. (○)

$z = -\overline{\omega}$, $\overline{z} = -\omega$ (∵ 켤레복소수는 허수 부분의 부호만 반대이다.) → 켤레복소수의 정의

ㄷ. $(\overline{z} + \omega)i = (-\omega + \omega)i = 0$ 항상 실수이다. (○)

ㄹ. $\dfrac{\overline{\omega}}{z} = \dfrac{\overline{\omega}}{-\omega} = \dfrac{a - bi}{-(a + bi)}$

$= \dfrac{(a - bi)(a - bi)}{-(a + bi)(a - bi)} = \dfrac{a^2 - 2abi - b^2}{-(a^2 + b^2)}$

항상 실수가 아니다. (✕)

074 .... 정답 ③

두 복소수 z_1, z_2에 대하여 [보기]에서 옳은 것만을 있는 대로 고른 것은?
(단, $\overline{z_1}$는 z_1의 켤레복소수이다.)

[보 기]

ㄱ. $z_1 + \overline{z_1}$는 항상 실수이다.

ㄴ. $z_2 = \overline{z_1}$이고 $z_1 z_2 = 0$이면 $z_1 = 0$이다.

ㄷ. $z_1{}^2 + z_2{}^2 = 0$이면 $z_1 = 0$이고 $z_2 = 0$이다.

① ㄱ   ② ㄷ   ③ ㄱ, ㄴ

④ ㄴ, ㄷ   ⑤ ㄱ, ㄴ, ㄷ

복소수 z를 $a + bi$라고 설정 후 허수 부분이 없어지는지 확인한다.

ㄱ. $z_1 = a + bi$라고 하면
$\overline{z_1} = a - bi$ $z_1 + \overline{z_1} = 2a$ (참)

ㄴ. $z_2 = \overline{z_1}$이면 $z_1 z_2 = z_1 \overline{z_1}$이다.
$z_1 = a + bi$면 $\overline{z_1} = a - bi$ $z_1 \overline{z_1} = a^2 + b^2$
$z_1 \overline{z_1} = a^2 + b^2 = 0$이므로 $a = b = 0$
∴ $z_1 = 0$ (참)

ㄷ. $z_1{}^2 = -z_2{}^2$이 가능한 경우를 생각하면 반례를 빨리 찾을 수 있다. z_1은 복소수이므로 순허수인 경우 제곱해서 음수가 가능하므로 z_1이 0이 아니어도 조건을 만족할 수 있다.
$z_1 = i$, $z_2 = 1$인 경우
$z_1{}^2 + z_2{}^2 = 0$이지만 $z_1 \neq z_2 \neq 0$이다. (거짓)

075 ·········· 정답 ④

> 복소수 z에 대하여 [보기]에서 옳은 것만을 있는 대로 고른 것은? (단, $\bar{z}$는 x의 켤레복소수이다.)
>
> ─────── [보 기] ───────
> ㄱ. $\bar{z}=-z$이면 $z^2>0$이다.
> ㄴ. $z^3+\bar{z}^3$은 실수이다.
> ㄷ. $z^2+\bar{z}^2=0$이면 $\dfrac{z^3+\bar{z}^3}{(z+\bar{z})^3}=-\dfrac{1}{2}$이다.
>   (단, $z\neq0$이다.)
>
> ① ㄱ ② ㄴ ③ ㄱ, ㄴ
> ④ ㄴ, ㄷ ⑤ ㄱ, ㄴ, ㄷ

$z=a+bi$, $\bar{z}=a-bi$라고 놓고 각 식에 넣어 본다.

ㄱ. $\bar{z}=-z$이면 $a-bi=-a-bi$, $a=-a$, $a=0$
$z^2=(bi)^2=-b^2\leq0$이다. (거짓)

ㄴ. 켤레복소수의 성질에서 $\bar{z}$의 의미는 허수 부분의 부호가 반대인 것을 말한다.
→ 켤레복소수의 성질/개념
∴ $(\bar{z})^2=\overline{z^2}$, $(\bar{z})^3=\overline{z^3}$라고 할 수 있다.
$z^3+\bar{z}^3=z^3+\overline{z^3}$으로 둘 수 있고, $\overline{z^3}$는 허수 부분만 부호가 반대라는 의미이다.
$z^3+\bar{z}^3$는 허수 부분의 합이 0이 된다. (참)

ㄷ. $z^2+\bar{z}^2=(a+bi)^2+(a-bi)^2=2(a^2-b^2)=0$
∴ $a^2=b^2$
ⅰ) $z=a+ai$, $\bar{z}=a-ai$
ⅱ) $z=a-ai$, $\bar{z}=a+ai$
$z^3+\bar{z}^3=(z+\bar{z})^3-3z\cdot\bar{z}(z+\bar{z})$로 둘 수 있다.
$z+\bar{z}=2a$, $z\bar{z}=a^2+a^2=2a^2$
$\dfrac{(z+\bar{z})^3-3z\bar{z}(z+\bar{z})}{(z+\bar{z})^3}=\dfrac{(2a)^3-3\cdot2a^2\cdot2a}{(2a)^3}$
$=\dfrac{(2a)^3-12a^3}{(2a)^3}=\dfrac{-4a^3}{(2a)^3}=-\dfrac{1}{2}$ (참)

076 ·········· 정답 ①

> 복소수 z에 대하여 [보기]에서 옳은 것만을 있는 대로 고른 것은?
> (단, $i=\sqrt{-1}$이고 $\bar{z}$는 x의 켤레복소수이다.)
>
> ─────── [보 기] ───────
> ㄱ. $zi=\bar{z}$이면 z^2은 0 또는 순허수이다.
> ㄴ. $z-\bar{z}=i$, $z^2+\bar{z}^2=0$이면 $z\bar{z}=2$이다.
> ㄷ. $z^2=-\bar{z}$를 만족하는 복소수의 개수는 2이다.
>
> ① ㄱ ② ㄷ ③ ㄱ, ㄴ
> ④ ㄴ, ㄷ ⑤ ㄱ, ㄴ, ㄷ

$z=a+bi$, $\bar{z}=a-bi$라고 하면

ㄱ. $zi=ai-b$, $\bar{z}=a-bi$
$zi=\bar{z} \implies -b+ai=a-bi$ $a=-b$
∴ $z=a-ai$, $z^2=a^2-2a^2i-a^2=-2a^2i$
순허수 or 0 (참)

ㄴ. $z-\bar{z}=i$, $z^2+\bar{z}^2=0$이면
$(z-\bar{z})^2=-1=z^2-2z\bar{z}+\bar{z}^2=\underset{0}{z^2+\bar{z}^2}-2z\bar{z}$,
$-2z\bar{z}=-1$, $z\bar{z}=\dfrac{1}{2}$ (거짓)

ㄷ. $z^2=-\bar{z}$
$(a+bi)^2=-(a-bi)$
$a^2+2abi-b^2=-a+bi$
$a^2-b^2=-a$, $2ab-b=0$
$b(2a-1)=0$, 이 경우 $b=0$ or $a=\dfrac{1}{2}$

$b=0$ 일 때와 $a=\dfrac{1}{2}$ 일 때, 두 경우를 나눠서 따져야 한다.
ⅰ) $b=0$이면 $a^2=-a$ $a=-1$ or 0
  ∴ -1, 0 2개
ⅱ) $a=\dfrac{1}{2}$이면 $a^2-b^2=-a$
  $\dfrac{1}{4}-b^2=-\dfrac{1}{2}$, $b^2=\dfrac{3}{4}$, $b=\pm\dfrac{\sqrt{3}}{2}$
  $\dfrac{1}{2}+\dfrac{\sqrt{3}}{2}i$, $\dfrac{1}{2}-\dfrac{\sqrt{3}}{2}i$ 2개
  ∴ z는 총 4개 (거짓)

077 .... 정답 ②

두 복소수 $\alpha = 3 + i$, $\beta = 1 - 2i$에 대하여
$(\alpha - \beta)(\overline{\alpha} - \overline{\beta})$의 값은? (단, $i = \sqrt{-1}$이고, $\overline{\alpha}$, $\overline{\beta}$는 각각 α, β의 켤레복소수이다.)

① 11 ② 13 ③ 15
④ 17 ⑤ 19

켤레복소수 정의에 의해
$\alpha = 3 + i$, $\overline{\alpha} = 3 - i$
$\beta = 1 - 2i$, $\overline{\beta} = 1 + 2i$이다.
$\alpha - \beta = 3 + i - 1 + 2i = 2 + 3i$
$\overline{\alpha} - \overline{\beta} = 3 - i - 1 - 2i = 2 - 3i$
$\therefore (\alpha - \beta)(\overline{\alpha} - \overline{\beta}) = (2 + 3i)(2 - 3i) = 13$

078 .... 정답 ④

실수가 아닌 두 복소수 z, w가 $z + \overline{w} = 0$을 만족시①킬 때, 항상 실수인 것만을 [보기]에서 있는 대로 고른 것은? (단, $\overline{z}$, $\overline{w}$는 각각 z, w의 켤레복소수이다.)

[보 기]

ㄱ. $\dfrac{\overline{z}}{w}$ ㄴ. $i(\overline{z} + w)$

ㄷ. $\overline{z}w$ ㄹ. $\overline{w}\overline{z} + z\overline{z}$

① ㄱ, ㄴ ② ㄴ, ㄷ ③ ㄷ, ㄹ
④ ㄱ, ㄴ, ㄹ ⑤ ㄱ, ㄴ, ㄷ, ㄹ

①
$z = a + bi$로 두고 조건에 맞게 $\overline{w}$를 구한다.
$a + bi + \overline{w} = 0$, $\overline{w} = -a - bi$
$\therefore w = -a + bi$
ㄱ. $\dfrac{\overline{z}}{w} = \dfrac{a - bi}{-a + bi} = \dfrac{a - bi}{-(a - bi)} = -1$
항상 실수 (참)

ㄴ. $i(\overline{z} + w) = i(a - bi + (-a + bi)) = 0$
항상 실수 (참)

ㄷ. $\overline{z}w = (a - bi)(-a + bi) = -(a - bi)^2$
$= -a^2 + b^2 + 2abi$ (거짓)

ㄹ. $\overline{w}\overline{z} + z\overline{z} = \overline{z}(\overline{w} + z) = 0$ 항상 실수 (참)
① 0

079 .... 정답 $\dfrac{45}{16}$

①
두 복소수 α, β에 대하여 $\alpha + \beta = 1 - i$,
②$\overline{\alpha}^2 - \overline{\beta}^2 = 3 + i$가 성립할 때, $\alpha\beta \times \overline{\alpha\beta}$의 값은?
(단, $i = \sqrt{-1}$이고, $\overline{\alpha}$, $\overline{\beta}$는 각각 α, β의 켤레복소수이다.)

②
$\alpha + \beta$가 주어졌으므로 $\overline{\alpha}^2 - \overline{\beta}^2$을 이용하여 $\alpha^2 - \beta^2$을 찾는다. → 복소수의 성질/개념 $\overline{A} - \overline{B} = \overline{A - B}$
$\overline{\alpha}^2 - \overline{\beta}^2 = \overline{\alpha^2 - \beta^2} = 3 + i$, $\alpha^2 - \beta^2 = 3 - i$
$\alpha^2 - \beta^2 = (\alpha - \beta)(\alpha + \beta)$
$\alpha - \beta = \dfrac{3 - i}{1 - i} = \dfrac{(3 - i)(1 + i)}{(1 - i)(1 + i)}$
$= \dfrac{3 + 3i - i + 1}{1 + 1} = \dfrac{4 + 2i}{2} = i + 2$ ㉠

①
$\alpha + \beta$와 ㉠ $\alpha - \beta$를 연립하여 α, β를 구한다.
$\alpha + \beta = 1 - i$, $\alpha - \beta = i + 2$
$2\alpha = 3$, $\alpha = \dfrac{3}{2}$, $\beta = -\dfrac{1}{2} - i$
$\therefore \alpha\beta = -\dfrac{3}{4} - \dfrac{3}{2}i$ $\overline{\alpha\beta} = -\dfrac{3}{4} + \dfrac{3}{2}i$
$\alpha\beta \times \overline{\alpha\beta} = \left(-\dfrac{3}{4} - \dfrac{3}{2}i\right)\left(-\dfrac{3}{4} + \dfrac{3}{2}i\right) = \dfrac{45}{16}$

080 ·· 정답 ③

①
a, b, c, d가 자연수일 때, 두 복소수 $\alpha = a + bi$, ②
$\beta = c + di$에 대하여 $\alpha\overline{\alpha} = 13$이고, ③
④ $\overline{\alpha}(\alpha+\beta) + \overline{\beta}(\alpha+\beta) = 52$이다. $\beta\overline{\beta}$의 최솟값은? ⑤
(단, $i = \sqrt{-1}$이고, $\overline{\alpha}$, $\overline{\beta}$는 각각 α, β의 켤레복
소수이다.)

① 9   ② 10   ③ 13
④ 17   ⑤ 25

②
$\alpha = a + bi$이므로 $\overline{\alpha} = a - bi$,
$\beta = c + di$, $\overline{\beta} = c - di$
③ $\alpha\overline{\alpha} = 13 = (a+bi)(a-bi) = a^2 + b^2 = 13$ ····· ㉠
④ $\overline{\alpha}(\alpha+\beta) + \overline{\beta}(\alpha+\beta) = 52$
   $(\overline{\alpha} + \overline{\beta})(\alpha+\beta) = 52$ ····· ㉡
⑤ $\beta\overline{\beta} = (c+di)(c-di) = c^2 + d^2$ ····· ㉢

①
a, b, c, d가 자연수이므로 ㉠식을 이용하여 a, b의
순서쌍을 구한다. $a^2 + b^2 = 13$ a, b가 자연수이므로
$a = 2$, $b = 3$ or $a = 3$, $b = 2$
㉡식에서 $(a+c)^2 + (b+d)^2 = 52$
$a + c = 4$, $b + d = 6$ 또는 $a + c = 6$, $b + d = 4$
 i) $a = 2$, $b = 3$일 때,
   $c = 2$, $d = 3$ or $c = 4$, $d = 1$
ii) $a = 3$, $b = 2$일 때,
   $c = 1$, $d = 4$ or $c = 3$, $d = 2$
$\therefore$ $c^2 + d^2$의 최솟값은 $c = 3$, $d = 2$ or
   $c = 2$, $d = 3$일 때 13

081 ·· 정답 12

①
실수 a에 대하여 복소수 $z = a + 2i$가 $\overline{z} = \dfrac{z^2}{4i}$을 만 ②
족시킬 때, a^2의 값을 구하시오.
(단, $i = \sqrt{-1}$이고, $\overline{z}$는 z의 켤레복소수이다.)

②
$\overline{z} = \dfrac{z^2}{4i}$을 간단히 하면 $4i\overline{z} = z^2$ ····· ㉠

①
$z = a + 2i$이므로 켤레복소수 정의에 의해 $\overline{z} = a - 2i$
㉠식에 z와 $\overline{z}$를 대입하면 $4i(a - 2i) = (a + 2i)^2$
$4ai + 8 = a^2 + 4ai - 4$
$8 = a^2 - 4$
$\therefore a^2 = 12$

082 ·· 정답 ⑤

①
5 이하의 두 자연수 a, b에 대하여 복소수 z를 ②
$z = a + bi$라 할 때, $\dfrac{z}{\overline{z}}$의 실수부분이 0이 되게 하는 ③
모든 복소수 z의 개수는?
(단, $i = \sqrt{-1}$이고, $\overline{z}$는 z의 켤레복소수이다.)

① 1   ② 2   ③ 3
④ 4   ⑤ 5

②
$z = a + bi$이므로 $\overline{z} = a - bi$
$\dfrac{z}{\overline{z}} = \dfrac{a + bi}{a - bi} = \dfrac{(a + bi)^2}{(a - bi)(a + bi)}$

$= \dfrac{a^2 - b^2 + 2abi}{a^2 + b^2} = \dfrac{a^2 - b^2}{a^2 + b^2} + \left(\dfrac{2ab}{a^2 + b^2}\right)i$ ····· ㉠

③
㉠식의 실수 부분이 0이 되기 위해서는 $a^2 - b^2 = 0$
이어야 한다.
$a = b$($\because$ a, b는 5이하의 자연수) ①
$\therefore z = 1 + i$, $2 + 2i$, $3 + 3i$, $4 + 4i$, $5 + 5i$
따라서 조건을 만족하는 모든 복소수 z의 개수는 5이다.

083

> ①
> 등식 $iz+(1+i)\bar{z}=1-i$를 만족시키는 복소수 z는?
> (단, $i=\sqrt{-1}$ 이고, $\bar{z}$는 z의 켤레복소수이다.)
>
> ① $1-i$ ② $1+3i$ ③ $3-i$
>
> ④ $3+i$ ⑤ $5-i$

①

복소수 z는 $a+bi$라 놓고 ①식을 풀어서
a, b를 찾는다.

$i(a+bi)+(1+i)(a-bi)=1-i$

$ai-b+a-bi+ai+b=1-i$

$a+(2a-b)i=1-i$

$a=1,\ b=3$

$\therefore\ z=1+3i$

084

> ①
> 등식 $\dfrac{5z}{1+2i}-2i\bar{z}=1+i$을 만족시키는 복소수 z에
> 대하여 $z\bar{z}$의 값은? (단, $\bar{z}$는 z의 켤레복소수)
>
> ① 25   ② 26   ③ 27
>
> ④ 28   ⑤ 29

①

복소수 $z=a+bi$로 두고 ①식에 대입해서
식을 간단하게 한다.

$\dfrac{5(a+bi)}{1+2i}-2i(a-bi)=1+i$

$\dfrac{5(a+bi)(1-2i)}{(1+2i)(1-2i)}-2ai-2b=1+i$

$(a+bi)(1-2i)-2ai-2b=1+i$

$a-2ai+bi+2b-2ai-2b=1+i$

$a-(4a-b)i=1+i$

$a=1,\ b=5,\ z=1+5i,\ \bar{z}=1-5i$

$\therefore\ z\cdot\bar{z}=(1-5i)(1+5i)=26$

085

> 두 복소수 $z_1=\dfrac{\sqrt{2}}{1+i}$, $z_2=\dfrac{-1+\sqrt{3}i}{2}$ 에 대하여
> $z_1{}^n=z_2{}^n$을 만족시키는 자연수 n의 최솟값을 구하
> 시오. (단, $i=\sqrt{-1}$)

z_1, z_2를 여러 번 제곱해서 반복되는 수를 찾는다.

$z_1=\dfrac{\sqrt{2}}{1+i}=\dfrac{\sqrt{2}(1-i)}{(1+i)(1-i)}=\dfrac{\sqrt{2}(1-i)}{2}$

$z_1{}^2=\left\{\dfrac{\sqrt{2}(1-i)}{2}\right\}^2=\dfrac{2(1-2i-1)}{4}=-i$

$z_1{}^3=z_1{}^2\cdot z_1=\dfrac{-\sqrt{2}-\sqrt{2}i}{2}$

$z_1{}^4=\left(z_1{}^2\right)^2=(-i)^2=-1$

$(z_2)^2=\left(\dfrac{-1+\sqrt{3}i}{2}\right)^2=\dfrac{1-2\sqrt{3}i-3}{4}$

$\qquad=\dfrac{-1-\sqrt{3}i}{2}$

$(z_2)^3=(z_2)^2\cdot z_2$

$\qquad=\left(\dfrac{-1-\sqrt{3}i}{2}\right)\cdot\left(\dfrac{-1+\sqrt{3}i}{2}\right)=\dfrac{1+3}{4}=1$

n이 8의 배수일 때, $z_1=1$

n이 3의 배수일 때, $z_2=1$

8과 3의 최소공배수인 24일 때 같아진다.

$\left(z_1{}^8\right)^3=\left(z_2{}^3\right)^8$

$\therefore n=24$

086   정답 ③

복소수 $z = \dfrac{-1+\sqrt{3}\,i}{2}$ 에 대하여 [보기]에서 옳은 것만을 있는 대로 고른 것은? (단, $i = \sqrt{-1}$)

[보 기]

ㄱ. $z^3 = 1$

ㄴ. $z^4 + z^5 = -1$

ㄷ. $z^n + z^{2n} + z^{3n} + z^{4n} + z^{5n} = -1$을 만족시키는 100 이하의 모든 자연수 n의 개수는 66이다.

① ㄱ   ② ㄴ   ③ ㄱ, ㄴ

④ ㄱ, ㄷ,   ⑤ ㄱ, ㄴ, ㄷ

ㄱ. z^3

$= \left(\dfrac{1+\sqrt{3}\,i}{2}\right)^3 = \left(\dfrac{1-2\sqrt{3}\,i-3}{4}\right)\left(\dfrac{-1+\sqrt{3}\,i}{2}\right)$

$= \left(\dfrac{-1-\sqrt{3}\,i}{2}\right)\left(\dfrac{-1+\sqrt{3}\,i}{2}\right)$

$= \dfrac{1+3}{4} = 1$ (참)

ㄴ. $z^4 + z^5 = z^3(z + z^2) = z + z^2$

$= \dfrac{-1-\sqrt{3}\,i}{2} + \dfrac{-1+\sqrt{3}\,i}{2}$

$= \dfrac{-2}{2} = -1$ (참)

ㄷ. $z^n + (z^n)^2 + (z^n)^3 + (z^n)^4 + (z^n)^5 = -1$

$z^3 = 1$임을 활용하여 n이 3의 배수인지 아닌지로 구분한다.

ⅰ) $n = 3h - 2$(h는 자연수)일 때,

3으로 나눴을 때 나머지가 1인 경우 $3h+1$로 설정하면 4부터 시작한다. ($\because h$가 자연수)

$z^n = z$이므로 주어진 식을 $f(n)$이라고 하면

$f(n) = z + z^2 + z^3 + z^4 + z^5$
                1 $z^3 \cdot z$ $z^3 \cdot z^2$

$= z + z^2 + 1 + z + z^2$

$= 2(z + z^2) + 1 = -1$

100이하 자연수 중에 $3h-2$에 해당하는 수는

$1,\ 4,\ 7,\ \cdots,\ 100$ → 총 34개

ⅱ) $n = 3h - 1$(h는 자연수)일 때(3으로 나눴을 때 나머지가 2인 경우) $z^n = z^2$이므로

$f(n) = z^2 + z^4 + z^6 + z^8 + z^{10}$
           $z^3 \cdot z$ $z^3 \cdot z^3$ $(z^3)^2 \cdot z^2$ $(z^3)^2 \cdot z$

$= z^2 + z + 1 + z^2 + z$

→ ⅰ)의 경우와 같다. 100이하 자연수 중 $3h-1$에 해당하는 수는 $2,\ 5,\ 8,\ \cdots,\ 98$

$h = 33$일 때 → 총 33개

ⅲ) $n = 3h$인 경우, $f(n) = 1 + 1 + 1 + 1 + 1 = 5$

조건을 만족하지 않음

$\therefore$ ⅰ) ⅱ) ⅲ)에서 구하는 자연수 n개의 개수는 67개 (거짓)

087   정답 ⑤

①

복소수 $z = \dfrac{1+\sqrt{3}\,i}{\sqrt{3}-i}$ 에 대하여 $\omega = \dfrac{\bar{z}(1+z)}{\sqrt{2}}$ 라 할 때, $\omega^n = 1$을 만족시키는 200이하의 자연수 n의 개수는? (단, $i = \sqrt{-1}$ 이고, $\bar{z}$는 z의 켤레복소수이다.)

① 6   ② 8   ③ 12

④ 18   ⑤ 25

①

z를 간단하게 만든다.

$z = \dfrac{(1+\sqrt{3}\,i)(\sqrt{3}+i)}{(\sqrt{3}-i)(\sqrt{3}+i)} = \dfrac{\sqrt{3}+i+3i-\sqrt{3}}{3+1}$

$= \dfrac{4i}{4} = i$

$\omega = \dfrac{\bar{z}(1+z)}{\sqrt{2}} = \dfrac{-i(1+i)}{\sqrt{2}} = \dfrac{1-i}{\sqrt{2}}$

$\omega^2 = \dfrac{1-2i-1}{2} = -i, \quad \omega^4 = -1, \quad \omega^8 = 1$

$\therefore \omega^n = 1$을 만족시키는 자연수 n은 8의 배수이다.

200이하 8의 배수는 $200 \div 8 = 25$개

088

복소수 $z = \dfrac{1-i}{\sqrt{2}}$ 에 대하여

$1 + z + z^2 + z^3 + \cdots + z^n = 0$ 이 되도록 하는 두 자리 자연수 n의 최댓값은? (단, $i = \sqrt{-1}$)

① 93   ② 94   ③ 95

④ 96   ⑤ 97

$$z^2 = \left(\dfrac{1-i}{\sqrt{2}}\right)^2 = -i \quad\text{──── ㉠}$$

㉠식을 이용하여 z의 거듭제곱이 1이 나올 때까지 z^h을 찾는다.

$z^3 = z^2 \cdot z = -zi, \quad z^4 = z^2 \cdot z^2 = (-i)^2 = -1$

$z^5 = z^3 \cdot z^2 = -zi \cdot (-i) = -z$

$z^6 = (z^3)^2 = -z^2 = i, \quad z^7 = zi, \quad z^8 = 1$

$\therefore \ 1 + z + z^2 + z^3 + z^4 + z^5 + z^6 + z^7 = 0$

$\quad (1 + z + (-i) - zi + (-1) + (-z) + i + zi = 0)$

항의 개수가 8개, 8개 항 중에서 마지막 항의 지수를 8로 나눴을 때, 나머지가 7인 경우로 묶을 수 있다. $n = 8h + 7$로 표현할 수 있다. n이 두 자리 자연수 중 최댓값을 가지려면 $n < 100$이어야 한다.

$8h + 7 < 100$

$h < 12$

$h = 11$

$\therefore$ 두 자리 자연수 중 최댓값은 95

089

① $0 < a < 1$일 때,

$\dfrac{\sqrt{a} \cdot \sqrt{-a}}{\sqrt{a-1}\sqrt{1-a}} + \dfrac{\sqrt{1-a}}{\sqrt{a-1}}\sqrt{\dfrac{a-1}{1-a}}$ 를 간단히 하시오.

──────────────── ①

근호 안이 음수인 것들을 확인한다.

$-a < 0, \quad a - 1 < 0, \quad 1 - a > 0$

$\dfrac{\sqrt{a} \cdot \sqrt{-a}}{\sqrt{a-1}\sqrt{1-a}} + \dfrac{\sqrt{1-a}}{\sqrt{a-1}}\sqrt{\dfrac{a-1}{1-a}}$

$= \dfrac{\sqrt{a} \times \sqrt{a}\,i}{\sqrt{1-a}\,i \times \sqrt{1-a}} + \dfrac{\sqrt{1-a}}{\sqrt{1-a}\,i}\sqrt{-1}$

$= \dfrac{a}{1-a} + \dfrac{1}{i} \times i$

$= \dfrac{a}{1-a} + 1$

$= \dfrac{1}{1-a}$

090

①

0이 아닌 두 실수 a, b에 대하여 $\dfrac{\sqrt{a}}{\sqrt{b}} = -\sqrt{\dfrac{a}{b}}$ 일 때, $\sqrt{(a-b)^2} + |b| + \sqrt{a^2} + \sqrt{b^2}$ 을 간단히 하면?

① $2a + 3b$ ② $2a - 3b$

③ $-4a$ ④ $-4a + 2b$

⑤ $-4a - 2b$

──────────────── ①

$\dfrac{\sqrt{a}}{\sqrt{b}} = -\sqrt{\dfrac{a}{b}}$ 의 의미는 $a > 0, \ b < 0$이다.

$a - b > 0, \quad \sqrt{b^2} = -b, \quad |b| = -b$

$\sqrt{(a-b)^2} + |b| + \sqrt{a^2} + \sqrt{b^2}$

$= a - b - b + a - b$

$= 2a - 3b$

091   정답 ⑤

세 실수 a, b, c가 다음 [조건]을 모두 만족시킬 때,
a, b, c의 대소 관계로 옳은 것은?

[조 건]

(가) $\sqrt{a-1}\,\sqrt{1-b}=-\sqrt{(a-1)(1-b)}$ ①
(나) $|a+b|+|b+c-2|=0$ ②

① $a \leq b \leq c$ ② $b < a < c$

③ $b < a \leq c$ ④ $b < c < a$

⑤ $a < c \leq b$

---

                         ①

$a-1 \leq 0, \quad 1-b \leq 0$

$a \leq 1, \quad b \geq 1 \quad \therefore a \leq 1 \leq b$ ㉠

                         ②

$|a+b|+|b+c-2|=0$

절댓값+절댓값=0이므로 각 절댓값은 0이어야 한다.

$a+b=0$ ㉡

$a=-b \quad \therefore a$는 음수, b는 양수(㉠에 의해)

$b+c-2=0$ ㉢

$c=2-b, \quad c=2+a \rightarrow c$는 a보다 크다.

c와 b 사이의 대소 관계를 파악하기 위해서 두 수를
뺀다.

$c-b=(2-b)-b=2-2b$

$1 \leq b$이므로 우변을 $2-2b$가 되게 만들면

$1 \times (-2) \leq b \times (-2)$

$-2 \geq -2b$

$-2+2 \geq -2b+2$

$0 \geq -2b+2 \rightarrow c$에서 b를 뺀 결과가 0보다 작거
나 같으므로 b가 c보다 크거나 같다.

$\therefore a < c \leq b$

---

092   정답 ③

다음 [조건]을 만족시키는 복소수 $z=a+bi$
(a, b는 실수)에 대하여

① $\sqrt{a^2}+\sqrt{b^2}+\sqrt{\dfrac{a}{b}} \times \sqrt{ab}+\sqrt{\dfrac{b}{a}} \times \sqrt{ab}$ 의 값은?

(단, $i=\sqrt{-1}$, $\overline{z}$는 z의 켤레복소수이다.)

[조 건]

(가) $z+\overline{z} > 0$ ②
(나) $(z-\overline{z})i > 0$ ③

① $-2a$ ② $-2b$ ③ 0

④ $-2a-2b$ ⑤ $2a-2b$

---

                         ②③

주어진 식 ②, ③의 조건을 해석해 a, b가 양수인지
음수인지 확인 후, ①식을 간단히 한다.

② $z+\overline{z} > 0$

$a+bi+(a-bi) > 0$

$2a > 0 \quad a > 0$

③ $(z-\overline{z})i > 0$

$\{a+bi-(a-bi)\}i > 0$

$2bi \times i > 0$

$-2b > 0, \quad b < 0$

                         ①

복소수의 성질 $\sqrt{b^2}=-b$, $\sqrt{\dfrac{a}{b}}=-\sqrt{\dfrac{a}{b}}$ 를 이용하
여 식을 간단히 한다.

$\sqrt{a^2}+\sqrt{b^2}-\sqrt{\dfrac{a}{b} \times ab}+\sqrt{\dfrac{b}{a} \times ab}$

$\qquad = \sqrt{a^2}+\sqrt{b^2}-\sqrt{a^2}-\sqrt{b^2}=0$

$\left(\sqrt{\dfrac{b}{a}} \times \sqrt{ab}=-\sqrt{\dfrac{b}{a} \times ab} \quad \left(\because \dfrac{b}{a}<0, ab<0\right)\right)$

4단원.

이차방정식

유형 1

이차방정식 $f(x)=0$의 근을 이용하여 $f(ax+b)$의 근 구하기

093

이차방정식 $f(x)=0$의 두 근이 α, β라 할 때, $\alpha+\beta=-\dfrac{5}{4}$이다. 방정식 $f(3x-2)=0$의 두 근의 합이 $\dfrac{q}{p}$일 때, $p+q$의 값은?
(단, p와 q는 서로소이다.)

094

이차방정식 $f(x)=0$의 두 근을 α, β라고 할 때, $\alpha+\beta=6$이다. 이차식 $f(3x-1)$의 x^2항의 계수를 a, x항의 계수를 b라고 할 때, $\dfrac{b}{a}$의 값은?

095

이차방정식 $f(4x-1)=0$의 두 근의 합이 5, 두 근의 곱이 3일 때, 이차방정식 $f(x)=0$의 두 근의 곱은?

096

x에 대한 이차방정식 $f(x)=0$의 두 근의 합이 8일 때, x에 대한 이차방정식 $f(1000-4x)=0$의 두 근의 합을 구하시오.

유형 2

절댓값 기호를 포함한 방정식

097

x에 대한 방정식 $(2x-5)^2-6|2x-5|+8=0$의 모든 근의 합은?

098

$x^2 - 2|x-3| - 9 = 0$의 모든 근의 합은?

099

$(x-1)^2 - \sqrt{(x-1)^2} = |x-1| + 5$의 해가
$x = a + \sqrt{b}$ 또는 $x = c - \sqrt{d}$일 때,
정수 a, b, c, d에 대하여 $a+b+c+d$의 값은?

100

$x^2 + |x| - 4 = \sqrt{(x-1)^2}$의 해는?

유형 3

이차식이 완전제곱식이 되는 조건

101

x에 대한 이차방정식
$x^2 - 2(k-1)x + k^2 + 2ak + b + 3 = 0$이 실수 k의
값에 관계없이 항상 중근을 가질 때, 실수 a, b의 합
$a+b$의 값은?

102

x에 대한 이차식 $4x^2 + 2(2k-m)x + k^2 - 2k + n$이
실수 k값에 관계없이 완전제곱식이 될 때, $m+n$의
값은?

103

x에 대한 이차방정식
$tx^2 - 2t(a+b)x + t + 2ab + 2 = 0$이 t값에 관계없이
중근을 가질 때, $a^2 + b^2$의 값은?
(단, $t \neq 0$이고, a, b는 실수이다.)

104

이차방정식 $x^2 - 2ax + 8a - 3b = 0$이 중근을 갖도록 하는 자연수 a, b에 대하여 $a + b$ 값 중 가장 작은 값을 구하시오.

유형 4
미정계수의 결정 – 근의 조건이 주어진 경우

105

x에 대한 이차방정식
$x^2 + (1 - 2k)x + 2k^2 + 3k - 3 = 0$의 두 근의 차가 2가 되도록 하는 모든 실수 k의 값의 합을 구하면?

106

이차방정식 $x^2 - 2(m - 7)x - m + 2 = 0$의 두 근의 부호가 서로 다르고 양수인 근이 음수인 근의 절댓값보다 작을 때, 정수 m의 개수는?

107

x에 대한 이차방정식 $x^2 + (k^2 - 4)x + 2k - 3 = 0$의 두 실근을 α, β라 할 때, α, β는 절댓값이 같고 부호가 서로 다르다. 두 수 $\alpha + 1$, $\beta + 1$을 두 근으로 하고 x^2의 계수가 1인 이차방정식이 $x^2 + px + q = 0$일 때, 실수 p, q에 대하여 pq의 값은?
(단 k는 실수이다.)

108

이차방정식 $(m^2 + 1)x^2 - 4mx + 2 = 0$은 양의 두 근을 가지며, 한 근은 다른 한 근의 3배와 같다. 이때, 실수 m의 값은?

4

이차방정식

유형 5

$f(a) = f(b) = k$ 를 만족시키는 이차식 $f(x)$ 구하기

109

이차방정식 $x^2 - x + 1 = 0$의 두 근 α, β에 대하여 계수를 실수로 가지는 이차식 $p(x)$가 $p(\alpha) = \beta$, $p(\beta) = \alpha$, $p(1) = 1$을 만족할 때, $p(2)$의 값은?

110

이차방정식 $x^2 - 2x + 5 = 0$의 두 근을 α, β라 할 때, $f(\alpha) = f(\beta) = \alpha\beta$, $f(1) = -3$을 만족시키는 이차식 $f(x)$에 대하여 $f(\alpha + \beta)$의 값은?

111

이차방정식 $x^2 - 2x + 4 = 0$의 서로 다른 두 근을 α, β라 할 때, $f(\alpha) = 2\beta$, $f(\beta) = 2\alpha$, $f(2) = 2$를 만족시키는 x에 대한 이차식 $f(x)$에 대하여 $f(3)$의 값은?

112

이차방정식 $x^2 - 2x - 1 = 0$의 두 근 α, β에 대하여 이차항의 계수가 1인 이차함수 $f(x)$가 $f(\alpha^2) = \beta$, $f(\beta^2) = \alpha$를 만족시킬 때, $f(3)$의 값은?

유형 6

잘못 보고 푼 이차방정식

113

A 학생과 B 학생은 이차방정식 $x^2 + ax + b = 0$의 근을 구하려고 한다. A 학생은 x의 계수를 잘못 보고 풀어 두 근 $2 + i$, $2 - i$를 얻었고, B 학생은 상수항을 잘못 보고 풀어 $1 + 2i$, $1 - 2i$를 얻었다. 두 실수 a, b에 대하여 $a + 3b$의 값은?

114

실수 a, b, c에 대하여 이차방정식 $ax^2 + bx + c = 0$의 근을 구할 때, 근의 공식을 잘못 적용하여 $x = \dfrac{-b \pm \sqrt{b^2 - ac}}{a}$로 풀었더니 두 근이 1과 3이었다. 원래 이차방정식의 두 근의 합은?

116

이차방정식 $ax^2 + bx + c = 0$에서 b를 잘못 보고 풀었더니 두 근이 3, $-\dfrac{1}{2}$이 되었고, c를 잘못 보고 풀었더니 두 근이 2, $\dfrac{1}{3}$이 되었다.

이차방정식 $ax^2 + bx + c = 0$의 두 근을 α, β라 할 때, $(\alpha + \beta) \times \alpha\beta$의 값은?

유형 7

이차방정식의 근 판별

115

A 학생과 B 학생이 x에 대한 이차방정식 $ax^2 + bx + c = 0$을 풀었다. A 학생은 a를 0이 아닌 다른 실수로 잘못 보고 풀어 $2 + i$를 한 근으로 얻었고, B 학생은 b를 다른 실수로 잘못 보고 풀어 $3 - i$를 한 근으로 얻었다. 이차방정식 $ax^2 + bx + c = 0$의 두 근을 α, β라 할 때, $(\alpha - \beta)^2$의 값은?
(단, a, b, c는 모두 실수)

117

이차방정식 $x^2 - x + k - 2 = 0$이 서로 다른 두 실근을 갖도록 하는 정수 k의 최댓값을 M, 이차방정식 $3x^2 - 2x + k + 3 = 0$이 서로 다른 두 허근을 갖도록 하는 정수 k의 최솟값을 m이라 할 때, $M + m$의 값은?

118

x에 대한 이차방정식 $x^2 - x(kx - 4) = \dfrac{1}{3}$이 서로 다른 두 실근을 갖기 위한 양의 정수 k의 최댓값과 최솟값의 합은?

119

이차식 $P(x) = x^2 - 2x + 4$와 두 정수 m, n에 대하여 $Q(x) = P(x + m) + n$가 다음 [조건]을 모두 만족시킬 때, 순서쌍 (m, n)의 개수는?

[조 건]

㉠ $Q(0) = 6$

㉡ 방정식 $Q(x) = 0$은 서로 다른 두 허근을 갖는다.

120

두 이차방정식

$x^2 + 4x - k - 4 = 0$, $kx^2 + (2k + 1)x + k - 2 = 0$

중에서 적어도 한 방정식이 허근을 갖도록 하는 정수 k의 최댓값을 p라 하고 a, b가 실수인 방정식

$2x^2 - 2(a + b)x + a^2 + 2b^2 - 2b + 1 = 0$이 실근을 가질 때, $a + b$의 값은 q라 하자. $p + q$의 값은?

유형 8

이차방정식의 근과 계수의 관계를 이용하여 식의 값 구하기(1)

121

$f(x) = x^2 + 5x + 3$에 대하여 $f(2x - 3) = 0$의 두 근의 합과 곱을 각각 a, b라 할 때, $8(ab + a + b)$를 구하면?

122

이차방정식 $p(x) = 0$의 두 근의 곱이 -10이고, 방정식 $p(2x + 1) = 0$의 두 근의 곱이 -1일 때, 방정식 $p(x) = 0$의 두 근의 합은?

123

이차방정식 $x^2 + 3x + 4 = 0$의 두 근을 α, β라고 할 때, $f(\alpha + \beta) = f(\alpha\beta) = 1$을 만족시키는 $f(x) = x^2 + ax + b$에 대하여 $a + b$의 값은?

124

이차식 $f(x)$에 대하여 이차방정식 $f(3x) = 0$의 서로 다른 두 근의 합이 5일 때, 이차방정식 $f(2x + 1) = 0$의 모든 근의 합을 구하면?

유형 9

이차방정식의 근과 계수의 관계를 이용하여 식의 값 구하기(2)

125

이차방정식 $x^2 + 5x - 3 = 0$의 두 실근 α, β라 할 때, $\dfrac{4\beta}{\alpha^2 + 5\alpha - 5} + \dfrac{4\alpha}{\beta^2 + 5\beta - 5}$의 값은?

126

이차방정식 $x^2 + x - 3 = 0$의 두 근을 α, β라 할 때, $\dfrac{\beta}{\alpha^3 + 3\alpha^2 - 5} + \dfrac{\alpha}{\beta^3 + 3\beta^2 - 5}$의 값은?

127

이차방정식 $x^2 + 4x - 1 = 0$의 두 근을 α, β라 할 때, $\dfrac{\alpha^2}{\alpha^2 - 4\beta - 1} + \dfrac{\beta^2}{\beta^2 - 4\alpha - 1}$의 값은?

128

이차방정식 $x^2 - 4x + 1 = 0$의 두 근을 α, β라 할 때, $(\alpha^4 - 8\alpha^3 + 16\alpha^2 - 6\alpha)(\beta^4 - 8\beta^3 + 16\beta^2 - 6\beta)$의 값은?

093 ──────────── 정답 23

> 이차방정식 $f(x)=0$의 두 근이 α, β라 할 때,
> $\alpha+\beta=-\dfrac{5}{4}$이다. 방정식 $f(3x-2)=0$의 두 근의
> 합이 $\dfrac{q}{p}$일 때, $p+q$의 값은? ①
> (단, p와 q는 서로소이다.)

$f(x)=0$의 두 근이 α, β이므로 $f(3x-2)=0$에서 ①
$3x-2=\alpha$ 또는 $3x-2=\beta$이다.

그러므로 $x=\dfrac{\alpha+2}{3}$ 또는 $x=\dfrac{\beta+2}{3}$ 이다.

두 근의 합은 $\dfrac{\alpha+2}{3}+\dfrac{\beta+2}{3}$

$=\dfrac{\alpha+\beta+4}{3}=\dfrac{-\dfrac{5}{4}+4}{3}=\dfrac{11}{12}$

즉, $p=12$, $q=11$이므로 $p+q=23$

094 ──────────── 정답 $-\dfrac{8}{3}$

> 이차방정식 $f(x)=0$의 두 근을 α, β라고 할 때,
> $\alpha+\beta=6$이다. 이차식 $f(3x-1)$의 x^2항의 계수를
> a, x항의 계수를 b라고 할 때, $\dfrac{b}{a}$의 값은?
> ①

근과 계수의 관계에 의해 이차방정식 $f(3x-1)$의 두 ①
근의 합은 $-\dfrac{b}{a}$이다. 이때, 이차방정식 $f(x)=0$의
두 근이 α, β이므로 방정식 $f(3x-1)=0$의 두 근
은 $3x-1=\alpha$, $3x-1=\beta$에서
$x=\dfrac{\alpha+1}{3}$, $x=\dfrac{\beta+1}{3}$이다. 따라서
$-\dfrac{b}{a}=\dfrac{\alpha+1}{3}+\dfrac{\beta+1}{3}$

$=\dfrac{\alpha+\beta+2}{3}=\dfrac{8}{3}$이다.

$\therefore \dfrac{b}{a}=-\dfrac{8}{3}$

095 ──────────── 정답 29

> ①
> 이차방정식 $f(4x-1)=0$의 두 근의 합이 5, 두 근의
> 곱이 3일 때, 이차방정식 $f(x)=0$의 두 근의 곱은?

$f(4x-1)=0$의 두 근을 α, β라고 하면
$\alpha+\beta=5$, $\alpha\beta=3$

$f(4\alpha-1)=f(4\beta-1)=0$이므로 $f(x)=0$을 만족 ①
하는 x는 $4\alpha-1$, $4\beta-1$이다.
그러므로 두 근의 곱은
$(4\alpha-1)(4\beta-1)=16\alpha\beta-4(\alpha+\beta)+1$
$\qquad\qquad=16\times3-4\times5+1$
$\qquad\qquad=48-20+1=29$

096 ──────────── 정답 498

> ①
> x에 대한 이차방정식 $f(x)=0$의 두 근의 합이 8일
> 때, x에 대한 이차방정식 $f(1000-4x)=0$의 두 근
> 의 합을 구하시오.

이차방정식 $f(x)=0$의 두 근을 α, β라고 하면 ①
$\alpha+\beta=8$

이차방정식 $f(1000-4x)=0$에서
$1000-4x=\alpha$, $1000-4x=\beta$이므로
$(\because f(\alpha)=0,\ f(\beta)=0)$
$x=\dfrac{1000-\alpha}{4}$, $x=\dfrac{1000-\beta}{4}$

$\therefore$ 이차방정식 $f(1000-4x)=0$의 두 근의 합은
$\dfrac{2000-\alpha-\beta}{4}=498$

097 .... 정답 **10**

> x에 대한 방정식 $(2x-5)^2-6|2x-5|+8=0$의 모든 근의 합은?

$x=\dfrac{5}{2}$를 기준으로 $x \geq \dfrac{5}{2}$인 경우와 $x < \dfrac{5}{2}$인 경우로 나누어 생각한다.

ⅰ) $x \geq \dfrac{5}{2}$인 경우

$(2x-5)^2-6(2x-5)+8=0$

$4x^2-20x+25-12x+30+8=0$

$4x^2-32x+63=0$

$$(2x-7)(2x-9)=0 \qquad \therefore\ x=\frac{7}{2},\ x=\frac{9}{2}$$

ⅱ) $x < \dfrac{5}{2}$인 경우

$(2x-5)^2+6(2x-5)+8=0$

$4x^2-20x+25+12x-30+8=0$

$4x^2-8x+3=0$

$$(2x-1)(2x-3)=0 \qquad \therefore\ x=\frac{1}{2},\ x=\frac{3}{2}$$

따라서 모든 근의 합은 $\dfrac{7}{2}+\dfrac{9}{2}+\dfrac{1}{2}+\dfrac{3}{2}=10$

+ 다른 풀이

$|2x-5|=t$라고 하면 $t^2-6t+8=0$

$\therefore\ t=2,\ 4$

$|2x-5|=2,\ 4$

$2x-5=2,\ -2,\ 4,\ -4$

$\therefore\ x=\dfrac{1}{2},\ \dfrac{3}{2},\ \dfrac{7}{2},\ \dfrac{9}{2}$

$\therefore\ \dfrac{7}{2}+\dfrac{9}{2}+\dfrac{1}{2}+\dfrac{3}{2}=10$

098 .... 정답 **−2**

> $x^2-2|x-3|-9=0$의 모든 근의 합은?

$x=3$을 기준으로 $x < 3$인 경우와 $x \geq 3$인 경우로 나누어 생각한다.

ⅰ) $x < 3$인 경우

$x^2+2x-6-9=0$

$x^2+2x-15=0$

$(x-3)(x+5)=0$

여기서 $x < 3$인 경우를 고려해야 하므로 $x=3$은 성립하지 않는다. $\quad \therefore\ x=-5$

ⅱ) $x \geq 3$인 경우

$x^2-2x-3=0$

$(x-3)(x+1)=0$

ⅰ)과 마찬가지로 $x \geq 3$ 경우를 고려해야 하므로 $x=-1$은 성립하지 않는다. $\quad \therefore\ x=3$

따라서 모든 근의 합은 $-5+3=-2$

099

정답 14

$(x-1)^2 - \sqrt{(x-1)^2}$①$ = |x-1| + 5$의 해가
$x = a + \sqrt{b}$ 또는 $x = c - \sqrt{d}$일 때,
정수 a, b, c, d에 대하여 $a+b+c+d$의 값은?

$\sqrt{(x-1)^2}$①$ = |x-1|$ 임을 이용하여 식을 간단히 한다.

$(x-1)^2 - 2|x-1| - 5 = 0$

ⅰ) $x < 1$인 경우
$(x-1)^2 + 2(x-1) - 5 = 0$
$x^2 - 2x + 1 + 2x - 7 = 0$
$x^2 - 6 = 0$
$\therefore x < 1$이므로 $x = -\sqrt{6}$

ⅱ) $x \geq 1$인 경우
$(x-1)^2 - 2(x-1) - 5 = 0$
$x^2 - 2x + 1 - 2x - 3 = 0$
$x^2 - 4x - 2 = 0$
$\therefore x \geq 1$이므로 $x = 2 + \sqrt{6}$

따라서 $a = 2$, $b = 6$, $c = 0$, $d = 6$이므로
$a + b + c + d = 14$

100

정답 $x = \sqrt{5}$ 또는 $x = \sqrt{3}$

$x^2 + |x| - 4 = \sqrt{(x-1)^2}$①$$ 의 해는?

$\sqrt{(x-1)^2}$①$$ 는 $|x-1|$과 같음을 이용하여 식을 정리한다.

$x^2 + |x| - 4 = |x-1|$

절댓값의 부호가 2개 있으므로 $x = 0$, $x = 1$을 기준으로 x의 범위를 나눠야 한다.

ⅰ) $x < 0$인 경우 (준식)$= x^2 - 5 = 0$,
$x = \pm\sqrt{5}$에서 $x < 0$이므로 $x = -\sqrt{5}$

ⅱ) $0 \leq x < 1$인 경우 (준식)$= x^2 + 2x - 5 = 0$,
$x = -1 \pm \sqrt{6}$에서 $0 \leq x < 1$을 만족하지 않으므로 해는 없다.

ⅲ) $x \geq 1$인 경우 (준식)$= x^2 - 3 = 0$,
$x = \pm\sqrt{3}$에서 $x \geq 1$이므로 $x = \sqrt{3}$

$\therefore x = -\sqrt{5}$ 또는 $x = \sqrt{3}$

101 ·· 정답 -3

x에 대한 이차방정식
$x^2 - 2(k-1)x + k^2 + 2ak + b + 3 = 0$이 실수 k의 ②
값에 관계없이 항상 중근을 가질 때, 실수 a, b의 합 ①
$a + b$의 값은?

①
중근을 가지려면 판별식 $D = 0$이어야 한다.
$D/4 = (k-1)^2 - (k^2 + 2ak + b + 3) = 0$
$\qquad 2k + 2ak + b + 2 = 0$

②
k의 값에 관계없이 성립해야 하므로 식을 k에 대해 정리한다.
$2k + 2ak + b + 2 = 0$
$\Rightarrow (2 + 2a)k + b + 2 = 0$
위의 식이 k에 대한 항등식이므로
$2 + 2a = 0$, $a = -1$
$b + 2 = 0$, $b = -2$
$\therefore a + b = -3$

102 ·· 정답 3

x에 대한 이차식 $4x^2 + 2(2k-m)x + k^2 - 2k + n$이
실수 k값에 관계없이 완전제곱식이 될 때, $m + n$의 ② ①
값은?

①
이차식이 완전제곱식이 될 조건은 판별식 $D = 0$이다.
$D/4 = (2k-m)^2 - 4(k^2 - 2k + n) = 0$
$-4km + m^2 + 8k - 4n = 0$

②
실수 k의 값에 관계없이 성립해야 하므로 식을 k에 대하여 정리한다.
$(-4m + 8)k + m^2 - 4n = 0$
k에 대한 항등식이므로
$-4m + 8 = 0$, $m = 2$
$m^2 - 4n = 0$, $n = 1$
$\therefore m + n = 3$

103 ·· 정답 3

x에 대한 이차방정식
$tx^2 - 2t(a+b)x + t + 2ab + 2 = 0$이 t값에 관계없이 ③ ①
중근을 가질 때, $a^2 + b^2$의 값은?
(단, $t \neq 0$이고, a, b는 실수이다.)
②

①
이차방정식이 중근을 가지므로 $D = 0$
$D/4 = \{t(a+b)\}^2 - t(t + 2ab + 2) = 0$
$t^2(a+b)^2 - t(t + 2ab + 2) = 0$

②
$t \neq 0$이므로 양변을 t로 나누면
$t(a+b)^2 - (t + 2ab + 2) = 0$

③
t값이 관계없이 성립해야 하므로 식을 t에 대하여 정리하면 $t\{(a+b)^2 - 1\} - (2ab + 2) = 0$
t에 대한 항등식이므로
$(a+b)^2 - 1 = 0$, $2ab + 2 = 0$
$\therefore (a+b)^2 = 1$, $ab = -1$
$\therefore a^2 + b^2 = (a+b)^2 - 2ab = 3$

104 .... 정답 6

이차방정식 $x^2 - 2ax + 8a - 3b = 0$이 중근을 갖도록 ①
하는 자연수 a, b에 대하여 $a + b$ 값 중 가장 작은
값을 구하시오.

①
중근을 갖도록 해야 하므로 $D = 0$

$D/4 = a^2 - 8a + 3b = 0$

a와 b의 관계를 찾기 어려우므로 이차식인 a에 대한
완전제곱식의 꼴로 변환해서 성립 가능한 (a, b)의
순서쌍을 찾아야 한다.

$a^2 - 8a + 3b = 0$에서 $(a-4)^2 = -3b + 16$

$-3b + 16 \geq 0$이고, $-3b + 16$이 제곱수여야 하므로
$b = 4$ 또는 $b = 5$

$b = 4$ 일 때, $(a-4)^2 = 4$

$\therefore a = 2$ 또는 $a = 6$이므로

$a + b = 2 + 4 = 6$ 또는 $a + b = 6 + 4 = 10$

$b = 5$ 일 때, $(a-4)^2 = 1$

$\therefore a = 3$ 또는 $a = 5$이므로

$a + b = 3 + 5 = 8$ 또는 $a + b = 5 + 5 = 10$

$\therefore a + b$의 값 중 가장 작은 값은 6이다.

105 .... 정답 -4

x에 대한 이차방정식
① ②$x^2 + (1 - 2k)x + 2k^2 + 3k - 3 = 0$의 두 근의 차가
2가 되도록 하는 모든 실수 k의 값의 합을 구하면?
③

①
두 근의 차가 2이므로 두 근을 α, $\alpha + 2$로 설정할 수
있다. → 두 근 : α, $\alpha + 2$

②
x의 계수와 상수항이 k에 대한 식이므로 근과 계수와
의 관계를 이용할 수 있다.

$\rightarrow \alpha + \alpha + 2 = -1 + 2k \Rightarrow \alpha = k - \dfrac{3}{2}$

$\alpha(\alpha + 2) = 2k^2 + 3k - 3$ ㉠

$\alpha = k - \dfrac{3}{2}$을 ㉠에 대입하면

$\left(k - \dfrac{3}{2}\right)\left(k + \dfrac{1}{2}\right) = 2k^2 + 3k - 3$

식을 정리하면 $4k^2 + 16k - 9 = 0$

③
모든 실수 k의 값의 합을 구해야 하므로 근과 계수와
의 관계를 이용한다.

$\therefore$ 모든 실수 k의 값의 합은 $-\dfrac{16}{4} = -4$

106 .... 정답 4개

이차방정식 $x^2 - 2(m-7)x - m + 2 = 0$의 두 근의 ①
부호가 서로 다르고 양수인 근이 음수인 근의 절댓값
보다 작을 때, 정수 m의 개수는?

①
이차방정식의 두 근을 α, β라 할 때, 위의 조건에 의
해 $\alpha\beta < 0$, $\alpha + \beta < 0$임을 알 수 있다.

근과 계수와의 관계를 이용하면

$\alpha + \beta = 2(m-7) < 0$ $\therefore m < 7$

$\alpha\beta = -m + 2 < 0$ $\therefore m > 2$

$\therefore 2 < m < 7$이므로 정수 m의 개수는
3, 4, 5, 6으로 4개다.

107 ·········· 정답 12

> x에 대한 이차방정식 $x^2 + (k^2 - 4)x + 2k - 3 = 0$ 의 두 실근을 α, β라 할 때, α, β는 절댓값이 같고 ① 부호가 서로 다르다. 두 수 $\alpha + 1$, $\beta + 1$을 두 근으로 ② 하고 x^2의 계수가 1인 이차방정식이 $x^2 + px + q = 0$ 일 때, 실수 p, q에 대하여 pq의 값은?
> (단 k는 실수이다.)

①
절댓값이 같다. $\Rightarrow \alpha + \beta = 0$
부호가 서로 다르다. $\Rightarrow \alpha\beta < 0$
위의 조건과 근과 계수와의 관계를 이용하면
$\alpha + \beta = -(k^2 - 4) = 0$

$\alpha\beta = 2k - 3 < 0 \qquad \therefore \ k < \dfrac{3}{2}$

$-(k^2 - 4) = 0$에서 $k = \pm 2$, $\ k < \dfrac{3}{2}$ 이므로

$k = -2 \qquad \therefore \ \alpha + \beta = 0$, $\alpha\beta = -7$

②
$x^2 - (\alpha + \beta + 2)x + (\alpha + 1)(\beta + 1) = x^2 + px + q$
$-(\alpha + \beta + 2) = p$,
$(\alpha + 1)(\beta + 1) = \alpha\beta + \alpha + \beta + 1 = q$
$p = -2$, $q = -6$
$\therefore \ pq = 12$

108 ·········· 정답 $\sqrt{2}$

> 이차방정식 $(m^2 + 1)x^2 - 4mx + 2 = 0$은 양의 두 근 을 가지며, 한 근은 다른 한 근의 3배와 같다. 이때, 실수 m의 값은?
> ①

①
두 근을 α, 3α로 들 수 있다.
근과 계수와의 관계를 이용하면 두 근의 합
$\alpha + 3\alpha = \dfrac{4m}{m^2 + 1} \Rightarrow \alpha = \dfrac{m}{m^2 + 1}$

$\alpha > 0$이므로 $m > 0$
두 근의 곱 $3\alpha^2 = \dfrac{2}{m^2 + 1}$에 $\alpha = \dfrac{m}{m^2 + 1}$을

대입하면 $3\left(\dfrac{m}{m^2 + 1}\right)^2 = \dfrac{2}{m^2 + 1}$
$\Rightarrow 2m^2 + 2 = 3m^2$
$\Rightarrow m^2 = 2 \qquad \therefore m = \sqrt{2} \ (\because \ m > 0)$

109 .... 정답 2

이차방정식 $x^2 - x + 1 = 0$의 두 근 α, β에 대하여 계수를 실수로 가지는 이차식 $p(x)$가 $p(\alpha) = \beta$, $p(\beta) = \alpha$, $p(1) = 1$을 만족할 때, $p(2)$의 값은?
① ②

①

$p(x) = ax^2 + bx + c$라고 하면

$p(\alpha) = a\alpha^2 + b\alpha + c = \beta$ ㉠

$p(\beta) = a\beta^2 + b\beta + c = \alpha$ ㉡

위의 두 식의 차, 합을 구한 뒤 근과 계수와의 관계를 이용한다.

㉠-㉡, $a(\alpha^2 - \beta^2) + b(\alpha - \beta) = -(\alpha - \beta)$에서 $\alpha \neq \beta$이므로 $a(\alpha + \beta) + b = -1$

$x^2 - x + 1 = 0$에서 $\alpha + \beta = 1$, $\alpha\beta = 1$이므로 $a + b = -1$

㉠+㉡, $a(\alpha^2 + \beta^2) + b(\alpha + \beta) + 2c = \alpha + \beta$

$a(\alpha^2 + \beta^2) + b + 2c = 1$

$(\alpha^2 + \beta^2) = (\alpha + \beta)^2 - 2\alpha\beta = -1$

$\therefore -a + b + 2c = 1$

②

$p(1) = 1$이므로 $a + b + c = 1$, $a + b = -1$과 $-a + b + 2c = 1$을 연립한다.

$a + b = -1$

$a + b + c = 1$

$-a + b + 2c = 1$을 연립하면

$c = 2$, $b = -2$, $a = 1$

$\therefore p(x) = x^2 - 2x + 2$ $p(2) = 2$

+ 다른 풀이

$\alpha + \beta = 1$

$p(x) = 1 - x$를 만족하는 $x = \alpha$, β

$p(x) + x - 1 = a(x^2 - x + 1) = a(x - \alpha)(x - \beta)$

$p(1) = 1$이므로 $a = 1$

$\therefore p(x) = x^2 - 2x + 2$, $p(2) = 2$

110 .... 정답 -5

이차방정식 $x^2 - 2x + 5 = 0$의 두 근을 α, β라 할 때, $f(\alpha) = f(\beta) = \alpha\beta$, $f(1) = -3$을 만족시키는 이차식 $f(x)$에 대하여 $f(\alpha + \beta)$의 값은?
①

①

이차방정식의 근과 계수와의 관계를 이용해 $\alpha\beta$의 값을 구한다. $\alpha + \beta = 2$, $\alpha\beta = 5$

$f(\alpha) = f(\beta) = 5$

이차식 $f(x)$에 $x = \alpha$ 또는 $x = \beta$를 대입했을 때 5가 되어야 하므로 $f(x) = a(x - \alpha)(x - \beta) + 5$라 할 수 있다.

$f(x) = a(x^2 - 2x + 5) + 5$에서 $f(1) = -3$이므로

$f(1) = 4a + 5 = -3$ $a = -2$

$\therefore f(x) = -2(x^2 - 2x + 5) + 5$

$f(\alpha + \beta) = f(2) = -5$

111 ································· 정답 $\dfrac{3}{2}$

> 이차방정식 $x^2 - 2x + 4 = 0$의 서로 다른 두 근을 α, β라 할 때, $f(\alpha) = 2\beta$, $f(\beta) = 2\alpha$, $f(2) = 2$를 만족시키는 x에 대한 이차식 $f(x)$에 대하여 $f(3)$의 값은?

근과 계수와의 관계를 이용해 α와 β의 관계성을 찾는다. $\alpha + \beta = 2$, $\alpha\beta = 4$

①

$x^2 - 2x + 4 = (x - \alpha)(x - \beta)$이고 $\alpha + \beta = 2$이므로

$f(\alpha) - 2\beta = 0$

$f(\alpha) - 2(2 - \alpha) = 0 \ (\because \beta = 2 - \alpha)$

$f(\beta) - 2\alpha = 0$

$f(\beta) - 2(2 - \beta) = 0 \ (\because \alpha = 2 - \beta)$

$\therefore f(x) = a(x^2 - 2x + 4) + 2(2 - x)$로 둘 수 있다.

여기에서 $f(2) = 2$이므로 $f(2) = 4a = 2$

$\therefore a = \dfrac{1}{2}$

$\therefore f(x) = \dfrac{1}{2}(x^2 - 2x + 4) + 2(2 - x)$

$f(3) = \dfrac{7}{2} - 2 = \dfrac{3}{2}$

112 ································· 정답 -7

> 이차방정식 $x^2 - 2x - 1 = 0$의 두 근 α, β에 대하여 이차항의 계수가 1인 이차함수 $f(x)$가 $f(\alpha^2) = \beta$, $f(\beta^2) = \alpha$를 만족시킬 때, $f(3)$의 값은?
> ①

①

$f(\alpha^2) = \beta$, $f(\beta^2) = \alpha$에서 α^2과 β^2을 적당히 변형시키기 위해 α와 β를 이차방정식 $x^2 - 2x - 1 = 0$에 대입한다.

$\alpha^2 - 2\alpha - 1 = 0 \quad \beta^2 - 2\beta - 1 = 0$

$\therefore \alpha^2 = 2\alpha + 1, \ \beta^2 = 2\beta + 1$

$f(2\alpha + 1) = \beta$, $f(2\beta + 1) = \alpha$

식을 간단히 하기 위해 근과 계수와의 관계를 이용하면

$\alpha + \beta = 2$에서 $\beta = 2 - \alpha$, $\alpha = 2 - \beta$

$f(2\alpha + 1) = 2 - \alpha$, $f(2\beta + 1) = 2 - \beta$

$\therefore \alpha$, β는 방정식 $f(2x + 1) = 2 - x$의 두 근이다.

따라서 $f(2x + 1) + x - 2 = 4(x^2 - 2x - 1)$

$f(x) = (x - m)(x - n)$이라면

$f(2x + 1) = (2x + 1 - m)(2x + 1 - n)$이므로

이차항의 계수는 4임에 유의해야 한다.

$f(2x + 1) = 4x^2 - 9x - 2$에서 $f(3) = -7$

113 ································· 정답 13

> A 학생과 B 학생은 이차방정식 $x^2 + ax + b = 0$의 근을 구하려고 한다. A 학생은 x의 계수를 잘못 보고 풀어 두 근 $2 + i$, $2 - i$를 얻었고, B 학생은 상수항을 잘못 보고 풀어 $1 + 2i$, $1 - 2i$를 얻었다. 두 실수 a, b에 대하여 $a + 3b$의 값은?
> ②

①

x의 계수를 잘못 보고 풀었으므로 상수항 b는 제대로 보고 푼 것임을 알 수 있다.

근과 계수와의 관계에서 $\alpha\beta = b$이므로

$(2 + i)(2 - i) = b \qquad \therefore b = 5$

②

상수항을 잘못 보고 풀었으므로 x의 계수 a는 제대로 보고 푼 것임을 알 수 있다. 근과 계수와의 관계에서

$\alpha + \beta = -a$이므로

$1 + 2i + 1 - 2i = -a \qquad \therefore a = -2$

$\therefore a + 3b = 13$

114 ──────────────── 정답 2

> 실수 a, b, c에 대하여 이차방정식
> $ax^2 + bx + c = 0$의 근을 구할 때, 근의 공식을 잘못
> 적용하여 $x = \dfrac{-b \pm \sqrt{b^2 - ac}}{a}$로 풀었더니 두 근이
> 1과 3이었다. 원래 이차방정식의 두 근의 합은?
> ①

①

잘못된 근의 공식으로 잘못 계산한 이차방정식의 근과
계수와의 관계를 이용해 a, b, c의 관계를 구한다.

두 근이 1과 3이므로

$$1 + 3 = \frac{-b + \sqrt{b^2 - ac}}{a} + \frac{-b - \sqrt{b^2 - ac}}{a} = -\frac{2b}{a}$$

$$1 \times 3 = \frac{-b + \sqrt{b^2 - ac}}{a} \times \frac{-b - \sqrt{b^2 - ac}}{a}$$

$$= \frac{b^2 - b^2 + ac}{a^2} = \frac{c}{a}$$

$-\dfrac{2b}{a} = 4$에서 $b = -2a$

$\dfrac{c}{a} = 3$에서 $c = 3a$

이차방정식 $ax^2 + bx + c = 0$은 $ax^2 - 2ax + 3a = 0$
으로 나타낼 수 있다.

$\therefore x^2 - 2x + 3 = 0$

두 근의 합은 $\alpha + \beta = 2$

115 ──────────────── 정답 24

> A 학생과 B 학생이 x에 대한 이차방정식 ①
> $ax^2 + bx + c = 0$을 풀었다. A 학생은 a를 0이 아닌
> 다른 실수로 잘못 보고 풀어 $2 + i$를 한 근으로 얻었고,
> ② B 학생은 b를 다른 실수로 잘못 보고 풀어 $3 - i$를
> 한 근으로 얻었다. 이차방정식 $ax^2 + bx + c = 0$의 두
> 근을 α, β라 할 때, $(\alpha - \beta)^2$의 값은?
> (단, a, b, c는 모두 실수)

①

a를 다른 실수로 보고 풀었으므로 임의의 상수를 대
입하여 근과 계수와의 관계를 이용해 b, c와의 관계를
구한다.

a를 m으로 잘못 봤다고 하면 $mx^2 + bx + c = 0$의
한 근은 $2 + i$이다. 따라서 다른 한 근은 $2 - i$이다.
($\because m$, b, c은 실수)
근과 계수와의 관계에 의해

$$2 + i + 2 - i = -\frac{b}{m}, \quad (2 + i)(2 - i) = \frac{c}{m}$$

$\therefore b = -4m, \quad c = 5m$

②

b를 다른 실수로 잘못 보고 풀었으므로 두 근의 곱을
이용하여 a와의 관계를 구한다.

한 근이 $3 - i$이므로 다른 한 근은 $3 + i$
($\because$ 이차방정식의 모든 계수는 실수)

두 근의 곱 $(3 - i)(3 + i) = \dfrac{c}{a}, \quad \therefore c = 10a$

$c = 5m = 10a$에서 $m = 2a, \quad b = -8a$

$\therefore ax^2 + bx + c = ax^2 - 8ax + 10a = 0$

$\alpha + \beta = 8, \quad \alpha\beta = 10$이므로

$(\alpha - \beta)^2 = (\alpha + \beta)^2 - 4\alpha\beta = 24$

116 ·························· 정답 $-\dfrac{7}{2}$

> 이차방정식 $ax^2+bx+c=0$에서 b를 잘못 보고 풀었 ①
> 더니 두 근이 3, $-\dfrac{1}{2}$이 되었고, c를 잘못 보고 풀었 ②
> 더니 두 근이 2, $\dfrac{1}{3}$이 되었다.
> 이차방정식 $ax^2+bx+c=0$의 두 근을 α, β라 할
> 때, $(\alpha+\beta)\times\alpha\beta$의 값은?

① b를 잘못 보고, a와 c는 올바르게 본 것이므로 두 근의 곱을 이용한다.

근과 계수와의 관계에 의해 $\dfrac{c}{a}=3\times\left(-\dfrac{1}{2}\right)=-\dfrac{3}{2}$

$\therefore c=-\dfrac{3a}{2}$

② c를 잘못 봤으므로 a와 b는 올바르게 본 것이므로 두 근의 합을 이용한다.

근과 계수와의 관계에 의해 $-\dfrac{b}{a}=2+\dfrac{1}{3}=\dfrac{7}{3}$

$\therefore b=-\dfrac{7a}{3}$

$\therefore ax^2+bx+c=ax^2-\dfrac{7}{3}ax-\dfrac{3}{2}a=0$

$\therefore x^2-\dfrac{7}{3}x-\dfrac{3}{2}=0$

이 이차방정식의 두 근이 α, β이므로

$\alpha+\beta=\dfrac{7}{3}$, $\alpha\beta=-\dfrac{3}{2}$

$\therefore (\alpha+\beta)\times\alpha\beta=\dfrac{7}{3}\times\left(-\dfrac{3}{2}\right)=-\dfrac{7}{2}$

117 ·························· 정답 0

> 이차방정식 $x^2-x+k-2=0$이 서로 다른 두 실근 ①
> 을 갖도록 하는 정수 k의 최댓값을 M, 이차방정식
> $3x^2-2x+k+3=0$이 서로 다른 두 허근을 갖도록 ②
> 하는 정수 k의 최솟값을 m이라 할 때, $M+m$의
> 값은?

① 이차방정식 $x^2-x+k-2=0$이 서로 다른 두 실근을 가지려면 $\mathrm{D}>0$일 때,

$\mathrm{D}=1-4(k-2)>0$, $k<\dfrac{9}{4}$

$\therefore M=2$

② 이차방정식 $3x^2-2x+k+3=0$이 서로 다른 두 허근을 가지려면 $\mathrm{D}<0$일 때,

$\mathrm{D}/4=1-3(k+3)<0$, $k>-\dfrac{8}{3}$

$\therefore m=-2$
$\therefore M+m=0$

118 ·························· 정답 14

> x에 대한 이차방정식 $x^2-x(kx-4)=\dfrac{1}{3}$이 서로 ① ②
> 다른 두 실근을 갖기 위한 양의 정수 k의 최댓값과
> 최솟값의 합은?

① x에 대한 이차방정식으로 변형한다.

$x^2-x(kx-4)=\dfrac{1}{3}$

$\Rightarrow (1-k)x^2+4x-\dfrac{1}{3}=0$ ······ ㉠

서로 다른 두 실근을 가지므로 $D > 0$ ②

$D/4 = 4 + \dfrac{1}{3}(1-k) > 0$ $k < 13$

$(1-k)x^2 + 4x - \dfrac{1}{3} = 0$이 이차방정식이므로 $k \neq 1$ ㉠

$\therefore$ 양의 정수 k의 최댓값은 12이고 최솟값은 2
  최댓값과 최솟값의 합은 14

---

119   정답 5개

> 이차식 $P(x) = x^2 - 2x + 4$와 두 정수 m, n에 대하여 $Q(x) = P(x+m) + n$가 다음 [조건]을 모두 만족시킬 때, 순서쌍 (m, n)의 개수는?
>
> **[조건]**
> (가) $Q(0) = 6$
> (나) 방정식 $Q(x) = 0$은 서로 다른 두 허근을 갖는다. ①

(가)에서 $Q(0) = P(m) + n = m^2 - 2m + 4 + n = 6$
방정식 $Q(x) = (x+m)^2 - 2(x+m) + 4 + n$
$= x^2 + 2(m-1)x + m^2 - 2m + 4 + n = 0$ ①

위의 식이 서로 다른 두 허근을 가지므로 $D < 0$
$D/4 = (m-1)^2 - m^2 + 2m - 4 - n < 0$
즉, $-3 - n < 0$이므로 $n > -3$
$Q(0) = m^2 - 2m + 4 + n = 6$에서
$m^2 - 2m - 2 + n = 0$, 여기에서 m과 n의 순서쌍을
구해야 하므로 $(m-1)^2 + n - 3 = 0$의 꼴로 변형한다.
$(m-1)^2 = 3 - n$에서 정수 m, n의 순서쌍을 구하면
$(-1, -1), (0, 2), (1, 3), (2, 2), (3, -1)$
$\therefore$ 5개

---

120   정답 1

> ① 두 이차방정식
> $x^2 + 4x - k - 4 = 0$, $kx^2 + (2k+1)x + k - 2 = 0$
> 중에서 적어도 한 방정식이 허근을 갖도록 하는 정수 k의 최댓값을 p라 하고 a, b가 실수인 방정식
> $2x^2 - 2(a+b)x + a^2 + 2b^2 - 2b + 1 = 0$이 실근을 가질 때, $a + b$의 값은 q라 하자. $p + q$의 값은?

적어도 한 방정식이 허근을 갖도록 해야 하므로, 모두 실근을 갖는 경우를 제외하면 적어도 하나의 방정식은 허근을 갖는다.   ①
두 이차방정식의 판별식을 각각 D_1, D_2라고 하면
$D_1/4 = 4 + k + 4 \geq 0$에서 $k \geq -8$
$D_2 = (2k+1)^2 - 4k(k-2) \geq 0$에서 $k \geq -\dfrac{1}{12}$
$\therefore$ 두 이차방정식이 모두 실근을 가질 조건은
$k \geq -\dfrac{1}{12}$이고, 적어도 한 방정식이 허근을 가지려면
$k < -\dfrac{1}{12}$이다.
$\therefore$ 정수 k의 최댓값은 $p = -1$
방정식 $2x^2 - 2(a+b)x + a^2 + 2b^2 - 2b + 1 = 0$이
실근을 가지려면
$D/4 = (a+b)^2 - 2(a^2 + 2b^2 - 2b + 1) \geq 0$
$(a^2 - 2ab + b^2) + 2(b^2 - 2b + 1) \leq 0$
$(a-b)^2 + 2(b-1)^2 \leq 0$에서
$(a-b)^2 + 2(b-1)^2 = 0$
  $(\because (a-b)^2 \geq 0, 2(b-1)^2 \geq 0)$
$\therefore a = b = 1$, $a + b = 2 = q$ $\therefore p + q = 1$

121 정답 −5

$f(x) = x^2 + 5x + 3$에 대하여 $f(2x-3) = 0$의 두 근의 합과 곱을 각각 a, b라 할 때, $8(ab+a+b)$를 구하면?

방정식 $f(x) = 0$의 두 근을 α, β라고 하면 근과 계수의 관계에 의해 $\alpha + \beta = -5$, $\alpha\beta = 3$

방정식 $f(2x-3) = 0$에서 $2x-3 = t$로 치환하면 $f(t) = 0$의 두 근은 $t = \alpha$, $t = \beta$이다.

$2x-3 = \alpha$, $2x-3 = \beta$이므로

방정식 $f(2x-3) = 0$의 두 근은

$$x = \frac{\alpha+3}{2}, \quad x = \frac{\beta+3}{2}$$

→ 두 근의 합 $a = \dfrac{\alpha+\beta+6}{2} = \dfrac{1}{2}$

두 근의 곱 $b = \dfrac{\alpha\beta+3(\alpha+\beta)+9}{4} = -\dfrac{3}{4}$

$\therefore 8(ab+a+b) = 8 \times \left(-\dfrac{3}{8} + \dfrac{1}{2} - \dfrac{3}{4}\right) = -5$

122 정답 −5

이차방정식 $p(x) = 0$의 두 근의 곱이 -10이고, 방정식 $p(2x+1) = 0$의 두 근의 곱이 -1일 때, 방정식 $p(x) = 0$의 두 근의 합은?

이차방정식 $p(x) = 0$의 두 근을 α, β라고 하면 $\alpha\beta = -10$이다.

$2x+1 = t$로 치환하여 $2x+1 = \alpha$, $2x+1 = \beta$로 두고, $x = \dfrac{\alpha-1}{2}$, $x = \dfrac{\beta-1}{2}$로 나타낸 후 근과 계수와의 관계를 활용한다.

$2x+1 = t$로 치환하면 $p(2x+1) = p(t) = 0$의 두 근은 $t = \alpha$, $t = \beta$

$2x+1 = \alpha$, $x = \dfrac{\alpha-1}{2}$, $2x+1 = \beta$, $x = \dfrac{\beta-1}{2}$

두 근의 곱은 $\left(\dfrac{\alpha-1}{2}\right)\left(\dfrac{\beta-1}{2}\right) = \dfrac{\alpha\beta-(\alpha+\beta)+1}{4}$

$= -1$

$\Rightarrow -10 - (\alpha+\beta) + 1 = -4$ $\therefore \alpha+\beta = -5$

$\therefore p(x) = 0$의 두 근의 합은 -5

123 정답 −12

이차방정식 $x^2 + 3x + 4 = 0$의 두 근을 α, β라고 할 때, $f(\alpha+\beta) = f(\alpha\beta) = 1$을 만족시키는 $f(x) = x^2 + ax + b$에 대하여 $a+b$의 값은?

$\alpha+\beta$와 $\alpha\beta$를 $f(x) - 1 = 0$의 근이라고 설정한다.

$x^2 + 3x + 4 = 0$에서 $\alpha+\beta = -3$, $\alpha\beta = 4$이므로

$f(x) - 1 = 0$의 해는 -3, 4이다.

$\therefore f(x) - 1 = (x+3)(x-4)$

$f(x) = x^2 - x - 11$

$\therefore a = -1$, $b = -11$

$\therefore a+b = -12$

124 ········· 정답 $\dfrac{13}{2}$

> 이차식 $f(x)$에 대하여 이차방정식 $f(3x)=0$의 서로 다른 두 근의 합이 5일 때, 이차방정식 $f(2x+1)=0$ 의 모든 근의 합을 구하면? ①

이차방정식 $f(3x)=0$의 두 근을 α, β라고 하면 두 근의 합 $\alpha+\beta=5$

$f(3x)=0$에서 $f(3\alpha)=0$, $f(3\beta)=0$이므로
$f(2x+1)=0$의 두 근은
$2x+1=3\alpha$, $2x+1=3\beta$에서
$x=\dfrac{3\alpha-1}{2}$, $x=\dfrac{3\beta-1}{2}$

따라서 이차방정식 $f(2x+1)=0$의 두 근의 합은
$$\dfrac{3\alpha-1}{2}+\dfrac{3\beta-1}{2}=\dfrac{3\alpha+3\beta-2}{2}=\dfrac{13}{2}$$

125 ········· 정답 10

> 이차방정식 $x^2+5x-3=0$의 두 실근 α, β라 할 때, $\dfrac{4\beta}{\alpha^2+5\alpha-5}+\dfrac{4\alpha}{\beta^2+5\beta-5}$ 의 값은? ①

x에 α, β를 대입하였을 때 분모와 비슷한 형태를 띠므로, 이를 간단히 한다.

$\alpha^2+5\alpha-3=0$, $\beta^2+5\beta-3=0$
$$\dfrac{4\beta}{\alpha^2+5\alpha-5}+\dfrac{4\alpha}{\beta^2+5\beta-5}$$
$$=\dfrac{4\beta}{(\alpha^2+5\alpha-3)-2}+\dfrac{4\alpha}{(\beta^2+5\beta-3)-2}$$
$$\dfrac{4\beta}{-2}+\dfrac{4\alpha}{-2}=-2(\alpha+\beta)$$

이차방정식 $x^2+5x-3=0$에서 $\alpha+\beta=-5$
$\therefore\ -2(\alpha+\beta)=10$

126 ········· 정답 -2

> 이차방정식 $x^2+x-3=0$의 두 근을 α, β라 할 때, $\dfrac{\beta}{\alpha^3+3\alpha^2-5}+\dfrac{\alpha}{\beta^3+3\beta^2-5}$ 의 값은? ①

구하려는 값의 분모가 삼차식이고, 이차방정식의 두 근과 관련된 식이므로 (이차=일차+상수)의 꼴로 변형하여 분모를 간단하게 만든다.

$x^2+x-3=0$의 두 근이 α, β이므로
$\alpha^2+\alpha-3=0$, $\beta^2+\beta-3=0$
$\Rightarrow \alpha^2=-\alpha+3$, $\beta^2=-\beta+3$

$$\dfrac{\beta}{\alpha^3+3\alpha^2-5}=\dfrac{\beta}{\alpha(-\alpha+3)+3\alpha^2-5}$$
$$=\dfrac{\beta}{2\alpha^2+3\alpha-5}=\dfrac{\beta}{2(-\alpha+3)+3\alpha-5}$$
$$=\dfrac{\beta}{\alpha+1}$$

같은 방법으로 $\dfrac{\alpha}{\beta^3+3\beta^2-5}=\dfrac{\alpha}{\beta+1}$

$$\therefore\ \dfrac{\beta}{\alpha^3+3\alpha^2-5}+\dfrac{\alpha}{\beta^3+3\beta^2-5}=\dfrac{\beta}{\alpha+1}+\dfrac{\alpha}{\beta+1}$$
$$=\dfrac{\beta^2+\beta+\alpha^2+\alpha}{\alpha\beta+\alpha+\beta+1}=\dfrac{6}{\alpha\beta+\alpha+\beta+1}$$

근과 계수의 관계 $\alpha+\beta=-1$, $\alpha\beta=-3$이므로
구하는 값은 -2

127 ························· 정답 $\dfrac{9}{8}$

> ①
>
> 이차방정식 $x^2+4x-1=0$의 두 근을 α, β라 할 때, $\dfrac{\alpha^2}{\alpha^2-4\beta-1}+\dfrac{\beta^2}{\beta^2-4\alpha-1}$ 의 값은?

①

분모가 $\alpha^2-1-4\beta$, $\beta^2-1-4\alpha$이므로 이차식→일차식으로 변형해서 분모를 간단히 한다.

$x^2+4x-1=0$의 두 근이 α, β이므로
$\alpha^2+4\alpha-1=0$, $\beta^2+4\beta-1=0$
$\Rightarrow \alpha^2-1=-4\alpha$, $\beta^2-1=-4\beta$

구하려는 값 $\dfrac{\alpha^2}{\alpha^2-4\beta-1}+\dfrac{\beta^2}{\beta^2-4\alpha-1}$

$=\dfrac{\alpha^2}{-4\alpha-4\beta}+\dfrac{\beta^2}{-4\alpha-4\beta}=-\dfrac{1}{4}\left(\dfrac{\alpha^2+\beta^2}{\alpha+\beta}\right)$

$x^2+4x-1=0$에서 근과 계수의 관계에 의해
$\alpha+\beta=-4$, $\alpha\beta=-1$
$\alpha^2+\beta^2=(\alpha+\beta)^2-2\alpha\beta=18$
$\therefore -\dfrac{1}{4}\left(\dfrac{\alpha^2+\beta^2}{\alpha+\beta}\right)=\dfrac{9}{8}$

128 ························· 정답 13

> ①
>
> 이차방정식 $x^2-4x+1=0$의 두 근을 α, β라 할 때, $(\alpha^4-8\alpha^3+16\alpha^2-6\alpha)(\beta^4-8\beta^3+16\beta^2-6\beta)$의 값은?

①

구하려는 값이 (사차식)×(사차식)의 꼴이므로 사차식을 간단히 해야 한다. $x^2-4x+1=0$이 주어졌으므로 (사차식)$=(x^2-4x+1)\times$A$+$B의 꼴로 만들어 $x^2-4x+1=0$ 임을 이용한다.

$x^2-4x+1=0$의 두 근이 α, β이므로
$\alpha^2-4\alpha+1=0$
$\alpha^4-8\alpha^3+16\alpha^2-6\alpha$를 $\alpha^2-4\alpha+1$로 나누면

$$
\begin{array}{r}
\alpha^2-4\alpha-1 \\
\alpha^2-4\alpha+1 \overline{)\ \alpha^4-8\alpha^3+16\alpha^2-6\alpha} \\
\underline{\alpha^4-4\alpha^3+\alpha^2} \\
-4\alpha^3+15\alpha^2-6\alpha \\
\underline{-4\alpha^3+16\alpha^2-4\alpha} \\
-\alpha^2-2\alpha \\
\underline{-\alpha^2+4\alpha-1} \\
-6\alpha+1
\end{array}
$$

$\Rightarrow \alpha^4-8\alpha^3+16\alpha^2-6\alpha$
$=(\alpha^2-4\alpha+1)(\alpha^2-4\alpha-1)-6\alpha+1$
$=-6\alpha+1$

같은 방법으로 $\beta^4-8\beta^3+16\beta^2-6\beta=-6\beta+1$
$\therefore$ 구하려는 값은
$(-6\alpha+1)(-6\beta+1)=36\alpha\beta-6(\alpha+\beta)+1$
이차방정식 $x^2-4x+1=0$에서
$\alpha+\beta=4$, $\alpha\beta=1$이므로
$36\alpha\beta-6(\alpha+\beta)+1=36-24+1=13$

5단원.

이차방정식과
이차함수

유형 1

이차함수의 그래프와 직선의 교점

129

다음 그림과 같이 x^2의 계수가 1인 이차함수 $y = f(x)$와 일차함수 $y = g(x)$가 만나는 점의 x좌표는 A와 6이고, $f(x)$는 x축과 $(B, 0)(C, 0)$ 두 점에서 만난다. $B - A : C - B : 6 - C = 1 : 3 : 2$이다.
(A, B, C의 값은 모두 정수 $A \geq 0$)
$g(x) = ax + b$라 할 때, ab의 값은?

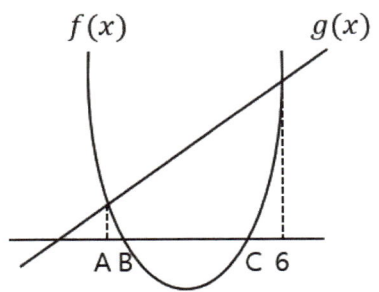

130

직선 $y = -x + k$가 두 이차함수 그래프
$y = -x^2 - 4x + 1$과 $y = x^2 - 6x + 4$와 만나는 서로 다른 교점의 개수가 3개 이상이기 위한 정수 k의 개수는?

① 6   ② 7   ③ 8   ④ 9   ⑤ 10

131

함수 $f(x) = |x^2 - x - 12|$의 그래프와 직선 $y = 3x + k$가 서로 다른 네 점에서 만나도록 하는 정수 k의 개수는?

① 0   ② 1   ③ 2   ④ 3   ⑤ 4

132

직선 $y = ax + b$가 이차함수 $y = x^2 - ax + c$의 그래프와 서로 다른 두 점 A, B에서 만나고 점 A의 x좌표가 $-4 + \sqrt{3}$일 때, 선분 AB의 길이는?
(단, a, b, c는 유리수이다.)

① $\sqrt{51}$ ② $10\sqrt{2}$ ③ $2\sqrt{51}$
④ 7   ⑤ $6\sqrt{5}$

유형 2

이차함수의 그래프와 직선의 위치 관계

133

직선 $y = px + q$와 이차함수 $y = ax^2 + bx + c$의 그래프가 다음 그림과 같을 때, [보기]에서 옳은 것을 모두 고른 것은?

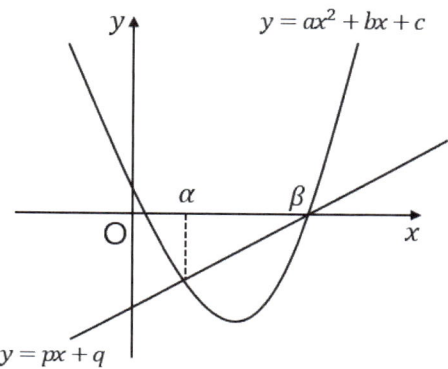

[보 기]

ㄱ. $b^2 - 4ac > 0$

ㄴ. $aq^2 + bq + c > 0$

ㄷ. 부등식 $ax^2 + (b-p)x + c - q < 0$의 해는 $a < \alpha$, $x > \beta$이다.

① ㄱ
② ㄱ, ㄴ
③ ㄱ, ㄷ
④ ㄴ, ㄷ
⑤ ㄱ, ㄴ, ㄷ

134

10보다 작은 자연수 a에 대하여 이차함수 $y = x^2 - 2ax + a^2 - 1$의 그래프와 직선 $y = -2x + 3$이 만나지 않도록 하는 모든 자연수 a의 개수는?

135

이차항의 계수가 -1인 이차함수 $y = f(x)$의 그래프와 직선 $y = g(x)$가 만나는 두 점의 x좌표는 3과 9이고, 함수 $h(x) = g(x) - f(x)$라고 한다. 함수 $h(x)$가 직선 $y = k$와 한 점에서 만날 때, k의 값은? (단, k는 실수이다.)

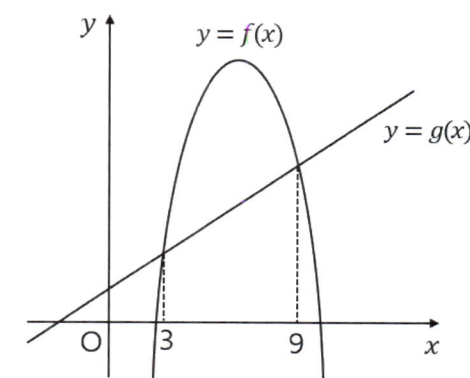

① -12
② -9
③ -6
④ -3
⑤ 0

136

이차함수 $y = x^2 - 4x + 3$과 점 $(3, -1)$을 지나고 기울기가 m인 직선이 있다. [보기]에서 옳은 것만을 있는 대로 고른 것은?

[보 기]

ㄱ. 이차함수의 그래프와 직선이 접할 때, 두 접선의 기울기의 합은 2이다.

ㄴ. $m = -1$일 때, 이차함수의 그래프와 직선은 서로 다른 두 점에서 만난다.

ㄷ. $m > 0$일 때, 이차함수의 그래프와 직선이 접할 때의 접점은 $(4, 3)$이다.

① ㄱ   ② ㄴ   ③ ㄷ

④ ㄱ, ㄷ   ⑤ ㄴ, ㄷ

유형 3

이차함수의 그래프에 접하는 직선의 방정식

137

실수 a의 값에 관계없이 이차함수
$y = x^2 - 2ax + a^2 - 2a - 1$의 그래프에 항상 접하는 직선의 방정식을 구하시오.

138

다음의 그림과 같이 어느 호수에 설치된 분수의 한 물줄기는 포물선 모양으로 나타나고, 물줄기의 시작 지점으로부터 앞쪽으로 4m 떨어진 지점에서 기울기가 -1이 되도록 레이저를 쏘아 올릴 때, 쏘아 올린 레이저가 이 물줄기와 수면으로부터 높이 6m 지점에서 맞닿을 때, 물줄기의 최고 높이는?

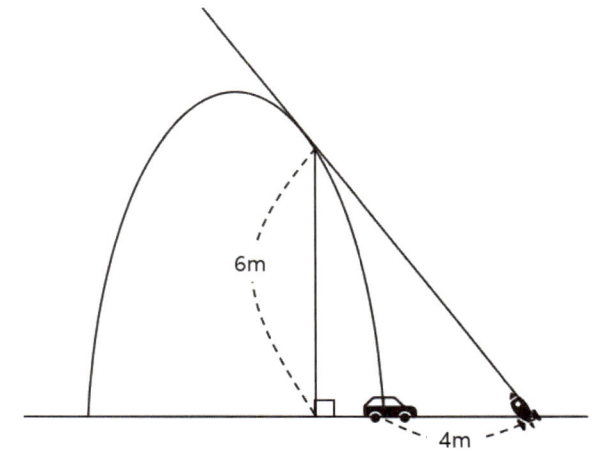

① 4m   ② $\dfrac{9}{2}$ m   ③ 5m

④ 6m   ⑤ $\dfrac{25}{4}$ m

139

이차함수 $f(x) = x^2 + px - (q-5)^2$에 대하여 다음 [조건]을 만족하는 세 실수 m, p, q에 대하여 mpq의 값은?

[조 건]

(가) 함수 $f(x)$는 $x = -3$에서 최솟값을 갖는다.
(나) 이차함수 $y = f(x)$의 그래프와 직선
　　 $y = mx$의 교점의 개수는 1이다.

① 100 ② 120 ③ 140
④ 160 ⑤ 180

140

이차함수 $f(x)$가 다음 [조건]을 만족시킬 때, $f(3)$의 값은?

[조 건]

(가) 함수 $f(x)$는 $x = 1$에서 최대값 2를 갖는다.
(나) 직선 $y = -2x + 1$과 평행한 직선은 함수
　　 $y = f(x)$의 그래프와 $x = 2$인 점에서 접한다.

① -1 ② -2 ③ -3
④ -4 ⑤ -5

유형 4

이차함수의 최대, 최소

141

최고차항의 계수가 -1이고, $f(1) = 3$, $f(2) = 5$를 만족시키는 이차함수 $f(x)$의 최댓값은?

142

$-2 \leq x \leq 2$에서 함수
$f(x) = ax^2 - 2ax + a^2 + 4a$ 의 최댓값이 28일 때, 모든 실수 a값의 곱은?

143

이차함수 $f(x) = (x+a)(x+b)$의 최솟값이 -1일 때, 서로 다른 두 실수 a, $b(a < b)$에 대하여 이차함수 $f(x)$는 $f(a) = b$, $f(b) = a$를 만족한다. $f(x)$를 구하시오.

144

이차함수 $y = -2x^2 + 8x - 4$의 그래프와 x축으로 둘러싸인 영역에 내접하고, 밑변은 x축 위에 있는 직사각형이 있다. 이 직사각형의 둘레 길이의 최댓값은?

① 5　　　　② 6　　　　③ 7

④ 8　　　　⑤ 9

유형 5

제한된 범위에서 이차함수의 최대, 최소

145

실수 a에 대하여 이차함수 $f(x) = (x-a)^2$이 다음 [조건]을 만족시킨다.

[조 건]

(가) $2 \leq x \leq 10$에서 함수 $f(x)$의 최솟값은 0이다.

(나) $2 \leq x \leq 6$에서 함수 $f(x)$의 최댓값과 $6 \leq x < 10$에서 함수 $f(x)$의 최솟값은 같다.

$f(-1)$의 최댓값을 M, 최솟값을 m이라 할 때, $M+m$의 값은?

① 34　　　　② 35　　　　③ 36

④ 37　　　　⑤ 38

146

이차함수 $f(x)$가 다음 [조건]을 만족시킨다.

[조 건]

(가) $f(-4) = 0$

(나) 모든 실수 x에 대하여 $f(x) \leq f(-2)$이다.

[보기]에서 옳은 것만을 있는 대로 고른 것은?

[보 기]

ㄱ. $f(0) = 0$

ㄴ. $-1 \leq x \leq 1$에서 함수 $f(x)$의 최솟값은 $f(1)$이다.

ㄷ. 실수 p에 대하여 $p \leq x \leq p+2$에서 함수 $f(x)$의 최솟값을 $g(p)$라 할 때, 함수 $g(p)$의 최댓값이 1이면 $f(-2) = \dfrac{4}{3}$이다.

① ㄱ　　　　② ㄱ, ㄴ　　　　③ ㄱ, ㄷ

④ ㄴ, ㄷ　　　　⑤ ㄱ, ㄴ, ㄷ

147

두 개의 자연수인 실근을 가지는 이차함수 $f(x)$가 $f(3) = 0$, $f(0) = 15$를 만족하고 $x > 3$일 때, $f(x) > 0$이다. $f(5)$의 최댓값은?

148

그림과 같이 한 변의 길이가 a인 정사각형 ABCD가 있다. 대각선 $\overline{AC}$ 위를 점 P가 움직인다. $\overline{PA}^2 + \overline{PB}^2$ 의 최솟값이 $\dfrac{3}{2}$일 때, 정사각형의 한 변의 길이는 얼마인가?

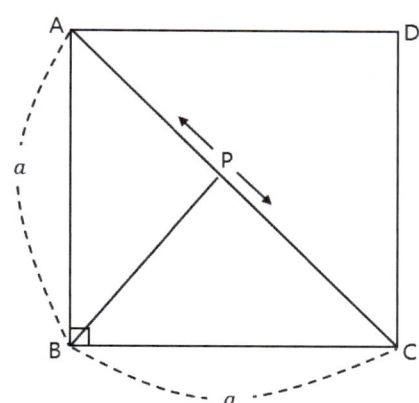

유형 6
조건을 만족시키는 이차식의 최대, 최소

149

$2x + 3y = 4$를 만족시키는 실수 x, y에 대하여 $x^2 + y^2 - 4x + 7$의 최솟값과 $(\sqrt{3 + 2x} - \sqrt{5 + 3y})^2$의 최솟값의 차를 구하시오.

150

이차항의 계수가 음의 정수인 $f(x)$가 다음 [조건]을 만족시킬 때, 실수 전체 범위에서의 최댓값은?

[조 건]

(가) $0 \leq x \leq 2$에서 $f(x)$의 최댓값은 $f(2)$

(나) $x = 1$에서 직선 $y = 2x - 1$과 접한다.

151

이차함수 $f(x)$가 다음 [조건]을 만족시킬 때, $-3 \leq x \leq 4$에서 최댓값을 구하시오.

[조 건]

(가) $f(-1) = f(3) = 3$

(나) $f(2) = -3$

152

최고차항의 계수가 양수인 이차함수 $f(x)$가 모든 실수 x에 대하여 $\{f(x)\}^2 - f(2x - 1) = (x - 1)^4 + 2$를 만족한다. $-2 \leq x \leq 2$에서 $f(x)$의 최댓값을 M, 최솟값을 m이라 할 때, $M + m$의 값은?

유형 7

유형 7

이차함수의 최대, 최소 활용

153

A 제품의 가격을 3000원으로 정하면 100개가 팔린다. A 제품의 가격을 x원 내리면 $\dfrac{x}{2}$개만큼 더 팔린다고 할 때, 판매금액이 최대가 되도록 하는 A의 가격은?

155

부품 a와 b를 사용해 특정한 제품을 만든다고 한다. a와 b를 각각 2개씩 사용하여 제품 A를 만드는 데 7만 원의 비용이 든다. a 2개와 b 1개를 사용하여 제품 B를 만드는 데 2만 원의 비용이 든다. 총생산 비용이 288만 원일 때, ab의 최댓값은?

154

다음 그림과 같이 $\angle A = 90°$이고 $\overline{AB} = 6$인 직각이등변삼각형 ABC가 있다. 변 AB 위의 한 점 P에서 변 BC에 내린 수선의 발을 Q라 하고, 점 P를 지나고 변 BC와 평행한 직선이 변 AC와 만나는 점을 R이라 하자. 사각형 PQCR의 넓이의 최댓값을 구하시오. (단, 점 P는 꼭짓점 A와 꼭짓점 B가 아니다.)

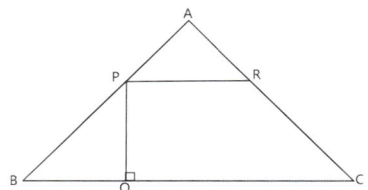

156

이차함수 $y = -x^2 + b^2$의 그래프가 x축과 만나는 두 점을 각각 A, B라 하자. 점 P가 곡선 위를 따라 점 A에서 점 B까지 움직이고, 점 P에서 x축에 내린 수선의 발을 P′이라 할 때, $\overline{AP'} + \overline{PP'}$의 최댓값이 $\dfrac{25}{4}$라 할 때, 양수 b의 값은? (단, 점 B의 x좌표가 점 A의 x좌표보다 크고, O는 원점이다.)

129 .... 정답 4

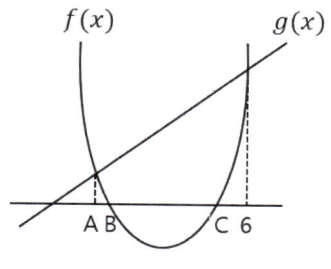

다음 그림과 같이 x^2의 계수가 1인 이차함수 $y = f(x)$ 와 일차함수 $y = g(x)$가 만나는 점의 x좌표는 A와 6 이고, $f(x)$는 x축과 $(B, 0)(C, 0)$ 두 점에서 만난 다. $B - A : C - B : 6 - C = 1 : 3 : 2$이다.

(A, B, C의 값은 모두 정수 $A \geq 0$)

$g(x) = ax + b$라 할 때, ab의 값은?

$f(x)$와 $g(x)$가 만나는 점의 x좌표가 A와 6이라 는 것의 의미는 $f(x) = g(x)$를 만족하는 x값이 A 와 6이라는 뜻이다.

따라서 $f(x) - g(x) = 0$의 두 근이 A, 6이라고 할 수 있고, $f(x) - g(x) = (x - A)(x - 6)$이라고 둘 수 있다.

$f(x) - g(x) = 0$의 두 근이 A, 6

$f(x) - g(x) = (x - A)(x - 6)$ ·········· ㉠

$f(x)$의 근은 $x = B$, C

$f(x) = (x - B)(x - C)$ ·········· ㉡

A, B, C가 모두 양의 정수이므로

$B - A : C - B : 6 - C = \alpha : 3\alpha : 2\alpha$라고 하면

α, 3α, 2α 또한 양의 정수여야 한다 (정수 좌표 간의 길이이므로). 따라서 $\alpha + 3\alpha + 2\alpha = 6\alpha$는 양의 정수 이고, $A \geq 0$이므로 $\alpha = 1$임을 알 수 있다.

($\alpha = 2$ 이상일 때 $A < 0$)

$\alpha + 3\alpha + 2\alpha = 6$ $\alpha = 1$

$C = 4$, $B = 1$, $A = 0$

$f(x) - g(x) = x(x - 6)$

$f(x) = (x - 1)(x - 4)$

$g(x) = (x - 1)(x - 4) - (x - 6)x$

$\quad = x^2 - 5x + 4 - x^2 + 6x$

$\quad = x + 4$

$\therefore a = 1$, $b = 4$, $ab = 4$

130

직선 $y=-x+k$가 두 이차함수 그래프
① $y=-x^2-4x+1$과 $y=x^2-6x+4$와 만나는 서로 ②
③ 다른 교점의 개수가 3개 이상이기 위한 정수 k의 개수는?

① 6 ② 7 ③ 8 ④ 9 ⑤ 10

①②

그래프를 그리기 위해 식을 변형하면
$$y=-x^2-4x+1=-(x+2)^2+5$$
$$y=x^2-6x+4=(x-3)^2-5$$
다음 그림과 같다.

③

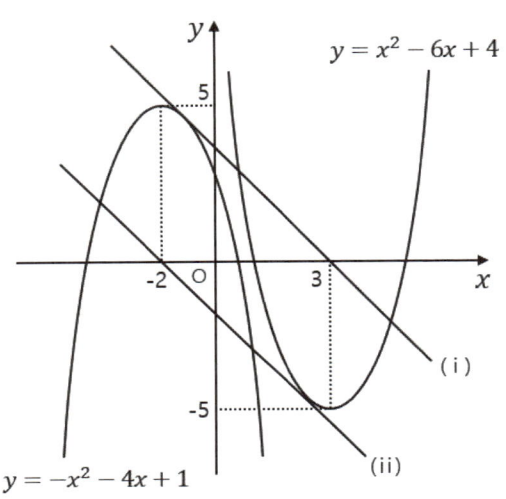

위 그림에서 직선 $y=-x+k$가 두 이차함수와 만나는 점의 개수가 3개 이상이므로 직선은 (ⅰ)과 (ⅱ) 사이에 있어야 한다. (ⅰ)보다 위로 올라가거나 (ⅱ)보다 아래로 내려가면 만나는 점이 2개가 된다.

(ⅰ) 이차함수 $-x^2-4x+1$과 직선 $y=-x+k$가 접할 때 방정식 $-x^2-4x+1=-x+k$의 판별식을 D라고 하면 $-x^2-3x+1-k=0$
$$D=9-4(-1+k)=0 \qquad k=\frac{13}{4}$$

(ⅱ) 마찬가지로 $x^2-6x+4=-x+k$의 판별식을 D'라고 하면 $x^2-5x+4-k=0$
$$D'=25-4(4-k)=0$$
$$25-16+4k=0 \qquad k=-\frac{9}{4}$$

(ⅰ)과 (ⅱ)에서 $-\frac{9}{4} \leq k \leq \frac{13}{4}$

$\therefore k=-2, \ -1, \ 0, \ 1, \ 2, \ 3$

정수 k의 개수는 6개

131   정답 ④

함수 $f(x) = |x^2 - x - 12|$의 ① 그래프와 직선 $y = 3x + k$가 서로 다른 네 점에서 ② 만나도록 하는 정수 k의 개수는?

① 0   ② 1   ③ 2   ④ 3   ⑤ 4

①

그래프를 그리기 위해서 인수분해 꼴로 만든다. 절댓값 기호가 있으므로 x축 기준으로 위아래가 구분 가능한 그래프가 필요하다. (x축 아래쪽은 x축 대칭으로 그려야 한다.)
따라서 x축과의 교점을 알 수 있도록 인수분해 꼴로 나타낸다.

$x^2 - x - 12 = (x+3)(x-4)$이므로 함수 $f(x)$는

$$f(x) \begin{cases} x^2 - x - 12 & (x \le -3, \ x \ge 4) \\ -x^2 + x + 12 & (-3 < x < 4) \end{cases}$$

그래프는 다음과 같다.

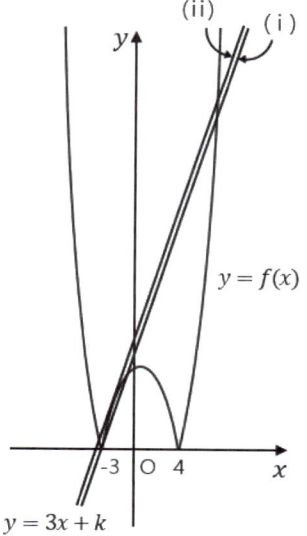

②

i) $y = 3x + k$의 그래프가 점$(-3, \ 0)$을 지날 때,
    $-9 + k = 0$, $k = 9$ (세 점에서 만난다)

ii) $y = -x^2 + x + 12$와 $y = 3x + k$의 그래프가 접할 때, 방정식 $-x^2 + x + 12 = 3x + k$가 중근을 가져야 한다(세 점에서 만난다).
    $-x^2 - 2x + 12 - k = 0$의 판별식을 D라고 하면

$$\frac{D}{4} = 1 - (-1)(12 - k) = 1 + 12 - k = 0$$

$$k = 13$$

따라서 함수 $f(x)$와 직선 $3x + k$가 서로 다른 네 점에서 만날 때, k값의 범위는 $9 < k < 13$
$k = 10, \ 11, \ 12$ $\therefore$ 3개

132 ⸻⸻⸻⸻⸻ 정답 ③

①

직선 $y = ax + b$가 이차함수 $y = x^2 - ax + c$의 그래프와 서로 다른 두 점 A, B에서 만나고 점 A의 x좌표가 $-4 + \sqrt{3}$일 때, 선분 AB의 길이는? (단, a, b, c는 유리수이다.)

① $\sqrt{51}$ ② $10\sqrt{2}$ ③ $2\sqrt{51}$

④ 7 ⑤ $6\sqrt{5}$

[켤레근의 성질]
이차방정식의 근의 공식에 따라

$$\frac{-b + \sqrt{b^2 - 4ac}}{2a}, \quad \frac{-b - \sqrt{b^2 - 4ac}}{2a}$$

근의 무리수 부분이 존재할 경우 $\pm \sqrt{\ }$ 형태, 근이 $-4 + \sqrt{3}$인 경우 $-4 - \sqrt{3}$로 이차방정식의 근이다.

①

직선과 이차함수의 그래프가 만나는 점은 방정식 $x^2 - ax + c = ax + b$의 두 근이다.
$x^2 - 2ax + c - b = 0$의 한 근이 $-4 + \sqrt{3}$이다. 따라서 켤레근의 성질로부터 다른 한 근은 $-4 - \sqrt{3}$이다.
근과 계수의 관계로부터 $2a = -8$,

$$c - b = (-4 + \sqrt{3})(-4 - \sqrt{3})$$
$$= 16 - 3 = 13$$
$$\therefore a = -4, \ c - b = 13$$

직선 $y = -4x + b$에 $-4 + \sqrt{3}$을 대입하면
$y = -4(-4 + \sqrt{3}) + b = 16 - 4\sqrt{3} + b$이므로
$A(-4 + \sqrt{3}, \ 16 + b - 4\sqrt{3})$
(1차 방정식에 대입하는 것이 2차 방정식에 대입하거나 근을 구하는 것보다 간편하다.)
마찬가지로 점 B의 좌표를 구하면
$B(-4 - \sqrt{3}, \ 16 + b + 4\sqrt{3})$
$\overline{AB}$의 길이는 $\sqrt{(2\sqrt{3})^2 + (-8\sqrt{3})^2}$
$\qquad\qquad = \sqrt{12 + 64 \cdot 3} = \sqrt{204} = 2\sqrt{51}$

+ 다른 풀이

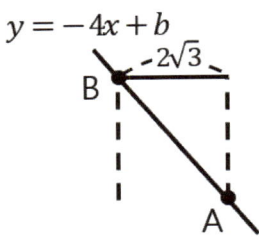

A, B x좌표의 차 $= 2\sqrt{3}$
$\therefore y$좌표의 차 $= 4 \times 2\sqrt{3} = 8\sqrt{3}$
$\therefore$ 피타고라스 정리에 의해 $2\sqrt{51}$

133 ⸻⸻⸻⸻⸻ 정답 ②

직선 $y = px + q$와 이차함수 $y = ax^2 + bx + c$의 그래프가 다음 그림과 같을 때, [보기]에서 옳은 것을 모두 고른 것은?

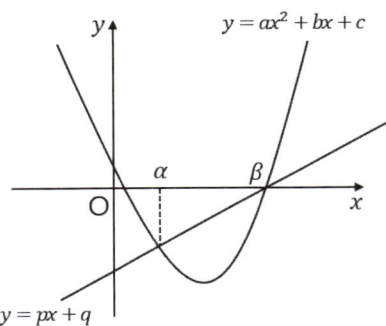

[보 기]

ㄱ. $b^2 - 4ac > 0$

ㄴ. $aq^2 + bq + c > 0$

ㄷ. 부등식 $ax^2 + (b - p)x + c - q < 0$의 해는 $a < \alpha$, $x > \beta$이다.

① ㄱ   ② ㄱ, ㄴ   ③ ㄱ, ㄷ

④ ㄴ, ㄷ   ⑤ ㄱ, ㄴ, ㄷ

$f(x) = ax^2 + bx + c$, $g(x) = px + q$라 하고, 그래프를 해석하면

 i) β는 $f(x) = 0$의 한 근이다.

 ii) $c > 0$ ($\because$ $f(x)$ y절편은 양수)

 iii) $q < 0$ ($\because$ $g(x)$의 y절편은 음수)

 iv) $b^2 - 4ac > 0$ ($\because$ $f(x)$는 x축과 두 점에서 만나므로 판별식 $D > 0$)

 v) $f(x) = g(x)$, $f(x) - g(x) = 0$의 두 근은 α, β이다. ($\because$ 두 그래프의 교점의 x 좌표)

 ㄱ. (참) ($\because$ iv)

 ㄴ. $aq^2 + bq + c \Rightarrow f(x) = ax^2 + bx + c$에 q를 대입한 꼴

  $q < 0 (\because$ iii)

  $\therefore$ $f(x)$ 그래프에서 x가 음수일 때 y좌표는 양수

  $\therefore$ $aq^2 + bq + c > 0$ (참)

 ㄷ. 부등식 $ax^2 + (b-p)x + c - q < 0$는

  $ax^2 + bx + c < px + q$꼴

  $f(x) < g(x)(\because$ v)

이차함수의 그래프가 직선보다 아래쪽에 있어야 한다.

$\therefore$ $\alpha < x < \beta$ (거짓)

134 정답 7개

> 10보다 작은 자연수 a에 대하여 이차함수 $y = x^2 - 2ax + a^2 - 1$의 그래프와 직선 $y = -2x + 3$ 이 만나지 않도록 하는 모든 자연수 a의 개수는?

이차함수와 직선이 만나지 않으려면

$x^2 - 2ax + a^2 - 1 = -2x + 3$의 두 근이 허근이어야 하므로 $x^2 - (2a-2)x + a^2 - 4 = 0$의 판별식 $D < 0$ 이어야 한다.

$$D = (2a-2)^2 - 4(a^2 - 4)$$
$$= 4a^2 - 8a + 4 - 4a^2 + 16$$
$$= -8a + 20$$
$$-8a + 20 < 0$$
$$8a > 20$$
$$a > \frac{5}{2}$$

$$\therefore \frac{5}{2} < a < 10$$

a는 10보다 작은 자연수이므로

자연수 $a = 3, 4, 5, 6, 7, 8, 9$

$\therefore$ 7개

+ 다른 풀이

$$D/4 = (a-1)^2 - (a^2 - 4)$$
$$= a^2 - 2a + 1 - a^2 + 4$$
$$= -2a + 5 < 0$$

$$\therefore a > \frac{5}{2}$$

135

정답 ②

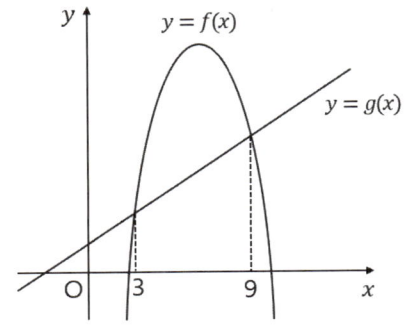

① 이차항의 계수가 -1인 이차함수 $y = f(x)$의 그래프와 직선 $y = g(x)$가 만나는 두 점의 x좌표는 3과 9 ② 이고, 함수 $h(x) = g(x) - f(x)$라고 한다. 함수 $h(x)$가 직선 $y = k$와 한 점에서 만날 때, k의 값은? (단, k는 실수이다.)

① -12 ② -9 ③ -6

④ -3 ⑤ 0

①

이차함수 $f(x)$그래프와 직선 $y = g(x)$가 만나는 두 점의 x좌표가 3, 9이므로 $f(x) = g(x)$의 두 근은 3 또는 9이다.

$f(x) - g(x) = 0$의 두 근이 3, 9이다.

$f(x)$의 이차항의 계수가 -1이므로($g(x) - f(x)$로 두고 풀이하는 것이 계산이 편하다.)

($\because$ 최고차항의 계수가 양수가 된다.)

$h(x) = g(x) - f(x)$라고 하면

$h(x) = g(x) - f(x) = (x-3)(x-9)$

②

함수 $h(x)$가 직선 $y = k$와 한 점에서 만나므로 $h(x) = k$

$x^2 - 12x + 27 = k$

$x^2 - 12x + 27 - k = 0$이 중근을 가져야 한다.

판별식 $D/4 = 36 - (27 - k) = 0$

$\qquad\qquad = 36 - 27 + k = 0$

$\quad k + 9 = 0$

$\quad k = -9$

+ ②의 다른 풀이

$$h(x) = (x-3)(x-9)$$
$$= x^2 - 12x + 27$$
$$= (x-6)^2 - 9$$

상수 함수인 $y = k$와 한 점에서 만나야 하므로

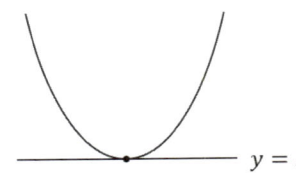

$\therefore\ k = -9$

136

① 이차함수 $y = x^2 - 4x + 3$과 점 $(3, -1)$을 지나고 기울기가 m인 직선이 있다. [보기]에서 옳은 것만을 있는 대로 고른 것은?

[보 기]

ㄱ. 이차함수의 그래프와 직선이 접할 때, 두 접선의 기울기의 합은 2이다.

ㄴ. $m = -1$일 때, 이차함수의 그래프와 직선은 서로 다른 두 점에서 만난다.

ㄷ. $m > 0$일 때, 이차함수의 그래프와 직선이 접할 때의 접점은 $(4, 3)$이다.

① ㄱ ② ㄴ ③ ㄷ

④ ㄱ, ㄷ ⑤ ㄴ, ㄷ

①
점 $(3, -1)$을 지나고 기울기가 m인 직선의 방정식은 $y = m(x-3) - 1$

ㄱ. 이차함수의 그래프와 직선이 접할 때

$$x^2 - 4x + 3 = m(x-3) - 1$$

$$x^2 - (m+4)x + 3m + 4 = 0$$

식의 판별식 $D = 0$이므로

$$D = (m+4)^2 - 4(3m+4) = 0$$

$$= m^2 + 8m + 16 - 12m - 16 = 0$$

$$= m^2 - 4m = 0$$

두 접선의 기울기의 합은 4이다. (거짓)

ㄴ. $m = -1$일 때,

$D = 1 + 4 > 0$ 두 점에서 만난다. (참)

ㄷ. $m > 0$일 때, $m = 4$에서 접하므로

$y = x^2 - 4x + 3$ $y = 4x - 13$의 교점을 구하면

$$x^2 - 4x + 3 = 4x - 13$$

$$x^2 - 8x + 16 = 0$$

$$(x-4)^2 = 0 \quad \therefore \ x = 4$$

따라서 접점은 $(4, 3)$ (참)

137

①
실수 a의 값에 관계없이 이차함수
$y = x^2 - 2ax + a^2 - 2a - 1$의 그래프에 항상 접하는 직선의 방정식을 구하시오.
②

②
구하는 직선의 방정식을 $y = mx + n(m, \ n$은 실수$)$라고 하면 이 직선이 이차함수의 그래프에 접하므로

$$x^2 - 2ax + a^2 - 2a - 1 = mx + n$$

즉, $x^2 - (2a+m)x + a^2 - 2a - 1 - n = 0$의 판별식 D의 값이 0이 된다.

$$D = \{-(2a+m)\}^2 - 4(a^2 - 2a - 1 - n) = 0$$

$$= 4a^2 + 4am + m^2 - 4a^2 + 8a + 4 + 4n = 0$$

$$= 4am + 8a + m^2 + 4 + 4n = 0 \qquad ㉠$$

①
a 값에 관계 없이 항상 성립하므로 ㉠은 a에 대한 항등식이다. 이 식을 a에 대해 정리하면

$$(4m+8)a + (m^2 + 4 + 4n) = 0$$

a에 대한 항등식이 되려면 $4m + 8 = 0$

$m^2 + 4 + 4n = 0$ 이어야 한다.

$$m = -2, \quad n = -2$$

$\therefore$ 구하는 직선의 방정식은 $y = -2x - 2$

138 .... 정답 ⑤

다음의 그림과 같이 어느 호수에 설치된 분수의 한 물 줄기는 포물선 모양으로 나타나고, 물줄기의 시작 지점으로부터 앞쪽으로 4m 떨어진 지점에서 기울기가 −1이 되도록 레이저를 쏘아 올릴 때, 쏘아 올린 레이저가 이 물줄기와 수면으로부터 높이 6m 지점에서 맞닿을 때, 물줄기의 최고 높이는?

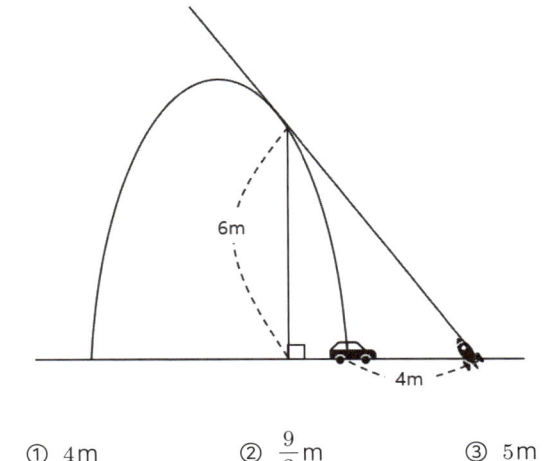

① 4m   ② $\dfrac{9}{2}$m   ③ 5m

④ 6m   ⑤ $\dfrac{25}{4}$m

주어진 그림을 물줄기의 끝부분이 원점이 되도록 좌표평면 위에 나타내면 다음 그림과 같다.

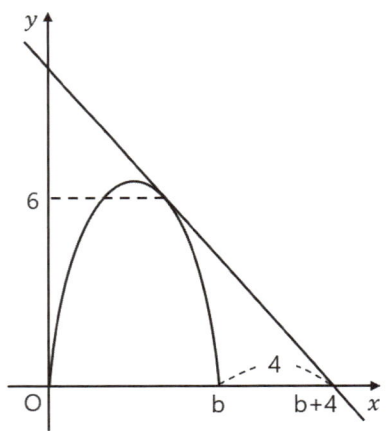

레이저를 쏘아 올린 직선의 방정식은
$y = -(x-b-4)$

이차함수는 $y = ax(x-b)$라고 하면
$ax(x-b) = -(x-b-4)$의 방정식은 중근을 가지고 판별식 D가 0이다.
$ax^2 - abx = -x+b+4$
$ax^2 - (ab-1)x - b - 4 = 0$
$D = (ab-1)^2 - 4a(-b-4) = 0$
$a^2b^2 - 2ab + 1 + 4ab + 16a = 0$
$a^2b^2 + 2ab + 16a + 1 = 0$ ⋯⋯⋯ ㉠

한편, 직선과 이차함수가 접하는 점을 구하면
$6 = -x+b+4$ (∵ 일차식의 y값에 6을 대입)
$x = b-2$ ∴ 접하는 점의 좌표는 $(b-2, 6)$
$(b-2, 6)$을 이차식 $y = ax(x-b)$에 대입하며 a와 b에 대한 식을 찾는다.
$6 = a(b-2)(b-2-b)$
$6 = a(b-2)(-2)$
$6 = -2ab + 4a$
$2ab = 4a - 6$
$ab = 2a - 3$ ⋯⋯⋯ ㉡

㉡을 ㉠에 대입하면 $a^2b^2 + 2ab + 16a + 1 = 0$
$(2a-3)^2 + 2(2a-3) + 16a + 1 = 0$
$4a^2 - 12a + 9 + 4a - 6 + 16a + 1 = 0$
$4a^2 + 8a + 4 = 0$
$a^2 + 2a + 1 = 0$
$(a+1)^2 = 0$ ∴ $a = -1$, $b = 5$
이차함수 $y = -x(x-5)$
$y = -x^2 + 5x - \left(\dfrac{5}{2}\right)^2 + \left(\dfrac{5}{2}\right)^2$

$\quad = -\left(x - \dfrac{5}{2}\right)^2 + \dfrac{25}{4}$

∴ 물줄기의 최고점의 높이는 $\dfrac{25}{4}$m

139 ·············· 정답 ⑤

이차함수 $f(x) = x^2 + px - (q-5)^2$에 대하여 다음 [조건]을 만족하는 세 실수 m, p, q에 대하여 mpq의 값은?

[조 건]

(가) 함수 $f(x)$는 $x = -3$에서 최솟값을 갖는다. ①
(나) 이차함수 $y = f(x)$의 그래프와 직선 $y = mx$의 교점의 개수는 1이다. ②

① 100   ② 120   ③ 140
④ 160   ⑤ 180

———————————————————————— ①

이차함수가 $x = -3$에서 최솟값을 갖는다. 이차함수의 꼭짓점의 x좌표가 -3라는 의미이다.

$(x+3)^2 + a$ 꼴이다.

식을 전개하면 $x^2 + 6x + 9 + a$의 꼴이므로 $p = 6$이다.

$\therefore f(x) = x^2 + 6x - (q-5)^2$

———————————————————————— ②

$f(x)$와 mx의 교점이 1개 → $f(x) = mx$의 방정식이 중근을 갖는다.

$x^2 + (6-m)x - (q-5)^2 = 0$의 판별식 $D = 0$

$D = (6-m)^2 + 4(q-5)^2 = 0$

$A^2 + B^2 = 0$의 꼴인 경우 $A = 0$, $B = 0$이다.

$\therefore m = 6$, $q = 5$이다.

$\therefore mpq = 6 \times 6 \times 5 = 180$

140 ·············· 정답 ②

이차함수 $f(x)$가 다음 [조건]을 만족시킬 때, $f(3)$의 값은?

[조 건]

(가) 함수 $f(x)$는 $x = 1$에서 최대값 2를 갖는다. ①
(나) 직선 $y = -2x + 1$과 평행한 직선은 함수 $y = f(x)$의 그래프와 $x = 2$인 점에서 접한다. ②

① -1 ② -2 ③ -3
④ -4 ⑤ -5

———————————————————————— ①

$x = 1$에서 최댓값 2를 갖는다.

꼭짓점의 좌표가 $(1, 2)$ → $f(x) = a(x-1)^2 + 2$로 둘 수 있다. (단, 최댓값을 가지므로 $a < 0$)

———————————————————————— ②

기울기가 -2이고, $(2, a+2)$를 지나는 직선과 $(2, a+2)$에서 $f(x)$가 접한다. ($\because f(2) = a+2$)

기울기가 -2이고, $(2, a+2)$를 지나는 직선은 $y = -2(x-2) + a + 2$이다.

$a(x-1)^2 + 2 = -2(x-2) + a + 2$

$ax^2 - 2ax + a + 2 = -2x + 4 + a + 2$

$ax^2 + 2(1-a)x - 4 = 0$의 판별식 $D = 0$

$D/4 = (1-a)^2 + 4a = 0$

$(a+1)^2 = 0$ $\therefore a = -1$

$f(x) = -(x-1)^2 + 2$

$\therefore f(3) = -(3-1)^2 + 2 = -2$

141

> 최고차항의 계수가 -1이고, $f(1)=3$, $f(2)=5$를 만족시키는 이차함수 $f(x)$의 최댓값은?

최고차항의 계수가 -1이므로
$f(x)=-x^2+ax+b$라고 놓는다.
$f(1)=-1+a+b=3$
$f(2)=-4+2a+b=5$
$a+b=4$
$2a+b=9$
$a=5, \quad b=-1$
$\therefore \ f(x)=-x^2+5x-1$

$f(x)=-\left(x^2-5x+\dfrac{25}{4}\right)+\dfrac{25}{4}-1$

$\qquad\ =-\left(x-\dfrac{5}{2}\right)^2+\dfrac{21}{4}$

$\therefore \ x=\dfrac{5}{2}$일 때, 최댓값 $\dfrac{21}{4}$

142

> $-2 \leq x \leq 2$에서 함수
> $f(x)=ax^2-2ax+a^2+4a$의 최댓값이 28일 때, 모든 실수 a값의 곱은?

주어진 x의 범위에서 최댓값을 가지는 x값을 구하기 위해 이차방정식의 꼭짓점의 x좌표를 알아야 한다.
(주어진 범위 내에 꼭짓점의 x좌표가 있으면 꼭짓점의 함숫값이 최대 또는 최소가 된다.)
$f(x)=a(x-b)^2+c$의 꼴로 변형하면
$f(x)=a(x^2-2x+1)+a^2+3a$
$\qquad\ =a(x-1)^2+a^2+3a$
$f(x)$의 꼭짓점의 좌표는 $(1, \ a^2+3a)$
$a>0$일 때와 $a<0$일 때의 최댓값인 점의 x좌표가 달라지므로 두 가지 경우로 나누어서 찾는다.

ⅰ) $a>0$일 때
꼭짓점에서 먼 쪽인 $x=-2$
에서 최댓값을 갖는다.
$f(-2)=a^2+12a=28$
$a^2+12a-28=0$
$(a-2)(a+14)=0$이므로
$a=2$이다.

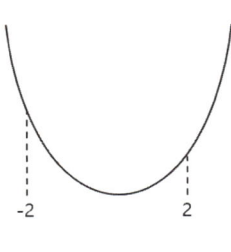

ⅱ) $a<0$일 때
$x=1$일 때 최댓값을 갖는다.
$f(1)=a^2+3a=28$
$a^2+3a-28=0$
$(a-4)(a+7)=0$이므로
$a=-7$
$\therefore$ 모든 실수 a의 곱은 $2 \times -7 =-14$

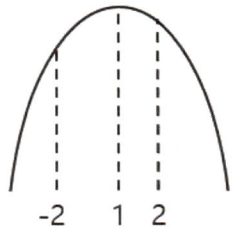

143 ………… 정답 $f(x) = x^2 - \dfrac{1}{2}x - \dfrac{15}{16}$

①

이차함수 $f(x) = (x+a)(x+b)$의 최솟값이 -1일 때, 서로 다른 두 실수 $a, b(a < b)$에 대하여 이차함수 $f(x)$는 $f(a) = b$, $f(b) = a$를 만족한다. $f(x)$를 구하시오. ②

---

①

$f(x)$의 최솟값이 -1이므로 $f(x) = (x-p)^2 - 1$로 놓는다. ($\because$ 주어진 식의 최고차항 계수는 1이다.)

이때 $p = \dfrac{-a-b}{2}$이다. ㉠

($(x+a)(x+b) = 0$의 두 근은 $-a$, $-b$이고 두 근의 중점이 x좌표일 때, 이차함수가 최솟값을 갖는다.)

②

$f(x) = (x+a)(x+b)$에 각각 a와 b를 대입하면(a와 b가 주어진 식에 대입하여 a와 b에 관한 관계식을 구한다.)

$$\begin{array}{l|l} 2a(a+b) = b & 2a^2 + 2ab = b \\ 2b(a+b) = a & 2ab + 2b^2 = a \end{array}$$

$2a^2 - 2b^2 = b - a$

$2(a-b)(a+b) = (b-a)$

$-2(b-a)(a+b) = (b-a)$

$-2(a+b) = 1(b-a \neq 0$이므로 양변을 나눌 수 있다.)

$a+b = -\dfrac{1}{2}$ 이 식을 ㉠에 대입하면

$-a-b = \dfrac{1}{2}$, $p = \dfrac{1}{4}$

$\therefore f(x) = \left(x - \dfrac{1}{4}\right)^2 - 1$

$\qquad = x^2 - \dfrac{1}{2}x - \dfrac{15}{16}$

---

144 ………… 정답 ⑤

①

이차함수 $y = -2x^2 + 8x - 4$의 그래프와 x축으로 둘러싸인 영역에 내접하고, 밑변은 x축 위에 있는 직사각형이 있다. 이 직사각형의 둘레 길이의 최댓값은?

① 5 ② 6 ③ 7

④ 8 ⑤ 9

---

①

$y = -2x^2 + 8x - 4 = -2(x^2 - 4x + 4) + 8 - 4$

$\qquad = -2(x-2)^2 + 4$

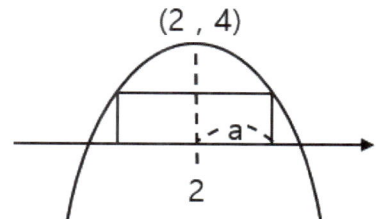

②

직사각형의 가로 길이를 $2a$라고 하면
($\because$ 그래프는 $x = 2$에 대해 대칭)
세로의 길이는 $x = 2 + a$를 대입한 함숫값

$\therefore$ 세로의 길이는 $f(2+a) = -2(2+a-2)^2 + 4$

$\qquad\qquad\qquad\qquad = -2a^2 + 4$

$\therefore$ 둘레의 길이는 $2(-2a^2 + 2a + 4)$

$2(-2a^2 + 2a + 4) = 4(-a^2 + a + 2)$

$\qquad = -4\left(a^2 - a + \dfrac{1}{4} - \dfrac{1}{4}\right) + 8$

$\qquad = -4\left(a - \dfrac{1}{2}\right)^2 + 9$

$\therefore$ 최댓값은 9

145 ⋯⋯⋯⋯⋯⋯⋯⋯⋯⋯⋯⋯⋯⋯ 정답 ①

실수 a에 대하여 이차함수 $f(x) = (x-a)^2$이 다음 [조건]을 만족시킨다.

[조 건]

(가) $2 \leq x \leq 10$에서 함수 $f(x)$의 최솟값은 0이다. ①
(나) $2 \leq x \leq 6$에서 함수 $f(x)$의 최댓값과 ② $6 \leq x < 10$에서 함수 $f(x)$의 최솟값은 같다.

③ $f(-1)$의 최댓값을 M, 최솟값을 m이라 할 때, $M+m$의 값은?

① 34
② 35
③ 36
④ 37
⑤ 38

$f(x) = (x-a)^2$이므로 아래로 볼록이고 꼭짓점의 x 좌표가 a인 이차함수이다.

①

$2 \leq x \leq 10$에서 $f(a) = 0$이므로 a가 어디에 있는지에 따라 (나) 조건의 각 범위에서 최댓값, 최솟값이 달라진다.

②

$2 \leq x \leq 6$, $6 \leq x \leq 10$으로 x의 범위를 나눴고, 두 범위 모두 $2 \leq x \leq 10$에 포함되어 있으므로 2, 6, 10을 기준으로 범위를 나눈다.

ⅰ) $a = 2$인 경우

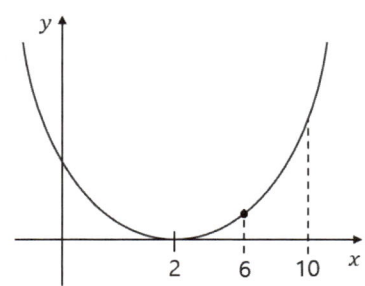

(나) 조건
$2 \leq x \leq 6$에서 최댓값 $f(6)$
$6 \leq x \leq 10$에서 최솟값 $f(6)$ ⇒ 만족
이때 $f(-1) = (-1-2)^2 = 9$ ③

ⅱ) $2 < a \leq 6$인 경우

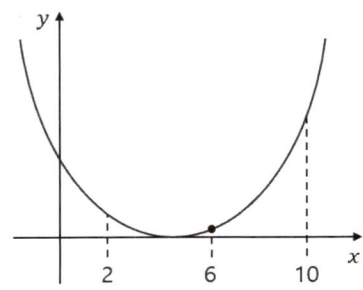

(나) 조건 $2 \leq x \leq 6$에서 최댓값은 $f(2)$ 또는 $f(6)$
$6 \leq x \leq 10$에서 최솟값은 $f(6)$

ㄱ) a가 2와 6의 중점인 4인 경우
$f(2) = f(6)$
$2 \leq x \leq 6$에서 최댓값 $f(2)$ 또는 $f(6)$
$6 \leq x \leq 10$에서 최솟값 $f(6)$ ⇒ (나) 만족

ㄴ) a가 4보다 작으면 $f(2) < f(6)$
$2 \leq x \leq 6$에서 최댓값 $f(6)$
$6 \leq x \leq 10$에서 최솟값 $f(6)$ ⇒ (나) 만족

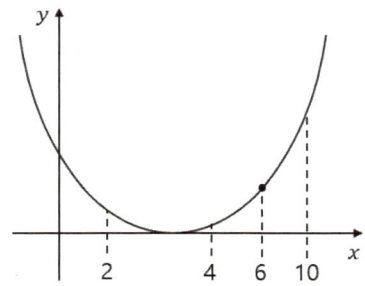

$2 < a \leq 4$인 경우
최댓값 $f(6)$, 최솟값 $f(6)$ ⇒ (나) 만족

ㄷ) a가 4보다 크면 $f(2) > f(6)$

$2 \le x \le 6$에서 최댓값 $f(2)$

$6 \le x \le 10$에서 최솟값 $f(6)$

$\Rightarrow$ (나) 만족하지 않음

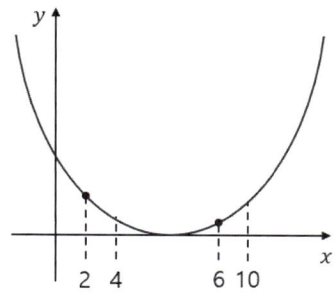

$4 < a \le 6$인 경우

최댓값 $f(2)$, 최솟값 $f(6)$

$\Rightarrow$ (나) 만족하지 않음

따라서 조건을 만족하는 a의 범위는

$2 < a \le 4$이다. 이 범위 내에서

$f(-1) = (-1-a)^2 = (1+a)^2$ ③

$9 < f(-1) \le 25$

ⅲ) $6 < a \le 10$인 경우

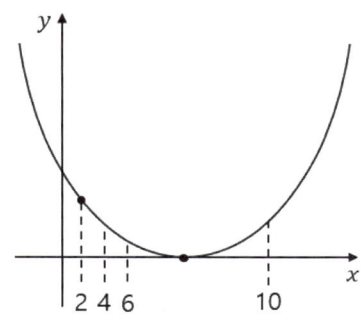

$2 \le x \le 6$에서 최댓값 $f(2)$

$6 \le x \le 10$에서 최솟값 $f(a) = 0$

$f(2) \neq f(a)$

$\Rightarrow$ (나) 만족하지 않음

따라서 ⅰ) 에서 $f(-1) = 9$

ⅱ) 에서 $9 < f(-1) \le 25$

$9 \le f(-1) \le 25$이므로 $M = 25,\ m = 9$

$\therefore M + m = 34$

146
정답 ⑤

이차함수 $f(x)$가 다음 [조건]을 만족시킨다.

[조건]

(가) $f(-4)=0$ ①

(나) 모든 실수 x에 대하여 $f(x) \leq f(-2)$이다. ②

[보기]에서 옳은 것만을 있는 대로 고른 것은?

[보기]

ㄱ. $f(0)=0$

ㄴ. $-1 \leq x \leq 1$에서 함수 $f(x)$의 최솟값은 $f(1)$이다.

ㄷ. 실수 p에 대하여 $p \leq x \leq p+2$에서 함수 $f(x)$의 최솟값을 $g(p)$라 할 때, 함수 $g(p)$의 최댓값이 1이면 $f(-2)=\dfrac{4}{3}$이다.

① ㄱ　　　　② ㄱ, ㄴ　　　　③ ㄱ, ㄷ

④ ㄴ, ㄷ　　　⑤ ㄱ, ㄴ, ㄷ

② 모든 실수 x에 대하여 $f(x) \leq f(-2)$는 $f(-2)$의 함숫값이 이차함수 $f(x)$의 전체 범위에서 최댓값을 갖는다는 뜻이므로 $f(x)$의 꼭짓점의 x좌표는 -2이다. $f(x)$의 그래프가 $x=-2$에 대해 대칭이라는 뜻이다. 또한 $f(x)$는 위로 볼록($a<0$)한 그래프이다.

ㄱ. (○)

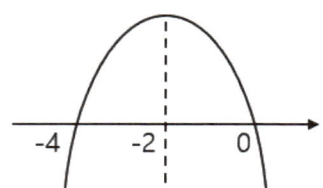

① $f(-4)=0$이므로 $f(0)=0$이다. ㉠

ㄴ. (○)

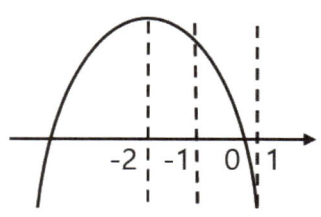

$-1 \leq x \leq 1$에서 함수 $f(x)$의 최솟값은 $f(1)$이다.

ㄷ. $p \leq x \leq p+2$에서 $f(x)$의 최솟값은 해당 범위의 중점이 $f(x)$의 꼭짓점일 때와 중점이 꼭짓점 왼쪽인지, 오른쪽인지에 따라 최솟값이 달라진다. p와 $p+2$의 중점이 꼭짓점의 x좌표 -2인 경우,

$$\frac{2p+2}{2}=-2 \quad \therefore p=-3$$ 을 기준으로 경우를 나눈다.

ⅰ) $p=-3$일 때 $f(p)=f(p+2)$이므로 최솟값 $g(p)=f(p)=f(p+2)$

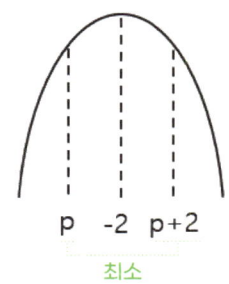

ⅱ) $p<-3$일 때 $f(p)<f(p+2)$이므로 $g(p)=f(p)$

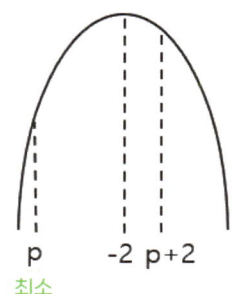

ⅲ) $p>-3$일 때 $f(p)>f(p+2)$이므로 $g(p)=f(p+2)$

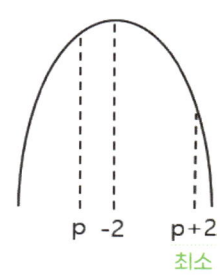

$$g(p) = \begin{cases} f(p) & (p \le -3) \\ f(p+2) & (p > -3) \end{cases}$$

$p \le -3$인 모든 실수에 대해 $g(p) \le f(-3)$

$p > -3$인 모든 실수에 대해

$g(p) \le f(-1) = f(-3)$이므로 최댓값은 $f(-3)$,

최댓값 $f(-3) = 1$이면 ①, ⓗ에 의해

$f(0) = 0$, $f(-4) = 0$이므로

$f(x) = ax(x+4)(a < 0)$

$f(-3) = -3a = 1$

$a = -\dfrac{1}{3}$

$\therefore f(x) = -\dfrac{1}{3}x(x+4)$

$\qquad f(-2) = \dfrac{4}{3}$　　(○)

147 ･･････････････ 정답 40

> 두 개의 자연수인 실근을 가지는 이차함수 ②
> ① $f(x)$가 $f(3) = 0$, $f(0) = 15$를 만족하고 $x > 3$일 때, $f(x) > 0$이다. $f(5)$의 최댓값은?

①

$f(3) = 0$, $f(0) = 15$를 만족하는 이차함수의 그래프를 그리면

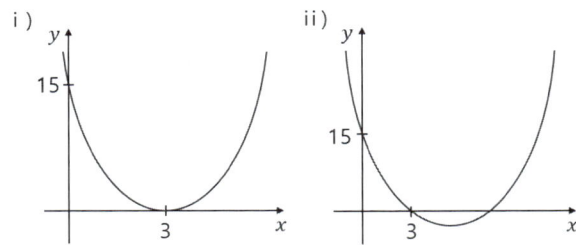

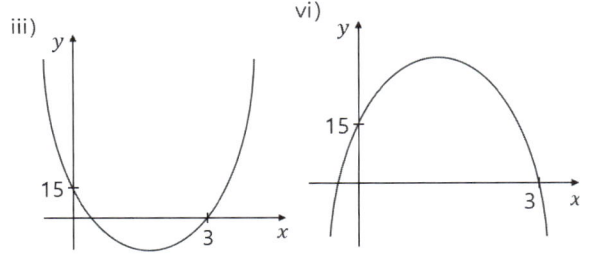

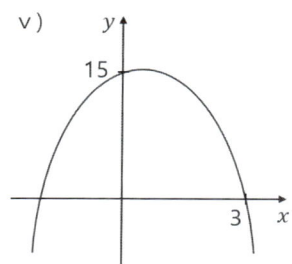

②

$x > 3$일 때, $f(x) > 0$을 만족하는 경우는

ⅰ), ⅲ)만 만족 $(a > 0)$

이차함수 $f(x)$가 두 실근을 가지므로

ⅲ) $f(x) = a(x-3)(x-b)$라고 하면

$f(0) = 3ab = 15$이므로 $ab = 5$이다.

두 근 중 하나인 b는 자연수이고 $0 < b < 3$

$\therefore b = 1$ 또는 2

$b = 1$일 때, $a = 5$이고 $f(5) = 40$

$b = 2$일 때, $a = \dfrac{5}{2}$이고 $f(5) = 15$

$\therefore$ 최댓값은 40

148   정답 $\sqrt{2}$

그림과 같이 한 변의 길이가 a인 정사각형 ABCD가 있다. 대각선 $\overline{AC}$ 위를 점 P가 움직인다. $\overline{PA}^2 + \overline{PB}^2$ 의 최솟값이 $\dfrac{3}{2}$ 일 때, 정사각형의 한 변의 길이는 얼마인가? ①

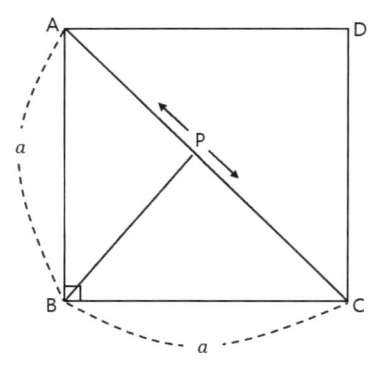

$\overline{PA}^2 + \overline{PB}^2$ 을 식으로 나타내기 위해 닮음을 이용한다. ①

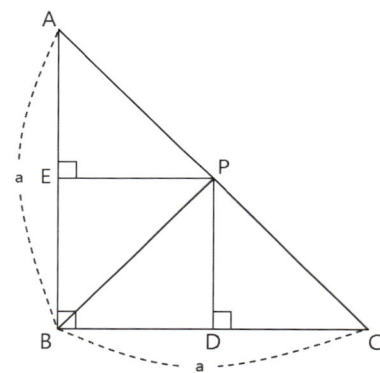

$\overline{AE} = \overline{EP}, \ \overline{AP} = \sqrt{2}\,\overline{AE}$ (∵피타고라스 정리)

∴ $\overline{PA}^2 = 2\overline{AE}^2$

$\overline{PB}^2 = \overline{PE}^2 + \overline{EB}^2 = \overline{AE}^2 + (\overline{AB} - \overline{AE})^2$

$\overline{PB}^2 = \overline{AE}^2 + (\overline{AB} - \overline{AE})^2$, $\overline{AE}$ 를 x라고 하면

$\overline{PA}^2 + \overline{PB}^2 = 2x^2 + x^2 + (a - x)^2$

$\qquad = 3x^2 + x^2 - 2ax + a^2$

$\qquad = 4x^2 - 2ax + a^2$

$\qquad = 4\left(x^2 - \dfrac{a}{2}x + \dfrac{a^2}{16} - \dfrac{a^2}{16}\right) + a^2$

$\qquad = 4\left(x - \dfrac{a}{4}\right)^2 - \dfrac{a^2}{4} + a^2$

$\qquad = 4\left(x - \dfrac{a}{4}\right)^2 + \dfrac{3}{4}a^2$

$\overline{PA}^2 + \overline{PB}^2$ 의 최솟값은 x인 $\overline{AE}$ 가 0에서 a 사이에 있을 때의 최솟값이므로 $x = \dfrac{a}{4}$ 일 때, 최솟값 $\dfrac{3}{2}$ 을 갖는다.

∴ $\dfrac{3}{2} = \dfrac{3}{4}a^2$

$a = \pm\sqrt{2}$

$a = \sqrt{2} \ (a > 0)$

149   정답 3

①
$2x + 3y = 4$를 만족시키는 실수 $x, \ y$에 대하여 $x^2 + y^2 - 4x + 7$의 최솟값과 $(\sqrt{3 + 2x} - \sqrt{5 + 3y})^2$의 최솟값의 차를 구하시오.
②

①
$2x + 3y = 4$를 y에 대한 식으로 변형해서 주어진 식의 y에 대입한다. 그리고 y를 소거한 후, x에 대한 식으로 나타낸다.

$3y = 4 - 2x$ ($y = \dfrac{4}{3} - \dfrac{2}{3}x$로 계산하면 식이 복잡해지므로 제곱한 후에 계산한다.)

$9y^2 = \{2(2 - x)\}^2$

$9y^2 = 4(x - 2)^2$

$y^2 = \dfrac{4}{9}(x - 2)^2$

주어진 식에 y^2을 대입하고 변형하면

$x^2 - 4x + 4 - 4 + y^2 + 7$

$\quad = (x - 2)^2 + \dfrac{4}{9}(x - 2)^2 + 3$

$\quad = \dfrac{13}{9}(x - 2)^2 + 3$

따라서 최솟값은 3
②

$$(\sqrt{3+2x} - \sqrt{5+3y})^2$$
$$= 3+2x+5+3y-2\sqrt{(3+2x)(5+3y)}$$

$3y = 4-2x$를 대입하면

$$3+2x+5+4-2x-2\sqrt{(3+2x)(5+4-2x)}$$
$$= 12-2\sqrt{-4x^2+12x+27}$$
$$= 12-2\sqrt{-4(x^2-3x+\frac{9}{4}-\frac{9}{4})+27}$$
$$= 12-2\sqrt{-4\left(x-\frac{3}{2}\right)^2+36}$$ (근호 안의 값이 최

대일 때 전체 식의 값이 최소가 된다.)

x가 $\frac{3}{2}$일 때 근호 안의 최댓값은 36

식의 최솟값은 $12-2\cdot6=0$

$\therefore 3-0=3$

150 정답 2

이차항의 계수가 음의 정수인 $f(x)$가 다음 [조건]을 만족시킬 때, 실수 전체 범위에서의 최댓값은?

[조 건]

(가) $0 \le x \le 2$에서 $f(x)$의 최댓값은 $f(2)$ ①
(나) $x=1$에서 직선 $y=2x-1$과 접한다. ②

②

$x=1$에서 $y=2x-1$과 접하므로 $f(x)=2x-1$,
$f(x)-2x+1=a(x-1)^2$으로 식을 변형할 수 있다.
($\because f(x)-2x+1=0 \rightarrow x=1$에서 중근)

$\therefore f(x)=a(x-1)^2+2x-1$ ㉠

①

$a<0$이므로

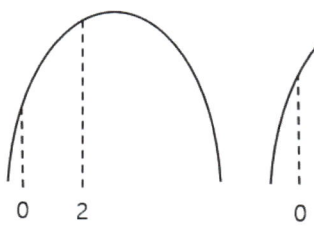
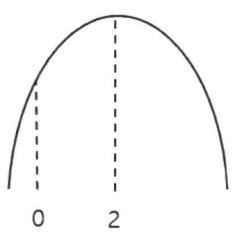

이 경우 대칭축이 2이거나 2보다 오른쪽에 있어야 한다. ㉡

㉠식을 변형해서 축의 방정식을 구하면

$$f(x)=ax^2-2ax+a+2x-1$$
$$= ax^2-2(a-1)x+a-1$$
$$= a\left\{x^2-\frac{2(a-1)}{a}x+\left(\frac{a-1}{a}\right)^2\right\}-a\cdot\frac{(a-1)^2}{a^2}+a-1$$
$$= a\left(x-\frac{a-1}{a}\right)^2-\frac{(a-1)^2}{a}+a-1$$

㉡을 고려하면 $\frac{a-1}{a} \ge 2$

$a-1 \le 2a$ ($\because a<0$)

$-1 \le a < 0$ $\therefore a=-1$ (a는 음의 정수)

$\therefore f(x)=-(x-1)^2+2x-1$

$$f(x)=-(x-1)^2+2x-1$$
$$= -x^2+2x-1+2x-1$$
$$= -x^2+4x-2$$
$$= -(x^2-4x+4)+4-2$$
$$= -(x-2)^2+2$$

$\therefore x=2$일 때, 최댓값 2

151

이차함수 $f(x)$가 다음 [조건]을 만족시킬 때,
$-3 \le x \le 4$에서 최댓값을 구하시오.

[조건]

(가) $f(-1) = f(3) = 3$ ①

(나) $f(2) = -3$ ②

①

이차함수는 꼭짓점의 x좌표를 기준으로 좌우 대칭이므로 함숫값이 같은 두 x좌표의 중점이 꼭짓점의 x좌표이다.

$\dfrac{-1+3}{2} = 1$, 축의 방정식을 $x = 1$

$f(x) = p(x-1)^2 + q$라고 둘 수 있다.

$f(3) = p(3-1)^2 + q = 3$
$\qquad = 4p + q = 3$ ㉠

②

$f(x) = p(x-1)^2 + q$에 $(2, -3)$을 대입하면

$p + q = -3$ ㉡

㉠$-$㉡$= 4p + q - p - q = 3 - (-3)$

$3p = 6$, $p = 2$, $q = -5$

$\therefore f(x) = 2(x-1)^2 - 5$

$\therefore -3 \le x \le 4$에서 $f(x)$는 $x = -3$에서 최대이다.

$f(-3) = 2(-3-1)^2 - 5$
$\qquad = 32 - 5 = 27$

152

최고차항의 계수가 양수인 이차함수 $f(x)$가 모든 실수 x에 대하여 $\{f(x)\}^2 - f(2x-1) = (x-1)^4 + 2$ ①를 만족한다. $-2 \le x \le 2$에서 $f(x)$의 최댓값을 M, 최솟값을 m이라 할 때, $M+m$의 값은?

①

$f(x) = ax^2 + bx + c$로 놓고 풀면 계산이 너무 복잡해진다. 좌변에 $\{f(x)\}^2$가 있으므로

$(x-1)^4 = \{(x-1)^2\}^2$으로 변형 이항시켜서 합·차 공식을 이용한다.

$\{f(x)\}^2 - \{(x-1)^2\}^2 = f(2x-1) + 2$ 합·차

공식에 의해 $\{f(x) + (x-1)^2\}\{f(x) - (x-1)^2\}$
$\qquad\qquad = f(2x-1) + 2$ ㉠

각 항의 최고차항을 비교하면, 우변이 2차항이므로 좌변은 1차×1차 또는 2차×상수인 경우가 가능하다.

$\{f(x) + (x-1)^2\}$은 최고차항이 2차이므로

$\{f(x) - (x-1)^2\}$은 상수가 되어야 한다.

$f(x) - x^2 + 2x - 1$이 상수가 되어야 하므로

$f(x) = x^2 - 2x + a$ 꼴로 둘 수 있다.

㉠식을 변형하면 $(x^2 - 2x + a + x^2 - 2x + 1)(a-1)$
$\quad = (2x-1)^2 - 2(2x-1) + a + 2$

$(2x^2 - 4x + 1 + a)(a-1)$
$\quad = 4x^2 - 4x + 1 - 4x + 2 + a + 2$
$\quad = 4x^2 - 8x + 5 + a$

최고차항을 비교하면 $(a-1)2 = 4$, $a = 3$

$\therefore f(x) = x^2 - 2x + 3$
$\qquad\quad = x^2 - 2x + 1 + 2 = (x-1)^2 + 2$

$\therefore x = 1$에서 최솟값 $2 = m$

$\quad x = -2$에서 최댓값 $11 = M$

$\therefore M + m = 13$

153　　　　　　　　　　정답 1600원

> A 제품의 가격을 3000원으로 정하면 100개가 팔린다. A 제품의 가격을 x원 내리면 $\frac{x}{2}$개만큼 더 팔린다고 할 때, 판매금액이 최대가 되도록 하는 A의 가격은?

3000원에서 x원을 내렸을 때 판매가격은 $3000-x$,

팔리는 개수는 $100+\frac{x}{2}$

전체 판매 금액은 $(3000-x)(100+\frac{x}{2})$

판매금액이 최대가 되기 위해 식을 변형한다.

$(3000-x)(100+\frac{x}{2})$

$=-\frac{1}{2}x^2-100x+1500x+300000$

$=-\frac{1}{2}x^2+1400x+300000$

$=-\frac{1}{2}(x^2-2800x+1400^2)+\frac{1}{2}\times1400^2+300000$

$=-\frac{1}{2}(x-1400)^2+980000+300000$

$=-\frac{1}{2}(x-1400)^2+1280000$

$\therefore$ $x=1400$일 때, 최대 판매 금액 1280000원

이때 A의 가격은 $3000-1400=1600$원

154　　　　　　　　　　정답 12

> ① 다음 그림과 같이 $\angle A=90°$이고 $\overline{AB}=6$인 직각이등변삼각형 ABC가 있다. 변 AB 위의 한 점 P에서 변 BC에 내린 수선의 발을 Q라 하고, 점 P를 지나고 변 BC와 평행한 직선이 변 AC와 만나는 점을 ② R이라 하자. 사각형 PQCR의 넓이의 최댓값을 구하③ 시오. (단, 점 P는 꼭짓점 A와 꼭짓점 B가 아니다.)

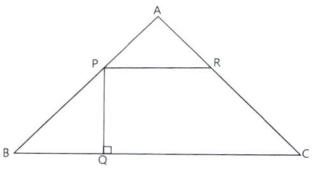

②

□PQCR의 넓이를 식으로 나타낸다.

□PQCR은 사다리꼴이므로 $(\overline{PR}+\overline{QC})\times\overline{PQ}\times\frac{1}{2}$

$\overline{PQ}$를 x라고 하면 $\overline{PQ}=\overline{BQ}=x$ ($\because \triangle$ABC와 닮음 $\triangle$ABC는 직각이등변 삼각형)
$\overline{BP}=\sqrt{2}x$

①

$\overline{AP}=6-\sqrt{2}x$ ($\because \overline{AB}-\overline{BP}$)

$\overline{PR}=\sqrt{2}\times\overline{AP}=6\sqrt{2}-2x$

$\overline{QC}=6\sqrt{2}-x$ ($\because \overline{BC}-\overline{BQ}$, $\overline{BC}=6\sqrt{2}$)

□PQCR$=(6\sqrt{2}-2x+6\sqrt{2}-x)\times x\times\frac{1}{2}$

$\qquad=6\sqrt{2}x-\frac{3}{2}x^2$

③

$\qquad=-\frac{3}{2}(x-2\sqrt{2})^2+12$

$0<x<3\sqrt{2}$이므로 $x=2\sqrt{2}$일 때 최댓값 12이다.

155   정답 72

부품 a와 b를 사용해 특정한 제품을 만든다고 한다. a와 b를 각각 2개씩 사용하여 제품 A를 만드는 데 7만 원의 비용이 든다. a 2개와 b 1개를 사용하여 제품 B를 만드는 데 2만 원의 비용이 든다. **총생산 비용이 288만 원일 때**, **ab의 최댓값은?**
    ①   ②

                                     ①

(만 단위 생략)

A제품생산 비용 $7(2a+2b)$

B제품생산 비용 $2(2a+b)$

총생산 비용 $= 7(2a+2b)+2(2a+b)$

                 $= 18a+16b = 288$ ㉠

$(a>0,\ b>0$이므로 $0<a<16,\ 0<b<18)$

                                     ②

ab의 최댓값을 구하기 위해 ㉠식을 b에 대한 식으로 변형해서 ab에 대입한다.

$b = -\dfrac{9}{8}a+18$

$ab = -\dfrac{9}{8}a^2+18a$

   $= -\dfrac{9}{8}(a-8)^2+72\ (0<a<16)$

$\therefore\ a=8$일 때 최댓값 72

156   정답 2

① 이차함수 $y=-x^2+b^2$의 그래프가 x축과 만나는 두 점을 각각 A, B라 하자. 점 P가 곡선 위를 따라 점 A에서 점 B까지 움직이고, 점 P에서 x축에 내린 수선의 발을 P′이라 할 때, $\overline{AP'}+\overline{PP'}$의 **최댓값이 $\dfrac{25}{4}$** ② 라 할 때, 양수 b의 값은? (단, 점 B의 x좌표가 점 A의 x좌표보다 크고, O는 원점이다.)

                                       ①

$\overline{AP'}+\overline{PP'}$을 식으로 나타내려면 A의 좌표를 구해야 한다. $y=-x^2+b^2$에서 점 A, B의 좌표를 구하면

$0 = -x^2+b^2$

$x = \pm b$ A$(-b,\ 0)$, B$(b,\ 0)$

                                     ②

P의 좌표를 $(a,\ -a^2+b^2)$이라고 하면 P′의 좌표는 $(a,\ 0)$이므로 $\overline{AP'}=a+b,\ \overline{PP'}=-a^2+b^2$

$\overline{AP'}+\overline{PP'}=-a^2+a+b^2+b$

변수가 a이므로 a에 대한 이차방정식으로 변형한다.

$\overline{AP'}+\overline{PP'}=-\left(a^2-a+\dfrac{1}{4}\right)+\dfrac{1}{4}+b^2+b$

            $= -\left(a-\dfrac{1}{2}\right)^2+b^2+b+\dfrac{1}{4}$

$\therefore\ a=\dfrac{1}{2}$일 때, 최댓값 $\dfrac{25}{4}=b^2+b+\dfrac{1}{4}$

$b^2+b-6=0$

$b=2$ 또는 -3

$b=2\ (\because\ b$는 양수$)$

6단원.

여러 가지 방정식

유형 1
삼차방정식의 근의 판별

157

삼차방정식 $x^3 - 4x^2 + (k-5)x + k = 0$의 근이 모두 실수가 되도록 하는 실수 k의 범위는?

158

삼차방정식 $x^3 + (7-a)x^2 - 6ax - a^2 = 0$이 서로 다른 세 실근을 갖도록 하는 자연수 a의 개수는?

159

삼차방정식
$x^3 + (4a-2)x^2 + (b^2 - 8a)x - 2b^2 = 0$이 서로 다른 세 실근을 갖고, 세 근의 합이 22가 되도록 하는 두 정수 a, b의 모든 순서쌍 (a, b)의 개수는?

160

삼차방정식 $x^3 + 4x^2 + (a-5)x - a = 0$이 중근을 가질 때, 양수 a의 값은?

유형 2
삼차방정식의 근과 계수의 관계

161

삼차방정식 $2x^3 - x^2 + x + 4 = 0$의 세 근을 α, β, γ라 할 때, $\dfrac{2(\alpha-2)(\beta-2)(\gamma-2)}{\alpha\beta\gamma}$ 의 값은?

162

삼차방정식 $x^3 + 2x^2 + 3x + 3 = 0$의
세 근을 α, β, γ라 할 때,
$(\alpha^2 + \alpha + 2)(\beta^2 + \beta + 2)(\gamma^2 + \gamma + 2)$의 값은?

163

x에 대한 삼차방정식 $x^3 - 4x^2 + (k+3)x - k = 0$의
서로 다른 세 실근이 직각삼각형의 세 변의 길이가 될
때, 상수 k의 값은 $\dfrac{n}{m}$이다. $n - m$의 값은?
(m, n은 서로소인 자연수)

164

x에 대한 삼차방정식 $2x^3 + x^2 - 3x - a - 8 = 0$의 세
근이 -2, α, β일 때, $\alpha\beta$의 값은? (단, a는 실수)

유형 3

방정식 $x^3 = 1$, $x^3 = -1$의 허근의 성질(계산값)

165

방정식 $x^3 = 1$의 한 허근을 ω라 할 때,
$(1 + \omega)(1 + \overline{\omega})(1 + \omega^2)(1 + \overline{\omega}^2)(1 + \omega^3)(1 + \overline{\omega}^3)$의
값은?

166

삼차방정식 $x^3 = 1$의 한 허근을 ω라 할 때,
$\dfrac{1}{\omega + 1} + \dfrac{1}{\omega^2 + 1} + \dfrac{1}{\omega^3 + 1} + \cdots + \dfrac{1}{\omega^{60} + 1}$의 값을
구하면?

167

방정식 $x^3 = 1$의 한 허근을 ω라 하자. 실수 a, b에 대해 $\omega - \omega^2 + \omega^3 - \omega^4 + \cdots + \omega^{2019} = a + b\omega$를 만족할 때, $a^2 + b^2$의 값은?

168

x에 대한 이차방정식 $x^2 + x + 1 = 0$의 한 허근을 ω라 할 때, $(1 + \omega)^2 + (\omega^2 + \omega^3)^2 + (\omega^4 + \omega^5)^2 + \cdots + (\omega^{98} + \omega^{99})^2$의 값은?

유형 4

방정식 $x^3 = 1$, $x^3 = -1$의 허근의 성질(성질)

169

삼차방정식 $x^3 = 1$의 한 허근을 ω라 할 때, 옳은 것만을 [보기]에서 있는 대로 고르시오.
(단, $\overline{\omega}$는 ω의 켤레복소수이다.)

[보 기]

ㄱ. $\omega^2 = \overline{\omega}$

ㄴ. $\omega^2 + (\overline{\omega})^2 = 1$

ㄷ. $1 + \omega + \omega^2 + \cdots + \omega^{15} = 0$

ㄹ. $\dfrac{1}{\omega + 1} + \dfrac{1}{\omega^2 + 1} = \omega^3$

170

삼차방정식 $x^3 = 1$의 한 허근을 ω라 할 때, [보기]에서 옳은 것만을 있는 대로 고르시오.
(단, $\overline{\omega}$는 ω의 켤레복소수이다.)

[보 기]

ㄱ. $\omega^3 = 1$

ㄴ. $\dfrac{1+\omega^{20}}{1+(\overline{\omega})^{20}} = -\omega^2$

ㄷ. $(\omega+1)^n = (\overline{\omega})^n$을 만족시키는 자연수 n은 모두 짝수이다.

171

삼차방정식 $x^3 + 8 = 0$의 한 허근을 ω라 할 때, [보기]에서 옳은 것만을 있는 대로 고르시오.
(단, $\overline{\omega}$는 ω의 켤레복소수이다.)

[보 기]

ㄱ. $\omega^2 = 2\overline{\omega}$

ㄴ. $\omega + \omega^2 + \omega^3 = 3\omega - 12$

ㄷ. $\left(\dfrac{2}{\omega}\right)^n = \left(\dfrac{\omega}{\omega + \overline{\omega}}\right)^n$을 만족시키는 100 이하의 자연수 n의 개수는 16이다.

172

방정식 $x^3 - 1 = 0$의 허근을 ω라 할 때, 옳은 것만을 [보기]에서 있는 대로 고르시오.

[보 기]

ㄱ. $\omega^{100} = \omega$

ㄴ. $\dfrac{\omega^2}{1+\omega} + \dfrac{\overline{\omega}}{1+\overline{\omega}^2} = -2$ (단, $\overline{\omega}$는 ω의 켤레복소수이다.)

ㄷ. $\omega^{4n} + (\omega+1)^{4n} + 1 = 0$을 만족시키는 50 이하의 양의 정수 n의 개수는 35이다.

유형 5

연립이차방정식의 해의 조건

173

연립방정식 $\begin{cases} x - 3y = 2 \\ x^2 + y^2 = k \end{cases}$ 이 오직 한 쌍의 해를 가질 때, 실수 k의 값은?

174

x, y에 대한 연립방정식

$\begin{cases} x+y=2a \\ x+y+xy=a^2-a+6 \end{cases}$ 이 실근을 가질 때, 실수

a의 최솟값은?

175

실수 x, y에 대하여 연립방정식

$\begin{cases} x^2+y^2=8 \\ x^2-xy+y^2=a \end{cases}$ 가 적어도 한 쌍의 실근을 갖도

록 하는 정수 a의 개수는?

176

연립방정식 $\begin{cases} x^2+y^2=r^2 \\ x+2y=k \end{cases}$ 가 실근을 가지지 않도록

하는 정수 r의 개수는 $f(k)$라 하자. $f(k)=9$를 만

족하는 모든 자연수 k의 값의 합은?

유형 6

$x^4+ax^2+b=0$ 꼴의 방정식 풀이

177

사차방정식 $x^4-3x^2-10=0$의 두 실근을 α, β라

하고 두 허근을 γ, δ라 할 때, $\alpha\beta+\gamma\delta$의 값은?

178

x에 대한 사차방정식 $x^4+ax^2+b=0$의 한 근이

$1+i$일 때, b의 값은? (단, a, b는 실수이다.)

179

x에 대한 사차방정식 $x^4+4x^2+(m^2-2m-8)=0$ 이 실근을 갖도록 하는 정수 m의 개수는?

180

10 이하의 자연수 n에 대하여 다항식 $p(x)=x^4+3x^2-n^2-3n$일 때, 모든 정수 k에 대하여 $p(k)\neq 0$이 되도록 하는 모든 n값의 합은?

유형 7

근이 주어진 삼·사차방정식

181

삼차방정식 $x^3+ax^2+3x+b=0$이 한 실근 1을 가질 때, 나머지 두 근은 모두 허근이 되도록 하는 정수 a, b의 모든 순서쌍 $(a,\ b)$의 개수는?

182

삼차방정식 $x^3+ax^2+bx+c=0$의 한 근이 $1+2i$ 이고, 이차방정식 $x^2-3x-a-1=0$과 하나의 공통근을 가질 때, 세 실수 a, b, c에 대하여 $a+b+c$ 의 값은?

183

세 실수 a, b, c에 대하여 다항식 $p(x)=x^3-ax^2+bx-c$는 다음 [조건]을 만족시킨다.

─── **[조 건]** ───

(가) $1-i$는 삼차방정식 $p(x)=0$의 근이다.
(나) $p(x)$를 $x-1$로 나눈 나머지는 4이다.

a, b, c를 세 근으로 하고 x^3의 계수가 1인 삼차방정식을 $f(x)=0$이라 할 때, $f(-2)$의 값은?

184

정수 a, b에 대하여 x에 대한
사차방정식 $2x^4 + ax^3 + bx^2 - bx - a - 2 = 0$이 1을
중근으로 갖고, 나머지 두 근이 -1이 아닌 서로 다른
정수일 때, $a+b$의 값은?

유형 8

'이차식의 곱=0'의 형태인 방정식이 n개의
실근을 갖기 위한 미지수 a

185

x에 대한 삼차방정식
$(x - a + 2)\{x^2 - (a+3)x + a^2\} = 0$이 중근과 다른
한 근을 갖도록 하는 모든 실수 a의 값의 합은?

186

x에 대한 사차방정식
$(x^2 - 3ax + 2a^2)(x^2 - 3ax + 2a^2 + a - 1) = 0$이 서로
다른 네 개의 실근을 갖도록 하는 정수 a의 개수는?
(단, $-10 \le a \le 10$)

187

사차방정식
$x^4 - kx^3 - (k+1)x^2 + (k^2 + 2k)x - k^2 = 0$이 서로
다른 네 실근을 갖도록 하는 10 이하의 정수 k의 개
수는?

188

$(k+1)x^3 - (k^2 + 3k + 2)x^2 + 2(k^2 + k + 2)x - 4k$
$= 0$이 2개 이하의 실근을 가질 때, 정수 k의 개수는?
(단, 중근일 경우의 실근 개수는 1개로 한다.)

157 ·········· 정답 $k \leq \dfrac{25}{4}$

삼차방정식 $x^3 - 4x^2 + (k-5)x + k = 0$의 근이 모두 ① 실수가 되도록 하는 실수 k의 범위는? ②

①
삼차방정식을 인수분해해서 $(x+a)(x^2+bx+c) = 0$의 꼴로 나타낸다.

$x^3 - 4x^2 + (k-5)x + k = 0$을 인수분해하면

$$-1 \,\begin{array}{|rrrr} 1 & -4 & k-5 & k \\ & -1 & 5 & -k \\ \hline 1 & -5 & k & 0 \end{array}$$

$\Rightarrow (x+1)(x^2 - 5x + k) = 0$

②
근이 모두 실수여야 하므로 $x^2 - 5x + k = 0$의 판별식 $D \geq 0$이어야 한다.

$D = 25 - 4k \geq 0 \qquad k \leq \dfrac{25}{4}$

158 ·········· 정답 12개

삼차방정식 $x^3 + (7-a)x^2 - 6ax - a^2 = 0$이 서로 다 ① 른 세 실근을 갖도록 하는 자연수 a의 개수는? ②

①
조립제법을 통해 (일차식)×(이차식)=0의 꼴로 변형한다.

$$a \,\begin{array}{|rrrr} 1 & 7-a & -6a & -a^2 \\ & a & 7a & a^2 \\ \hline 1 & 7 & a & 0 \end{array}$$

$\Rightarrow (x-a)(x^2 + 7x + a) = 0$

②
$x^2 + 7x + a = 0$이 서로 다른 두 실근을 가져야 한다.

판별식 $D = 49 - 4a > 0 \qquad \therefore a < \dfrac{49}{4}$

서로 다른 세 실근이므로 $x = a$는 $x^2 + 7x + a = 0$의 근이 될 수 없다. $x = a$가 $x^2 + 7x + a = 0$의 근이 아니므로 $a^2 + 7a + a \neq 0$

$a(a+8) \neq 0$

$\therefore a \neq 0, \ a \neq -8$

$\therefore$ 자연수 a의 개수는 $1, \ 2, \ 3, \ \cdots, \ 12,$ 총 12개

159 ·········· 정답 17개

삼차방정식

$x^3 + (4a-2)x^2 + (b^2-8a)x - 2b^2 = 0$이 서로 다른 세 실근을 갖고, 세 근의 합이 22가 되도록 하는 두 정수 a, b의 모든 순서쌍 (a, b)의 개수는?

① 조립제법을 이용한다.

$$\begin{array}{r|rrrr} & 1 & 4a-2 & b^2-8a & -2b^2 \\ 2 & & 2 & 8a & 2b^2 \\ \hline & 1 & 4a & b^2 & 0 \end{array}$$

$$\Rightarrow (x-2)(x^2+4ax+b^2) = 0$$

② 삼차방정식이 서로 다른 세 실근을 가지므로
$x^2+4ax+b^2 = 0$은 $x=2$를 제외한 두 실근을 갖는다.
$x^2+4ax+b^2 = 0$의 판별식 $D/4 = 4a^2 - b^2 > 0$
세 실근의 합이 22이므로 근과 계수의 관계에 의해
$-4a + 2 = 22$ $\therefore a = -5$
$4a^2 - b^2 > 0$에 $a = -5$를 대입하면
$100 - b^2 > 0 \Rightarrow -10 < b < 10$
이때, $x \neq 2$이므로 $4 - 40 + b^2 \neq 0$ $b \neq \pm 6$
$\therefore$ 두 정수 a, b의 모든 순서쌍 (a, b)는 17개

160 ·········· 정답 $a = \dfrac{25}{4}$

삼차방정식 $x^3 + 4x^2 + (a-5)x - a = 0$이 중근을 가질 때, 양수 a의 값은?

① 조립제법을 이용한다.

$$\begin{array}{r|rrrr} & 1 & 4 & a-5 & -a \\ 1 & & 1 & 5 & a \\ \hline & 1 & 5 & a & 0 \end{array}$$

$$\Rightarrow (x-1)(x^2+5x+a) = 0$$

② 중근을 가진다고 했으므로

ⅰ) $x^2+5x+a = 0$이 $x=1$을 근으로 갖는 경우와

ⅱ) $x^2+5x+a = 0$이 중근을 갖는 경우로 나누어 생각한다.

ⅰ) $x^2+5x+a = 0$이 $x=1$을 근으로 가질 때
$1 + 5 + a = 0$에서 $a = -6$

ⅱ) $x^2+5x+a = 0$이 중근을 가질 때,
판별식 $D = 25 - 4a = 0$, $a = \dfrac{25}{4}$

$\therefore a = \dfrac{25}{4}$

161   정답 9

삼차방정식 $2x^3 - x^2 + x + 4 = 0$의 세 근을 α, β, γ라 할 때, $\dfrac{2(\alpha-2)(\beta-2)(\gamma-2)}{\alpha\beta\gamma}$ 의 값은?

세 근이 α, β, γ이므로 주어진 삼차방정식을
$a(x-\alpha)(x-\beta)(x-\gamma)$라 둘 수 있다.
$$2x^3 - x^2 + x + 4 = 2(x-\alpha)(x-\beta)(x-\gamma)$$

$2(\alpha-2)(\beta-2)(\gamma-2)$의 형태이므로
$x=2$를 대입한다.
$$2(2-\alpha)(2-\beta)(2-\gamma) = 16 - 4 + 2 + 4 = 18$$
$$2(\alpha-2)(\beta-2)(\gamma-2) = -18$$
근과 계수의 관계에 의해 $\alpha\beta\gamma = -2$
$$\therefore \ \frac{2(\alpha-2)(\beta-2)(\gamma-2)}{\alpha\beta\gamma} = 9$$

162   정답 1

삼차방정식 $x^3 + 2x^2 + 3x + 3 = 0$의
세 근을 α, β, γ라 할 때,
$(\alpha^2 + \alpha + 2)(\beta^2 + \beta + 2)(\gamma^2 + \gamma + 2)$의 값은?

구하려는 값이 $x^2 + x + 2$의 형태를 띠고 있으므로
$(x^2 + x + 2)(x+a) + b = 0$의 형태로 변형한다.
삼차방정식을 $x^2 + x + 2$로 나누면

$$
\begin{array}{r}
x + 1 \\
x^2 + x + 2 \overline{\big)\, x^3 + 2x^2 + 3x + 3} \\
\underline{x^3 + \ x^2 + 2x} \\
x^2 + x + 3 \\
\underline{x^2 + x + 2} \\
1
\end{array}
$$

$$\Rightarrow x^3 + 2x^2 + 3x + 3 = (x^2 + x + 2)(x+1) + 1 = 0$$
$$\therefore \ x^2 + x + 2 = \frac{-1}{x+1}$$
$$\therefore \ \alpha^2 + \alpha + 2 = \frac{-1}{\alpha+1}$$

같은 방법으로
$$\beta^2 + \beta + 2 = \frac{-1}{\beta+1}, \ \gamma^2 + \gamma + 2 = \frac{-1}{\gamma+1}$$
$$\therefore \ (\alpha^2 + \alpha + 2)(\beta^2 + \beta + 2)(\gamma^2 + \gamma + 2)$$
$$= \left(\frac{-1}{\alpha+1}\right)\left(\frac{-1}{\beta+1}\right)\left(\frac{-1}{\gamma+1}\right) = \frac{-1}{(\alpha+1)(\beta+1)(\gamma+1)}$$
$$= \frac{-1}{\alpha\beta\gamma + (\alpha\beta + \beta\gamma + \gamma\alpha) + (\alpha + \beta + \gamma) + 1}$$

근과 계수와의 관계에 의해
$\alpha + \beta + \gamma = -2, \ \alpha\beta + \beta\gamma + \gamma\alpha = 3, \ \alpha\beta\gamma = -3$
$$= \frac{-1}{-3 + 3 - 2 + 1} = 1$$

163 ························· 정답 11

> x에 대한 삼차방정식 $x^3 - 4x^2 + (k+3)x - k = 0$의
> ① 서로 다른 세 실근이 직각삼각형의 세 변의 길이가 될
> 때, 상수 k의 값은 $\dfrac{n}{m}$이다. $n-m$의 값은?
> (m, n은 서로소인 자연수)

조립제법을 통해 삼차방정식을 (일차식)×(이차식) = 0
의 꼴로 변형한다.

$$
\begin{array}{r|rrrr}
 & 1 & -4 & k+3 & -k \\
1 & & 1 & -3 & k \\
\hline
 & 1 & -3 & k & 0
\end{array}
$$

$\Rightarrow x^3 - 4x^2 + (k+3)x - k = (x-1)(x^2 - 3x + k) = 0$

$x^2 - 3x + k = 0$의 두 근을 α, β라고 하면
근과 계수의 관계에 의해 $\alpha + \beta = 3$

①

서로 다른 세 실근이 직각삼각형의 세 변의 길이가 되
므로 1, α, β가 세 실근이 된다.
$\alpha > \beta$라 가정하면 $\alpha^2 = \beta^2 + 1$에서
$\alpha^2 - \beta^2 = 1$, $(\alpha + \beta)(\alpha - \beta) = 1$, $3(\alpha - \beta) = 1$
$\begin{cases} \alpha + \beta = 3 \\ \alpha - \beta = \dfrac{1}{3} \end{cases}$ 을 연립하면 $\alpha = \dfrac{5}{3}$, $\beta = \dfrac{4}{3}$

$k = \alpha\beta$ ($\because$ 근과 계수의 관계)

$\quad = \dfrac{20}{9} = \dfrac{n}{m}$

$\therefore n - m = 11$

164 ························· 정답 $\dfrac{3}{2}$

> x에 대한 삼차방정식 $2x^3 + x^2 - 3x - a - 8 = 0$의 세 ①
> 근이 -2, α, β일 때, $\alpha\beta$의 값은? (단, a는 실수)

①

세 근이 주어졌으므로 근과 계수의 관계를 이용한다.

$$
\begin{cases}
-2 + \alpha + \beta = -\dfrac{1}{2} \\
-2\alpha - 2\beta + \alpha\beta = -\dfrac{3}{2} \\
-2\alpha\beta = \dfrac{a+8}{2}
\end{cases}
$$

정리하면 $\alpha + \beta = \dfrac{3}{2}$, $\alpha\beta = -\dfrac{a+8}{4}$

$\alpha\beta = -\dfrac{3}{2} + 2(\alpha + \beta) = -\dfrac{3}{2} + 2 \cdot \dfrac{3}{2}$

$\quad = -\dfrac{3}{2} + 3 = \dfrac{3}{2}$

165 ························· 정답 4

> 방정식 $x^3 = 1$의 한 허근을 ω라 할 때,
> ① $(1 + \omega)(1 + \overline{\omega})(1 + \omega^2)(1 + \overline{\omega}^2)(1 + \omega^3)(1 + \overline{\omega}^3)$의
> 값은?

①

$\omega^2 + \omega + 1 = 0$, $\overline{\omega}^2 + \overline{\omega} + 1 = 0$, $\omega^3 = 1$, $\overline{\omega}^3 = 1$
을 이용한다.

$(1 + \omega)(1 + \overline{\omega})(1 + \omega^2)(1 + \overline{\omega}^2)(1 + \omega^3)(1 + \overline{\omega}^3)$

$\quad = (-\omega^2)(-\overline{\omega}^2)(-\omega)(-\overline{\omega}) \times 2 \times 2$

$\quad\quad (\because \omega^3 = 1, \ \overline{\omega}^3 = 1)$

$\quad = 4\omega^3\overline{\omega}^3 = 4$

166 정답 30

삼차방정식 $x^3 = 1$의 한 허근을 ω라 할 때,
$\dfrac{1}{\omega+1} + \dfrac{1}{\omega^2+1} + \dfrac{1}{\omega^3+1} + \cdots + \dfrac{1}{\omega^{60}+1}$ 의 값을
구하면?
　①　　　　　　　②

①

$\omega^2 + \omega + 1 = 0$에서 $\omega + 1 = -\omega^2$　$\omega^2 + 1 = -\omega$

$\omega^3 - 1 = 0$에서 $\omega^3 = 1$　　$\omega^3 + 1 = 2$

②

$\dfrac{1}{\omega^4+1} + \dfrac{1}{\omega^5+1} + \dfrac{1}{\omega^6+1}$

$= \dfrac{1}{\omega^3 \cdot \omega + 1} + \dfrac{1}{\omega^3 \cdot \omega^2 + 1} + \dfrac{1}{\omega^3 \cdot \omega^3 + 1}$

$= \dfrac{1}{\omega+1} + \dfrac{1}{\omega^2+1} + \dfrac{1}{\omega^3+1}$

즉, 구하려는 값은

$\left(\dfrac{1}{\omega+1} + \dfrac{1}{\omega^2+1} + \dfrac{1}{\omega^3+1} \right) \times 20$과 같다.

$20 \left(\dfrac{1}{\omega+1} + \dfrac{1}{\omega^2+1} + \dfrac{1}{\omega^3+1} \right)$

$= 20 \left(-\dfrac{1}{\omega^2} + \left(-\dfrac{1}{\omega} \right) + \dfrac{1}{2} \right)$

$= 20 \left(-\dfrac{\omega}{\omega^3} - \dfrac{\omega^2}{\omega^3} + \dfrac{1}{2} \right)$

$= 20 \left(-\omega - \omega^2 + \dfrac{1}{2} \right)$

▶ $\omega^2 + \omega + 1 = 0$에서
$\omega^2 + \omega = -1$

$= 20 \times \dfrac{3}{2} = 30$

167 정답 8

방정식 $x^3 = 1$의 한 허근을 ω라 하자. 실수 a, b에
대해 $\omega - \omega^2 + \omega^3 - \omega^4 + \cdots + \omega^{2019} = a + b\omega$를 만족
할 때, $a^2 + b^2$의 값은?
　　　　　①

①

$\omega - \omega^2 + \omega^3 - \omega^4 + \omega^5 - \omega^6 + \omega^7 + \cdots + \omega^{2019}$에서
$\omega = \omega^7$이므로 $\omega - \omega^2 + \omega^3 - \omega^4 + \omega^5 - \omega^6$의 형태가
반복된다.

$2019 = 6 \times 336 + 3$이므로 주어진 식의 좌변

　$= 336(\omega - \omega^2 + \omega^3 - \omega^4 + \omega^5 - \omega^6) + \omega - \omega^2 + \omega^3$

$\omega^3 - \omega^4 = \omega^3(1 - \omega) = 1 - \omega$　$\omega^2 + \omega + 1 = 0$을 이용

$\omega^5 - \omega^6 = \omega^5(1 - \omega) = \omega^2(1 - \omega)$　▲

　　$= (-1 - \omega)(1 - \omega) = -(1 - \omega^2) = \omega^2 - 1$

　　$= 336(\omega - \omega^2 + 1 - \omega + \omega^2 - 1) + \omega - \omega^2 + \omega^3$

　　$= \omega - \omega^2 + 1$

　　$= \omega - (-\omega - 1) + 1$

　　$= 2 + 2\omega$

$\therefore a = 2, \ b = 2$

$\therefore a^2 + b^2 = 8$

168 ························· 정답 -1

x에 대한 이차방정식 $x^2+x+1=0$의 한 허근을 ω라 할 때, $(1+\omega)^2+(\omega^2+\omega^3)^2+(\omega^4+\omega^5)^2+\cdots+(\omega^{98}+\omega^{99})^2$의 값은?
②

①
$\omega^2+\omega+1=0$이고, $(x-1)(x^2+x+1)=0$에서
$x^3-1=0$ $\quad\therefore\ \omega^3=1$

②
구하는 값의 규칙을 찾는다.

$(1+\omega)^2=(-\omega^2)^2=\omega^4=\omega$

$(\omega^2+\omega^3)^2=(\omega^2+1)^2=(-\omega)^2=\omega^2$

$(\omega^4+\omega^5)^2=(\omega+\omega^2)^2=(-1)^2=1$

$(\omega^6+\omega^7)^2=(1+\omega)^2=(-\omega^2)^2=\omega^4=\omega$

$\qquad\qquad\vdots$

따라서 $(\omega+\omega^2+1)$이 한 세트로 반복됨을 알 수 있다.

$50=16\times3+2$

$\therefore$ (준식)$=(\omega+\omega^2+1)\times16+\omega+\omega^2$

$\qquad\qquad=\omega+\omega^2$

$\qquad\qquad=-1$

169 ························· 정답 ㄱ, ㄹ

①
삼차방정식 $x^3=1$의 한 허근을 ω라 할 때, 옳은 것만을 [보기]에서 있는 대로 고르시오.
(단, $\overline{\omega}$는 ω의 켤레복소수이다.)

[보기]

ㄱ. $\omega^2=\overline{\omega}$ ②

ㄴ. $\omega^2+(\overline{\omega})^2=1$

ㄷ. $1+\omega+\omega^2+\cdots+\omega^{15}=0$

ㄹ. $\dfrac{1}{\omega+1}+\dfrac{1}{\omega^2+1}=\omega^3$

①
$x^3=1$은 $(x-1)(x^2+x+1)=0$이므로 한 허근 ω는 방정식 $x^2+x+1=0$의 근이다
따라서 다른 한 허근은 $\overline{\omega}$

②
근과 계수의 관계에 의해 $\omega+\overline{\omega}=-1$

ㄱ. $-\omega-1=\overline{\omega}$이므로 $\omega^2=-\omega-1=\overline{\omega}$ (○)

ㄴ. $-1-\omega+(-1-\overline{\omega})$
$\quad=-2-(\omega+\overline{\omega})=-1$ (✕)

ㄷ. $1+\omega+\omega^2=0$이므로 $16=3\times5+1$
$\quad(1+\omega+\omega^2)\times5+1$
$\quad\quad=1+\omega+\omega^2+\cdots+\omega^{15}=1$ (✕)

ㄹ. $\dfrac{1}{\omega+1}+\dfrac{1}{\omega^2+1}$에서 $\dfrac{1}{-\omega^2}+\dfrac{1}{-\omega}$

$\quad=\dfrac{-\omega}{\omega^3}+\dfrac{-\omega^2}{\omega^3}=\dfrac{-(\omega+\omega^2)}{\omega^3}=\dfrac{1}{\omega^3}=1$이므로

$\quad\omega^3=1$과 같은 값이다. (○)

170 ·········· 정답 ㄱ, ㄷ

삼차방정식 $x^3 = 1$의 한 허근을 ω라 할 때, [보기]
에서 옳은 것만을 있는 대로 고르시오.
(단, $\overline{\omega}$는 ω의 켤레복소수이다.)

[보 기]

ㄱ. $\omega^3 = 1$

ㄴ. $\dfrac{1 + \omega^{20}}{1 + (\overline{\omega})^{20}} = -\omega^2$

ㄷ. $(\omega + 1)^n = (\overline{\omega})^n$을 만족시키는 자연수 n은
모두 짝수이다.

ㄱ. $\omega^3 = 1$ $(\bigcirc)$

ㄴ. $\dfrac{1 + \omega^{20}}{1 + (\overline{\omega})^{20}} = \dfrac{1 + \omega^2}{1 + (\overline{\omega})^2} = \dfrac{-\omega}{-\overline{\omega}}$

$x^2 + x + 1 = 0$에서

근과 계수의 관계에 의해 $\omega \cdot \overline{\omega} = 1$

$\dfrac{-\omega}{-\overline{\omega}} = \dfrac{-\omega}{-\dfrac{1}{\omega}} = \omega^2$ $(\times)$

ㄷ. $(\omega + 1)^n = (\overline{\omega})^n$

$\omega + \overline{\omega} = -1$에서 $\omega + 1 = -\overline{\omega}$

$(\omega + 1)^n = (-\overline{\omega})^n$이므로 $(-\overline{\omega})^n = (\overline{\omega})^n$을 만족
시키는 n은 2의 배수, 즉 짝수이다. (O)

171 ·········· 정답 ㄴ

삼차방정식 $x^3 + 8 = 0$의 한 허근을 ω라 할 때, [보기]
에서 옳은 것만을 있는 대로 고르시오.
(단, $\overline{\omega}$는 ω의 켤레복소수이다.)

[보 기]

ㄱ. $\omega^2 = 2\overline{\omega}$

ㄴ. $\omega + \omega^2 + \omega^3 = 3\omega - 12$

ㄷ. $\left(\dfrac{2}{\omega}\right)^n = \left(\dfrac{\omega}{\omega + \overline{\omega}}\right)^n$을 만족시키는 100 이하

의 자연수 n의 개수는 16이다.

$\omega^3 + 8 = (\omega + 2)(\omega^2 - 2\omega + 4) = 0$에서

$\omega^3 = -8$, $\omega^2 - 2\omega + 4 = 0$

ω는 $x^2 - 2x + 4$의 한 허근이므로 다른 허근은 $\overline{\omega}$이
고, 근과 계수의 관계에 의해 $\omega + \overline{\omega} = 2$, $\omega\overline{\omega} = 4$

ㄱ. $2\overline{\omega} = 2(2 - \omega) = 4 - 2\omega = -\omega^2$ $(\times)$

ㄴ. $\omega + \omega^2 + \omega^3 = \omega + 2\omega - 4 - 8 = 3\omega - 12$ $(\bigcirc)$

ㄷ. $\left(\dfrac{2}{\omega}\right)^n = \left(\dfrac{\omega}{\omega + \overline{\omega}}\right)^n$

$\Rightarrow \left(\dfrac{2}{\omega}\right)^n = \left(\dfrac{\omega}{2}\right)^n$, $\omega^{2n} = 2^{2n}$

ω^3, ω^6, ω^9, $\cdots$가 정수이므로 ω^6의 값을 찾는다.

$\omega^6 = 2^6 = 64$로 양의 정수이므로 $2n$은 6의 배수이다.

즉, n은 3의 배수

$\therefore$ 100 이하의 n의 개수는 33개 $(\times)$

172 ⸻⸻⸻⸻⸻ 정답 ㄱ, ㄴ

방정식 $x^3 - 1 = 0$의 허근을 ω라 할 때, 옳은 것만을 [보기]에서 있는 대로 고르시오.

[보 기]

ㄱ. $\omega^{100} = \omega$

ㄴ. $\dfrac{\omega^2}{1 + \omega} + \dfrac{\overline{\omega}}{1 + \overline{\omega}^2} = -2$ (단, $\overline{\omega}$는 ω의 켤레 복소수이다.)

ㄷ. $\omega^{4n} + (\omega + 1)^{4n} + 1 = 0$을 만족시키는 50 이하의 양의 정수 n의 개수는 35이다.

⸻⸻⸻⸻⸻⸻

$x^3 - 1 = (x - 1)(x^2 + x + 1) = 0$

$x^2 + x + 1$의 두 근이 ω, $\overline{\omega}$이다.

$\omega + \overline{\omega} = -1$, $\omega\overline{\omega} = 1$, $\omega^2 + \omega + 1 = 0$,

$\overline{\omega}^2 + \overline{\omega} + 1 = 0$, $\omega^3 = 1$, $\overline{\omega}^3 = 1$

ㄱ. $\omega^{100} = (\omega^3)^{33} \cdot \omega = \omega$ (○)

ㄴ. $\dfrac{\omega^2}{1 + \omega} + \dfrac{\overline{\omega}}{1 + \overline{\omega}^2} = \dfrac{\omega^2}{-\omega^2} + \dfrac{\overline{\omega}}{-\overline{\omega}} = -2$ (○)

ㄷ. $\omega^{4n} + (\omega + 1)^{4n} + 1 = 0$

　　$\omega^{4n} + (-\omega^2)^{4n} + 1 = 0$

　　$\omega^{4n} + \omega^{8n} + 1 = 0$

　　$\omega^n + \omega^{2n} + 1 = 0$

($\omega^{3n} = \omega^{6n} = 1$, $\omega^{4n} = \omega^{3n} \cdot \omega^n$, $\omega^{8n} = \omega^{6n} \cdot \omega^{2n}$)

　　$\omega^{2n} + \omega^n + 1 = 0$

n이 3의 배수이면 $3 \neq 0$이므로 위의 식이 성립하지 않는다. n의 값이 3의 배수가 아닐 때 성립한다.

50 이하의 자연수 n의 개수는 34개 (×)

173 ⸻⸻⸻⸻⸻ 정답 $\dfrac{2}{5}$

연립방정식 $\begin{cases} x - 3y = 2 & ① \\ x^2 + y^2 = k & ② \end{cases}$ 이 오직 한 쌍의 해를 가질 때, 실수 k의 값은?

⸻⸻⸻⸻⸻⸻

x, y 중 하나의 변수로 나타낸다.

$x - 3y = 2 \implies x = 2 + 3y$

$x^2 + y^2 = k$에 대입하면 $(2 + 3y)^2 + y^2 = k$

$\implies 10y^2 + 12y + 4 - k = 0$

연립방정식이 오직 한 쌍의 해를 가지려면 x값 1개, y값 1개여야 하므로 y에 대한 이차방정식이 중근을 가져야 한다. 따라서 판별식 D/4 = 0을 이용한다.

D/4 $= 36 - 10(4 - k) = 0$

$\therefore k = \dfrac{2}{5}$

174 ⸻⸻⸻⸻⸻ 정답 2

x, y에 대한 연립방정식 $\begin{cases} x + y = 2a \\ x + y + xy = a^2 - a + 6 \end{cases}$ 이 실근을 가질 때, 실수 a의 최솟값은?

⸻⸻⸻⸻⸻⸻

$x + y$와 xy를 a에 대하여 표현한 후, 근과 계수의 관계를 이용해 이차방정식을 세운다.

$x + y = 2a$를 $x + y + xy = a^2 - a + 6$에 대입하면

$xy = a^2 - 3a + 6$

x, y를 두 근으로 하는 t에 대한 이차방정식은

$t^2 - (x + y)t + xy = 0$

$\implies t^2 - 2at + a^2 - 3a + 6 = 0$

이 방정식이 실근을 가지므로

D/4 $= a^2 - (a^2 - 3a + 6) \geq 0$

$\therefore a \geq 2$

실수 a의 최솟값은 2

175 .... 정답 9개

실수 x, y에 대하여 연립방정식
$\begin{cases} x^2+y^2=8 \\ x^2-xy+y^2=a \end{cases}$ 가 적어도 한 쌍의 실근을 갖도록 하는 정수 a의 개수는?

①

$x+y$와 xy를 a에 대하여 표현한다.

$x^2+y^2=8$ ──── ㉠
$x^2-xy+y^2=a$ ──── ㉡
㉠-㉡, $xy=8-a$
$(x+y)^2=x^2+y^2+2xy$
$=8+2(8-a)$
$=24-2a$

$24-2a \geq 0$이어야 $x+y$의 값이 존재하므로
$a \leq 12$

적어도 한 쌍의 실근을 갖도록 해야 하므로 한 쌍의 실근이 x, y이어야 한다.

x, y를 두 근으로 한다면 $x+y=\sqrt{24-2a}$와 $xy=8-a$를 알고 있으므로 근과 계수의 관계로 표현할 수 있고(∵ 두 근의 합과 곱), x, y를 두 근으로 갖는 t에 관한 이차방정식
$t^2-\sqrt{24-2a}\,t+8-a=0$으로 표현할 수 있다.
x, y 실수 근이 존재하려면 $D \geq 0$이어야 하므로
$D=24-2a-4(8-a) \geq 0$
$\therefore a \geq 4$

실수 a의 범위는 $4 \leq a \leq 12$이므로
정수 a의 개수는 9개

176 .... 정답 30

연립방정식 $\begin{cases} x^2+y^2=r^2 \\ x+2y=k \end{cases}$ 가 실근을 가지지 않도록 하는 정수 r의 개수는 $f(k)$라 하자. $f(k)=9$를 만족하는 모든 자연수 k의 값의 합은?

①

대입하여 하나의 변수로 나타낸 뒤 판별식을 이용한다.

$x+2y=k$에서 $x=k-2y$를 $x^2+y^2=r^2$에 대입하면 $x^2+y^2=(k-2y)^2+y^2=r^2$
$\Rightarrow 5y^2-4ky+k^2-r^2=0$
$D<0$, (y의 실근값이 존재하지 않으므로)
$D/4=4k^2-5(k^2-r^2)<0$
$r^2<\dfrac{k^2}{5}$에서 $-\sqrt{\dfrac{k^2}{5}}<r<\sqrt{\dfrac{k^2}{5}}$

②

부등식 $-\sqrt{\dfrac{k^2}{5}}<r<\sqrt{\dfrac{k^2}{5}}$를 만족하는 정수 r개의 개수가 9개이므로
(∵ r의 개수는 $f(k)$, $f(k)=9$, r의 개수는 9)
$r=-4, -3, -2, -1, 0, 1, 2, 3, 4$
(예) $-5<r<5$인 경우 -4부터 -1까지 4개,
1부터 4까지 4개, 0 1개, 총 9개)
$\Rightarrow 4<\sqrt{\dfrac{k^2}{5}} \leq 5$

$\sqrt{\dfrac{k^2}{5}}=4$이면 $-4<r<4$가 되어서 7개

$\therefore \sqrt{\dfrac{k^2}{5}}$ 는 4보다 커야 한다.

$\sqrt{\dfrac{k^2}{5}}>5$이면 $-6<r<6$이 되어서 11개

$\therefore \sqrt{\dfrac{k^2}{5}}$ 은 5보다 작거나 같아야 한다.

$\therefore 80<k^2 \leq 125$

이를 만족하는 자연수 k는 9, 10, 11이므로 그 합은 30이다.

177 ⋯⋯⋯⋯⋯⋯⋯⋯⋯⋯ 정답 −3

사차방정식 $x^4 - 3x^2 - 10 = 0$의 두 실근을 α, β라 하고 두 허근을 γ, δ라 할 때, $\alpha\beta + \gamma\delta$의 값은?

x^4는 $(x^2)^2$이므로 x^2을 t로 치환한다. x^2을 t로 치환하면 주어진 방정식은 $t^2 - 3t - 10 = 0$이고, 이 식을 인수분해하면 $(t+2)(t-5) = 0$이므로 $t = -2$, $t = 5$이다.

 ⅰ) $t = -2$일 때, $x^2 = -2$에서 $x = \pm\sqrt{2}\,i$
 ⅱ) $t = 5$일 때, $x^2 = 5$에서 $x = \pm\sqrt{5}$

∴ $\alpha\beta + \gamma\delta = -5 + 2 = -3$

178 ⋯⋯⋯⋯⋯⋯⋯⋯⋯⋯ 정답 4

x에 대한 사차방정식 $x^4 + ax^2 + b = 0$의 한 근이 $1 + i$일 때, b의 값은? (단, a, b는 실수이다.)

한 근이 주어졌으므로 방정식에 대입하여 실수부와 허수부로 나누어 표현한다. (x^4와 x^2이 있다고 해서 바로 $x^2 = t$로 치환할 필요는 없다.)

$x = 1 + i$를 방정식에 대입하면
$(1+i)^4 + a(1+i)^2 + b = 0$
$\Rightarrow -4 + 2ai + b = 0$
$\Rightarrow b - 4 + 2ai = 0$
∴ $b = 4$
 (a값은 문제에서 묻지 않았으므로 구할 필요 없음)

179 ⋯⋯⋯⋯⋯⋯⋯⋯⋯⋯ 정답 7개

x에 대한 사차방정식 $x^4 + 4x^2 + (m^2 - 2m - 8) = 0$ 이 실근을 갖도록 하는 정수 m의 개수는?

x^2을 t로 치환한다.
$t^2 + 4t + (m^2 - 2m - 8) = 0$
근과 계수의 관계를 통해 두 근의 합이 음수임을 알 수 있다. 여기에서 사차방정식이 실근을 가지려면 t의 값이 음수가 아니어야 하므로 위의 t에 대한 이차방정식은 음이 아닌 실근과 하나의 음수인 근을 가져야 한다.

두 근의 곱은 $m^2 - 2m - 8 \le 0$이므로
$m^2 - 2m - 8 = (m-4)(m+2) \le 0$
$-2 \le m \le 4$이다.
∴ 정수 m의 개수는 7개

180 ⋯⋯⋯⋯⋯⋯⋯⋯⋯⋯ 정답 41

10 이하의 자연수 n에 대하여 다항식 $p(x) = x^4 + 3x^2 - n^2 - 3n$일 때, 모든 정수 k에 대하여 $p(k) \ne 0$이 되도록 하는 모든 n값의 합은?

$p(k) \ne 0$의 의미는 다항식 $p(x)$의 x에 k값을 대입하면 0이 아니라는 의미이다. 모든 정수 k에 대하여 $p(k) \ne 0$이 되어야 하므로 $p(x) = 0$인 방정식이 정수인 해를 갖지 않을 때의 n을 구해야 한다.

주어진 식이 인수분해가 가능한지 확인하자.
$x^4 + 3x^2 - n^2 - 3n = 0$에서
$x^4 + 3x^2 - n(n+3) = 0$
 $\Rightarrow (x^2 - n)(x^2 + n + 3) = 0$

$\therefore x^2 = n$ 또는 $x^2 = -n-3$

　　　　　　　x는 복소수

$x^2 = n$에서 정수해를 갖는 n의 값은 1, 4, 9

정수해를 갖지 않는 n의 값은 2, 3, 5, 6, 7, 8,

10이고, 그 합은 41

181 　　　　　　　　　　　　　　　정답 7

삼차방정식 $x^3 + ax^2 + 3x + b = 0$이 한 실근 1을 가 ①
질 때, 나머지 두 근은 모두 허근이 되도록 하는 정수
a, b의 모든 순서쌍 (a, b)의 개수는?

실근의 값을 알고 있으므로 방정식에 대입하여 하나의 ①
미지수로 표현한 후, (1차)×(2차)=0의 형태에서 이
차방정식에 판별식을 적용한다.

1을 실근으로 가지므로 방정식에 $x = 1$을 대입하면

$x^3 + ax^2 + 3x + b = 0$에서 $1 + a + 3 + b = 0$

$\therefore b = -a - 4$

$x^3 + ax^2 + 3x - a - 4 = 0$에서 조립제법을 이용하여
인수분해하면

$$
\begin{array}{c|cccc}
 & 1 & a & 3 & -a-4 \\
1 & & 1 & a+1 & a+4 \\
\hline
 & 1 & a+1 & a+4 & 0 \\
\end{array}
$$

$\therefore (x-1)(x^2 + (a+1)x + a + 4) = 0$

여기에서 $x^2 + (a+1)x + a + 4 = 0$이 허근을 가져야
한다.

$D = (a+1)^2 - 4(a+4) < 0$

$a^2 - 2a - 15 < 0$

$(a+3)(a-5) < 0$ 　　$\therefore -3 < a < 5$

a의 개수는 7이므로 순서쌍 (a, b)의 개수도 7

182 　　　　　　　　　　　　　　　정답 −1

삼차방정식 $x^3 + ax^2 + bx + c = 0$의 한 근이 $1 + 2i$ ①
이고, 이차방정식 $x^2 - 3x - a - 1 = 0$과 하나의 공통 ②
근을 가질 때, 세 실수 a, b, c에 대하여 $a + b + c$
의 값은?

삼차방정식의 계수가 모두 실수이므로 $1 + 2i$가 근이 ①
면 $1 - 2i$도 근이다.

삼차방정식과 이차방정식의 공통근이 하나이므로 공통 ②
근을 α라 하자.

$x^2 - 3x - a - 1 = 0$에 $x = \alpha$를 대입하면

$\alpha^2 - 3\alpha - a - 1 = 0$ 　　㉠

삼차방정식의 세 근이 $1 + 2i$, $1 - 2i$, α이므로 근과
계수의 관계를 이용하면

$-a = (1+2i) + (1-2i) + \alpha = 2 + \alpha$

$\therefore a = -\alpha - 2$ 　　㉡

$b = (1+2i)(1-2i) + \alpha(1+2i) + \alpha(1-2i)$

　$= 5 + 2\alpha$

$-c = (1+2i)(1-2i)\alpha = 5\alpha$ 　　$\therefore c = -5\alpha$

㉡을 ㉠에 대입하면 $\alpha^2 - 2\alpha + 1 = 0$ 　　$\therefore \alpha = 1$

$a = -3$, $b = 7$, $c = -5$

$\therefore a + b + c = -1$

183   정답 −8

세 실수 a, b, c에 대하여 다항식
$p(x) = x^3 - ax^2 + bx - c$는 다음 [조건]을 만족시킨다.

[조 건]

(가) $1-i$는 삼차방정식 $p(x) = 0$의 근이다. ①
(나) $p(x)$를 $x-1$로 나눈 나머지는 4이다. ②

a, b, c를 세 근으로 하고 x^3의 계수가 1인 삼차방정식을 $f(x) = 0$이라 할 때, $f(-2)$의 값은?

        ①

$x^3 - ax^2 + bx - c$의 계수가 모두 실수이므로 $1-i$가 근이면 $1+i$도 근이다. 나머지 실근을 α로 두고 근과 계수의 관계로부터

$a = 1 - i + 1 + i + \alpha = 2 + \alpha$
$b = (1-i)(1+i) + (1-i)\alpha + (1+i)\alpha = 2 + 2\alpha$
$c = (1-i)(1+i)\alpha = 2\alpha$

        ②

(나)에서 $p(1) = 4$임을 알 수 있다. (∵ 나머지정리)
$p(x) = x^3 - ax^2 + bx - c$에 $x = 1$을 대입하면
$1 - a + b - c = 4$
$-a + b - c = 3$에 a, b, c값을 대입하면
$-(2 + \alpha) + 2 + 2\alpha - 2\alpha = 3$에서 $\alpha = -3$
$a = -1$, $b = -4$, $c = -6$
따라서 삼차방정식 $f(x) = (x+1)(x+4)(x+6)$
$f(-2) = -8$

184   정답 20

정수 a, b에 대하여 x에 대한
① 사차방정식 $2x^4 + ax^3 + bx^2 - bx - a - 2 = 0$이 1을 중근으로 갖고, 나머지 두 근이 -1이 아닌 서로 다른 정수일 때, $a+b$의 값은?

        ①

사차방정식이 1을 중근으로 가지므로 $(x^2 - 2x + 1)$로 나누어떨어짐을 알 수 있다.
방정식 $2x^4 + ax^3 + b^2 - bx - a - 2$를 $(x^2 - 2x + 1)$로 나누면

$$
\begin{array}{r}
2x^2 + (a+4)x + 2a + b + 6 \\
x^2 - 2x + 1 \overline{)\, 2x^4 + ax^3 + bx^2 - bx - a - 2} \\
\underline{2x^4 - 4x^3 + 2x^2} \\
(a+4)x^3 + (b-2)x^2 - bx - a - 2 \\
\underline{(a+4)x^3 - 2(a+4)x^2 + (a+4)x} \\
(2a+b+6)x^2 - (a+b+4)x - a - 2 \\
\underline{(2a+b+6)x^2 - (4a+2b+12)x + 2a+b+6} \\
(3a+b+8)x + (-3a-b-8)
\end{array}
$$

$\therefore 3a + b + 8 = 0$
$2x^4 + ax^3 + bx^2 - bx - a - 2$
$= (x^2 - 2x + 1)\{2x^2 + (a+4)x + 2a + b + 6\}$
나머지 두 근은 $2x^2 + (a+4)x + 2a + b + 6 = 0$의 두 근이고 $b = -3a - 8$이므로
$2x^2 + (a+4)x - a - 2 = 0$

이 방정식의 -1이 아닌 서로 다른 두 정수 근을 α, β라 하면 이차방정식의 근과 계수의 관계에 의해
$\alpha + \beta = \dfrac{-a-4}{2}$, $\alpha\beta = \dfrac{-a-2}{2}$ 이므로
$\alpha\beta = \alpha + \beta + 1$에서 $(\alpha-1)(\beta-1) = 2$
$\therefore \alpha = 2$, $\beta = 3$ or $\alpha = 3$, $\beta = 2$
$\therefore a = -14$, $b = 34$
$\therefore a + b = 20$

185

> x에 대한 삼차방정식
> $(x-a+2)\{x^2-(a+3)x+a^2\}=0$이 중근과 다른
> 한 근을 갖도록 하는 모든 실수 a의 값의 합은?
> ①

$x^2-(a+3)x+a^2$에서 중근을 갖는 경우와

$x^2-(a+3)x+a^2$의 한 근이 $x=a-2$인 경우로
나누어 생각할 수 있다.

ⅰ) 방정식 $x^2-(a+3)x+a^2=0$이 중근을 가질 때

$D=(a+3)^2-4a^2=0$

$(a+1)(a-3)=0$ $a=-1$ 또는 $a=3$

$a=-1$일 때, 중근은 $x=1$이고,

방정식 $x-a+2=0$의 근은 $x=-3$이므로 성립한다.

일차방정식의 근도 반드시 확인해야 한다.

$a=3$일 때, 중근은 $x=3$이고 방정식 $x-a+2=0$
의 근은 $x=1$이므로 성립한다.

ⅱ) 방정식 $x^2-(a+3)x+a^2=0$이 $x=a-2$를
근으로 가질 때, $(a-2)^2-(a+3)(a-2)+a^2=0$

$a^2-5a+10=0$

이 방정식의 판별식을 D'라고 하면

$D'=25-40=-15<0$, a값은 허수

∴ 실수 a값의 합은 2

186

> x에 대한 사차방정식
> $(x^2-3ax+2a^2)(x^2-3ax+2a^2+a-1)=0$이 서로
> 다른 네 개의 실근을 갖도록 하는 정수 a의 개수는?
> (단, $-10 \le a \le 10$)

각 이차방정식이 서로 다른 두 실근을 갖는다. 각 이
차방정식을 인수분해하여 x값을 구한다.

$x^2-3ax+2a^2=(x-2a)(x-a)=0$

∴ $x=a$, $x=2a$

이 방정식의 판별식 D_1은 $D_1=9a^2-8a^2=a^2>0$

이므로 $a\ne0$이다. 판별식으로 a의 조건을 찾는다.

$x^2-3ax+2a^2+a-1$

$=(x-2a+1)(x-a-1)=0$

∴ $x=2a-1$, $x=a+1$

이 방정식의 판별식 D_2는

$D_2=9a^2-8a^2-4a+4=(a-2)^2>0$ $a\ne2$이다.

두 방정식의 해가 서로 같지 않아야 한다.

각각 비교하면 $a\ne2a-1$에서 $a\ne1$, $2a\ne a+1$에
서 $a\ne1$ ∴ a는 0, 1, 2가 아니다.

$-10\le a\le10$에서 정수 a의 개수는 18개

187 ⸺ 정답 8개

사차방정식
① $x^4 - kx^3 - (k+1)x^2 + (k^2+2k)x - k^2 = 0$ ② 이 서로 다른 네 실근을 갖도록 하는 10 이하의 정수 k의 개수는?

① 조립제법을 이용하여 식을 간단하게 하자.

$$
\begin{array}{c|ccccc}
 & 1 & -k & -(k+1) & (k^2+2k) & -k^2 \\
1 & & 1 & -k+1 & -2k & k^2 \\
\hline
 & 1 & -k+1 & -2k & k^2 & 0 \\
k & & k & k & -k^2 & \\
\hline
 & 1 & 1 & -k & 0 &
\end{array}
$$

$\Rightarrow (x-1)(x-k)(x^2+x-k) = 0$

② 실근 네 개가 모두 다른 값이어야 하므로 $k \neq 1$, x^2+x-k이 1, k를 근으로 가지면 안 된다.

$\therefore x=1$을 대입하면 $1+1-k \neq 0$, $k \neq 2$

$x=k$를 대입하면 $k^2 \neq 0$, $k \neq 0$

$x^2+x-k = 0$이 서로 다른 두 실근을 가지려면

$D = 1 + 4k > 0$, $k > -\dfrac{1}{4}$

$\therefore$ 정수 k의 개수는

3, 4, 5, 6, 7, 8, 9, 10의 8개

188 ⸺ 정답 5개

③ $(k+1)x^3 - (k^2+3k+2)x^2 + 2(k^2+k+2)x - 4k$ ① $= 0$이 2개 이하의 실근을 가질 때, 정수 k의 개수는? ② (단, 중근일 경우의 실근 개수는 1개로 한다.)

① 조립제법을 이용하여 식을 간단하게 하자.

$$
\begin{array}{c|cccc}
 & k+1 & -(k^2+3k+2) & 2(k^2+k+2) & -4k \\
k & & k^2+k & -2k^2-2k & 4k \\
\hline
 & k+1 & -2k-2 & 4 & 0
\end{array}
$$

(준식) $= (x-k)((k+1)x^2 - 2(k+1)x + 4) = 0$

② 2개 이하의 실근을 가지려면 $x=k$가 이차방정식의 근이거나 이차방정식이 중근 또는 허근을 가져야 한다.

ⅰ) 최고차항 $\neq 0$

$x=k$가 $(k+1)x^2 - 2(k+1)x + 4 = 0$의 근일 때

$(k+1)k^2 - 2(k+1)k + 4 = 0$

$k^3 - k^2 - 2k + 4 = 0$

$k(k^2 - k - 2) = -4$

$k(k-2)(k+1) = -4 \Rightarrow$ 만족하는 정수 k는 존재하지 않는다.

ⅱ) 최고차항 $= 0$

$k+1 = 0 \rightarrow k = -1$

$4x + 4 = 0$, $x = -1$(실근 1개)

ⅲ) $(k+1)x^2 - 2(k+1)x + 4 = 0$이 중근 또는 허근을 가질 때, $D/4 = (k+1)^2 - 4(k+1) \leq 0$

$(k+1)(k-3) \leq 0$

$-1 < k \leq 3 (\because$ 이차방정식 성립 조건 $k \neq -1)$

③ ⅱ)에서 $k = -1$, ⅲ)에서 $-1 < k \leq 3$이므로 정수 k는 -1, 0, 1, 2, 3

7단원.

일차부등식

유형 1
정수인 해의 개수가 주어진 연립일차부등식

189

부등식 $4k+2 \leq x < 3k+5$를 만족시키는 정수 x가 7과 8분일 때, 실수 k의 값의 범위를 구하시오.

190

연립부등식 $\begin{cases} \dfrac{x}{3} - \dfrac{a}{6} \geq \dfrac{x}{6} - \dfrac{1}{9} \\ 3x-1 \geq 5x-7 \end{cases}$ 을 만족시키는 음의 정수 x가 2개일 때, 실수 a의 값의 범위를 구하시오.

192

연립부등식 $\begin{cases} \dfrac{x}{3} - \dfrac{1-a}{6} < \dfrac{x}{2} - \dfrac{a}{6} \\ |x-2| < 3 \end{cases}$ 을 만족시키는

정수 x가 3개가 되도록 하는 상수 a값의 범위가 $\alpha \leq a < \beta$일 때, $4(\alpha^2 + \beta^2)$의 값은?

① 9   ② 10   ③ 11

④ 12   ⑤ 13

유형 2
연립일차부등식의 활용

191

연립부등식 $6x+7 < 4x+5 \leq 5x+10$을 만족하는 최대 정수를 M, 최소 정수를 m이라 할 때, $M-m$의 값은?

① -3 ② -1 ③ 1

④ 3   ⑤ 5

193

농도가 30%인 소금물 300g에 농도가 10%인 소금물을 섞어서 농도가 13% 이상 16% 이하인 소금물을 만들려고 할 때, 농도가 10%인 소금물 양의 범위를 구하시오.

194

어느 반 학생들이 피자 몇 판을 나누어 먹으려고 한다. 모든 판을 똑같이 8조각으로 각각 자른 후 한 명이 3조각씩 먹으면 5명이 피자를 먹을 수 없고, 한 명이 2조각씩 먹으면 피자가 한 판 이하로 남는다고 한다. 이때, 이 반의 최소 학생 수는?

① 17   ② 18   ③ 19

④ 20   ⑤ 21

195

학생들에게 사과를 나누어 주는데 학생 한 명당 5개씩 주면 사과 12개가 남고, 6개씩 주면 맨 마지막 학생만 사과를 못 받거나 5개 미만으로 받는다고 한다. 이때, 최소 학생 수는?

① 10   ② 11   ③ 12

④ 13   ⑤ 14

196

1학년 학생 중 신청자를 대상으로 강연을 열기 위해 최대 6명씩 앉을 수 있는 긴 의자 여러 개를 강당에 배치했다. 한 의자에 4명씩 앉으면 학생이 8명 남고, 6명씩 앉으면 의자가 1개 남는다. 가능한 의자 개수의 총합은?

유형 3

$|ax+b| < c, |ax+b| > c$ **꼴의 부등식**

197

부등식 $|x-a| < 6$을 만족시키는 정수 x의 최솟값이 9일 때, 정수 a의 값을 구하시오.

198

연립부등식 $\begin{cases} x-5 \geq 2a \\ |x+a-1| < 4 \end{cases}$ 의 해가 부등식 $|x+a-1| < 4$의 해와 같을 때, 실수 a의 값의 범위를 구하시오.

199

연립부등식 $\begin{cases} |2x-3| \leq 7 \\ 2x+|x-3| > 4 \end{cases}$ 의 해가 $a < x \leq b$ 일 때, 실수 a, b에 대하여 ab의 값은?

① -5 ② $-\dfrac{3}{2}$ ③ -1

④ $\dfrac{3}{2}$ ⑤ 5

200

x에 대한 부등식 $|x-a| \leq 3$을 만족시키는 모든 정수 x 값의 합이 98일 때, 자연수 a의 값은?

① 8   ② 11   ③ 14

④ 17   ⑤ 20

유형 4

절댓값 기호가 두 개인 부등식

201

부등식 $||x-2|-1| \leq 5$을 만족시키는 정수 x의 개수를 구하시오.

202

부등식 $|3x-2|-|x+1| < 4$을 만족시키는 정수 x의 개수는?

① 2   ② 4   ③ 6

④ 8   ⑤ 10

203

부등식 $|\sqrt{x^2-2x+1}-1| < 7$을 만족시키는 모든 정수 x의 개수는?

① 14   ② 15   ③ 16

④ 17   ⑤ 18

204

x에 대한 부등식 $|2-4x|-|3-x| \geq k$가 모든 실수 x에 대해서 성립하도록 하는 정수 k의 최댓값은?

① -5 ② -3 ③ 0

④ 3   ⑤ 5

189 정답 $1 < k \le \dfrac{5}{4}$

부등식 $4k+2 \le x < 3k+5$를 만족시키는 정수 x가 7과 8뿐일 때, 실수 k의 값의 범위를 구하시오.

$6 < 4k+2 \le 7$ ($\because 4k+2 \le x$이므로 $4k+2$는 7과 같아도 되지만 6보다 커야 한다.)

$8 < 3k+5 \le 9$ ($x < 3k+5$이므로 $3k+5$는 8보다 크고, 9보다 작거나 같아야 조건을 만족한다.)

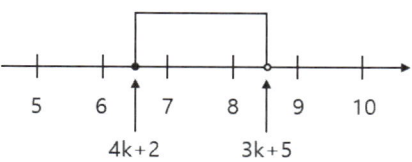

$4 < 4k \le 5 \implies 1 < k \le \dfrac{5}{4}$

$3 < 3k \le 4 \implies 1 < k \le \dfrac{4}{3}$

위 범위 내에서 공통 부분은 다음과 같다.

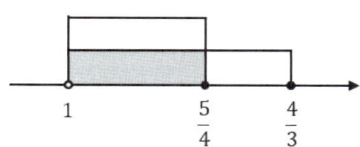

$\therefore 1 < k \le \dfrac{5}{4}$

190 정답 $-\dfrac{7}{3} < a \le -\dfrac{4}{3}$

연립부등식 $\begin{cases} \dfrac{x}{3} - \dfrac{a}{6} \ge \dfrac{x}{6} - \dfrac{1}{9} & ① \\ 3x-1 \ge 5x-7 & ② \end{cases}$ 을 만족시키는 음의 정수 x가 2개일 때, 실수 a의 값의 범위를 구하시오.

①, ②식을 간단하게 만들어 x의 범위를 구한다.

① $\dfrac{x}{3} - \dfrac{a}{6} \ge \dfrac{x}{6} - \dfrac{1}{9}$

$2x - a \ge x - \dfrac{2}{3}$

$x \ge a - \dfrac{2}{3}$ ⟶ ㉠

② $3x-1 \ge 5x-7$

$-2x \ge -6$

$x \le 3$ ⟶ ㉡

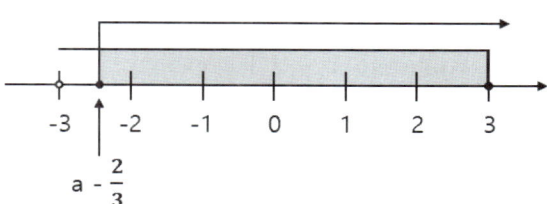

음의 정수가 2개가 되기 위해서는 $a - \dfrac{2}{3}$가 -2보다 작거나 같아야 하고, -3보다 커야 한다.

$-3 < a - \dfrac{2}{3} \le -2$

$\therefore -\dfrac{7}{3} < a \le -\dfrac{4}{3}$

191

> 연립부등식 $6x+7 < 4x+5 \leq 5x+10$을 만족하는
> 최대 정수를 M, 최소 정수를 m이라 할 때, $M-m$
> 의 값은?
>
> ① -3 ② -1 ③ 1
>
> ④ 3 ⑤ 5

$6x+7 < 4x+5$ ────── ㉠

$4x+5 \leq 5x+10$ ────── ㉡

두 개로 나누어서 x의 범위를 구한다.

$2x < -2,\ x < -1$ ────── ㉠

$-x \leq 5,\ x \geq -5$ ────── ㉡

$-5 \leq x < -1$

최대 정수: -2

최소 정수: -5

$\therefore M - m = -2 - (-5) = 3$

192

> 연립부등식 $\begin{cases} \dfrac{x}{3} - \dfrac{1-a}{6} < \dfrac{x}{2} - \dfrac{a}{6} & ① \\ |x-2| < 3 & ② \end{cases}$ 을 만족시키는
>
> 정수 x가 3개가 되도록 하는 상수 a값의 범위가
> $\alpha \leq a < \beta$일 때, $4(\alpha^2 + \beta^2)$의 값은?
>
> ① 9 ② 10 ③ 11
>
> ④ 12 ⑤ 13

①②

주어진 식을 x에 대해 간단하게 만들어 x의 범위를 구한다.

① $\dfrac{x}{3} - \dfrac{1-a}{6} < \dfrac{x}{2} - \dfrac{a}{6}$

$2x - 1 + a < 3x - a$

$-1 + 2a < x$

$x > 2a - 1$ ────── ㉠

② $|x-2| < 3$

$-3 < x - 2 < 3$

$-1 < x < 5$ ────── ㉡

주어진 x의 범위를 수직선에 표시하면

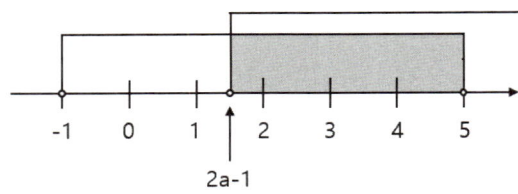

범위 내에 정수가 3개가 되게 하려면 $2a-1$이 2보다
작아야 한다(∵ 같으면 3과 4, 2개만 범위에 해당).

$2a-1$이 1보다 크거나 같아야 한다.

(∵ 같으면 2, 3, 4, 3개가 범위에 해당)

$1 \leq 2a - 1 < 2$

$2 \leq 2a < 3$

$1 \leq a < \dfrac{3}{2}$

$\alpha = 1,\ \beta = \dfrac{3}{2}$

$4(\alpha^2 + \beta^2) = 4\left(1 + \dfrac{9}{4}\right) = 13$

193

> ①   ②
> 농도가 30%인 소금물 300g에 농도가 10%인 소금
> 물을 섞어서 농도가 13% 이상 16% 이하인 소금물을
> 만들려고 할 때, 농도가 10%인 소금물 양의 범위를
> 구하시오.

> 〈농도 개념〉
>
> $\text{소금물의 농도} = \dfrac{\text{소금의 양}}{\text{소금물의 양}} \times 100(\%)$
>
> 소금의 양
>
> $= \dfrac{(\text{소금물의 농도})}{100} \times (\text{소금물의 양})$

농도가 30%인 소금물 300g에 들어 있는 소금의 양은

$$\frac{30}{100} \times 300 = 90(g)$$

농도가 10%인 소금물 x를 섞는다고 하면

$$90 + \frac{10}{100}x \rightarrow \text{섞은 소금물에서 소금의 양}$$
$$\overline{300 + x} \rightarrow \text{전체 소금물의 양}$$

이 식이 소금물의 농도

$$\frac{13}{100} \underset{\ominus}{\leq} \frac{90 + \frac{10}{100}x}{300 + x} \underset{\ominus}{\leq} \frac{16}{100}$$

$\ominus$ $\dfrac{13}{100}(300 + x) \leq 90 + \dfrac{10}{100}x$

$\quad 13(300 + x) \leq 9000 + 10x$

$\quad 13x + 3900 \leq 9000 + 10x$

$\quad 3x \leq 5100$

$\quad x \leq 1700$

$\ominus$ $90 + \dfrac{10}{100}x \leq \dfrac{16}{100}(300 + x)$

$\quad 9000 + 10x \leq 4800 + 16x$

$\quad 4200 \leq 6x$

$\quad 700 \leq x$

$\therefore 700 \leq x \leq 1700$

농도가 10%인 소금물을 700g 이상 1700g 이하로 섞어야 한다.

---

194 ························· 정답 ⑤

어느 반 학생들이 피자 몇 판을 나누어 먹으려고 한다. 모든 판을 똑같이 8조각으로 각각 자른 후 한 명이 3조각씩 먹으면 5명이 피자를 먹을 수 없고, 한 명이 2조각씩 먹으면 피자가 한 판 이하로 남는다고 한다. 이때, 이 반의 최소 학생 수는?

① 17   ② 18   ③ 19
④ 20   ⑤ 21

학생 수를 x라고 하면 $3(x-5)$

$\rightarrow$ 전체 피자 조각의 개수

2조각씩 먹으면 한판 이하(1조각에서 8조각까지)로 남는다.

$2x + 1 \leq 3(x-5) \leq 2x + 8$

$\ominus$ $2x + 1 \leq 3(x-5)$

$\quad 2x + 1 \leq 3x - 15$

$\quad 16 \leq x$

$\ominus$ $3(x-5) \leq 2x + 8$

$\quad 3x - 15 \leq 2x + 8$

$\quad x \leq 23$

$16 \leq x \leq 23$

$3(x-5) \rightarrow$ 8의 배수여야 한다. (한 판이 8조각)

$3(x-5) = 24, 48, 72$

$x - 5 = 8, 16, 24$

$x = 13, 21, 29$

$\therefore$ 범위 내의 x값은 21

195

학생들에게 사과를 나누어 주는데 학생 한 명당 5개①씩 주면 사과 12개가 남고, 6개씩 주면 맨 마지막 학생만 사과를 못 받거나 5개 미만으로 받는다고 한다.②이때, 최소 학생 수는?

① 10   ② 11   ③ 12

④ 13   ⑤ 14

학생 수를 x라고 하면 사과의 개수는 $5x+12$①

맨 마지막 학생이 사과를 받지 못한다.②
→ 전체 학생 수에서 1명 빼고 사과를 6개씩 받는다.
$6(x-1)$
→ $(x-1)$명은 6개씩 받고, 마지막 학생은 5개 미만으로 받는다.
$6(x-1) \leq 5x+12 < 6(x-1)+5$
$6x-6 \leq 5x+12$
$x \leq 18$
$5x+12 < 6x-6+5$
$13 < x$
$13 < x \leq 18$
∴ 최소 학생 수는 14

196

1학년 학생 중 신청자를 대상으로 강연을 열기 위해 최대 6명씩 앉을 수 있는 긴 의자 여러 개를 강당에①배치했다. 한 의자에 4명씩 앉으면 학생이 8명 남고, 6명씩 앉으면 의자가 1개 남는다. 가능한 의자 개수②의 총합은?

의자의 개수를 x라고 하면 학생 수는 $4x+8$①

6명씩 앉으면 의자 1개가 남으므로 $x-2$개의 의자에②는 모두 6명씩 앉을 수 있고, 1개의 의자에는 최소 1명부터 최대 6명까지 앉을 수 있다.
$6(x-2)+1 \leq 4x+8 \leq 6(x-2)+6$
$6x-12+1 \leq 4x+8$
$2x \leq 19, \qquad x \leq 9.5$
$4x+8 \leq 6x-12+6$
$14 \leq 2x$
$7 \leq x$
$7 \leq x \leq 9.5$
x는 정수이므로 가능한 의자의 개수는 7, 8, 9
∴ 의자 개수의 총합은 24

197

부등식 $|x-a| < 6$을 만족시키는 정수 x의 최솟값이 9일 때, 정수 a의 값을 구하시오.

$|x-a| < 6$
$-6 < x-a < 6$
$a-6 < x < a+6$
정수 x의 최솟값이 9이고, $a-6$이 정수이므로
(∵ a가 정수이므로 $a-6$도 정수)
$8 \leq a-6 < 9$
$14 \leq a < 15$
∴ $a = 14$

198

정답 $a \le -\dfrac{8}{3}$

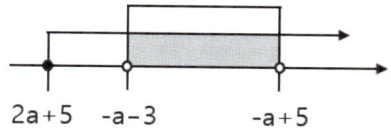

연립부등식 $\begin{cases} x-5 \ge 2a & ① \\ |x+a-1| < 4 & ② \end{cases}$ 의 해가 부등식 $|x+a-1| < 4$의 해와 같을 때, 실수 a의 값의 범위를 구하시오.

①
$x-5 \ge 2a$에서 $x \ge 2a+5$

②
$|x+a-1| < 4$
$-4 < x+a-1 < 4$
$-a-3 < x < -a+5$ ⋯⋯ ㉠

수직선을 그리면

$$2a+5 \quad\quad -a-3 \quad\quad -a+5$$

주어진 연립부등식의 해가 $|x+a-1| < 4$의 해, 즉 ㉠과 같으려면 위 수직선에서 $2a+5 \le -a-3$
$3a \le -8$

$\therefore a \le -\dfrac{8}{3}$

199

정답 ⑤

연립부등식 $\begin{cases} |2x-3| \le 7 & ① \\ 2x+|x-3| > 4 & ② \end{cases}$ 의 해가 $a < x \le b$ 일 때, 실수 a, b에 대하여 ab의 값은?

① -5 ② $-\dfrac{3}{2}$ ③ -1

④ $\dfrac{3}{2}$ ⑤ 5

①
$|2x-3| \le 7$
$-7 \le 2x-3 \le 7$
$-4 \le 2x \le 10$
$-2 \le x \le 5$ ⋯⋯ ㉠

②
$2x+|x-3| > 4$에서 절댓값 부호를 없애기 위해 $x-3 \ge 0$일 때와 $x-3 < 0$일 때로 나눠서 생각한다.

ⅰ) $x-3 \ge 0$ $(x \ge 3)$일 때
$2x+x-3 > 4$
$3x > 7$, $x > \dfrac{7}{3}$

$x > \dfrac{7}{3}$, $x \ge 3$의 공통범위 $x \ge 3$

ⅱ) $x-3 < 0$ $(x < 3)$일 때
$2x-x+3 > 4$
$x > 1$

공통 범위 $1 < x < 3$

$\therefore$ ⅰ), ⅱ)에 의해 $2x+|x-3| > 4$의 해는
$1 < x < 3$ 또는 $x \ge 3$ 전체 범위 $x > 1$ ⋯⋯ ㉡

연립부등식의 해는 ㉠, ㉡의 공통 범위 $1 < x \le 5$이다.
$a = 1$, $b = 5$ $\therefore ab = 5$

200

정답 ③

x에 대한 부등식 $|x-a| \le 3$을 만족시키는 모든 정수 x 값의 합이 98일 때, 자연수 a의 값은?

① 8   ② 11   ③ 14

④ 17   ⑤ 20

$|x-a| \le 3$
$-3 \le x-a \le 3$
$a-3 \le x \le a+3$

a가 자연수이므로 $a-3$, $a+3$은 정수이다.
부등식의 해에는 정수 7개가 존재한다.
$(\because a-3, a-2, a-1, a, a+1, a+2, a+3)$

연속된 7개의 정수의 합은
$(a-3)+(a-2)+(a-1)+a+(a+1)+(a+2)$
$+(a+3) = 7a = 98$
$\therefore a = 14$

201

> 부등식 $||x-2|-1| \leq 5$을 만족시키는 정수 x의 개수를 구하시오.

가장 바깥쪽 절댓값 기호부터 없애면
$||x-2|-1| \leq 5$
$-5 \leq |x-2|-1 \leq 5$
$-4 \leq |x-2| \leq 6$
$|x-2| \geq 0$이므로 $-6 \leq x-2 \leq 6$
$|x-2| \leq 6$
$-6 \leq x-2 \leq 6$
$-4 \leq x \leq 8$
$\therefore$ 정수 x는 -4, -3, $\cdots$, 8, 총 13개

+ 다른 풀이
안쪽의 절댓값 기호부터 없애면
ⅰ) $x-2 \geq 0$일 때
$|x-2-1| \leq 5$
$|x-3| \leq 5$
$-5 \leq x-3 \leq 5$
$-2 \leq x \leq 8$
$2 \leq x \leq 8$ $(x-2 \geq 0$이므로$)$
ⅱ) $x-2 < 0$일 때
$|-x+2-1| \leq 5$
$|-x+1| \leq 5$
$-5 \leq -x+1 \leq 5$
$-6 \leq -x \leq 4$
$-4 \leq x \leq 6$
$-4 \leq x < 2$ $(x-2 < 0$이므로$)$
ⅰ) ⅱ)의 합은 $-4 \leq x \leq 8$
$\therefore -4$, -3, -2, -1, 0,
1, 2, 3, 4, 5, 6, 7, 8, 총 13개

202

> 부등식 $|3x-2|-|x+1| < 4$을 만족시키는 정수 x의 개수는?
>
> ① 2 ② 4 ③ 6
> ④ 8 ⑤ 10

절댓값 기호가 2개인 경우, 2개의 절댓값을 0으로 만드는 값을 기준으로 3개의 범위를 나누어서 생각한다.
$3x-2=0$인 x값 $\dfrac{2}{3}$
$x+1=0$인 x값 -1

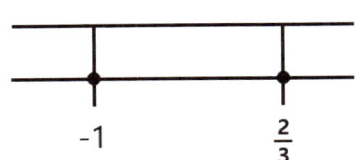

ⅰ) $x < -1$일 때는 $3x-2 < 0$, $x+1 < 0$이다.
$\therefore -(3x-2)-(-x-1) < 4$
$-3x+2+x+1 < 4$
$-2x < 1$
$x > -\dfrac{1}{2}$
이 경우에는 성립하지 않는다.

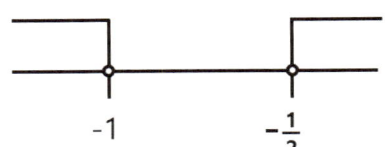

ⅱ) $-1 \leq x < \dfrac{2}{3}$인 경우 $x+1 \geq 0$, $3x-2 < 0$
$\therefore -(3x-2)-(x+1) < 4$
$-3x+2-x-1 < 4$
$-4x < 3$
$x > -\dfrac{3}{4}$
$-\dfrac{3}{4} < x < \dfrac{2}{3}$

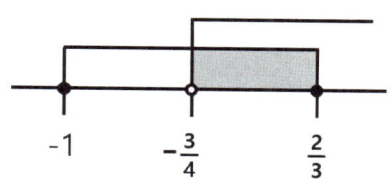

iii) $x \geq \frac{2}{3}$인 경우 $x+1 \geq 0$ $3x-2 \geq 0$

$\therefore 3x-2-x-1 < 4$

$2x < 7$

$x < \frac{7}{2}$

$\therefore \frac{2}{3} \leq x < \frac{7}{2}$

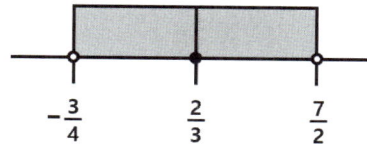

부등식의 해는 $-\frac{3}{4} < x < \frac{7}{2}$

$\therefore$ 정수 x의 개수는 0, 1, 2, 3, 총 4개

203 ·········· 정답 ②

> 부등식 $|\sqrt{x^2-2x+1}-1| < 7$을 만족시키는 모든 정수 x의 개수는?
>
> ① 14   ② 15   ③ 16
>
> ④ 17   ⑤ 18

$|\sqrt{x^2-2x+1}-1| < 7$

$-7 < \sqrt{(x-1)^2}-1 < 7$

$-6 < \sqrt{(x-1)^2} < 8$

$-6 < |x-1| < 8$ $(\because \sqrt{(x-1)^2} = |x-1|)$

$|x-1| \geq 0$이므로 $|x-1| < 8$

$-8 < x-1 < 8$

$-7 < x < 9$

따라서 정수 x의 개수는 $9-(-7)-1 = 15$개이다.

부등식에서 정수의 개수를 구하는 방법

① $a < x < b$ (a, b가 정수)

  (a나 b가 음수인 경우에도 같다.)

> (예) $-7 < x < 9$
>
> -7부터 -1까지 7개, 1부터 9까지 9개, 0 1개
>
> 7개+9개+1개-2개 (7과 9를 포함하지 않으므로 전체 개수에서 뺀다.)
>
> $\therefore 9-(-7)-1$로 계산 ($b-a-1$)

② $a \leq x < b$ 또는 $a < x \leq b$인 경우

> (예) $-7 \leq x < 9$
>
> -7부터 -1까지 7개, 1부터 9까지 9개, 0 1개
>
> 7개+9개+1개-1개 (등호가 없는 9를 포함하지 않으므로 전체 개수에서 뺀다.)
>
> $\therefore 9-(-7)$로 계산 ($b-a$)

③ $a \leq x \leq b$인 경우

> (예) $-7 \leq x \leq 9$
>
> -7부터 -1까지 7개, 1부터 9까지 9개, 0 1개
>
> 7개+9개+1개 (-7, 9에 등호가 있으므로 빼지 않는다.)
>
> $\therefore 9-(-7)+1$로 계산 ($b-a+1$)

204 .... 정답 ②

> x에 대한 부등식 $|2-4x|-|3-x| \geq k$가 모든 실수 x에 대해서 성립하도록 하는 정수 k의 최댓값은?
>
> ① -5　　　② -3　　　③ 0
>
> ④ 3　　　⑤ 5

$f(x)=|2-4x|-|3-x|$라고 하면 $f(x)$의 그래프와 $y=k$그래프를 그려서 $f(x)$의 그래프가 $y=k$보다 위에 위치하는 k값을 찾는다.

절댓값 기호가 2개인 경우, 2개의 절댓값을 0으로 만드는 값을 기준으로 3개의 범위를 나누어서 생각한다.

$2-4x=0$　　$x=\dfrac{1}{2}$

$3-x=0$　　　$x=3$

ⅰ) $x \leq \dfrac{1}{2}$일 때, $2-4x \geq 0$,　$3-x \geq 0$

　　$2-4x-3+x \geq k$

　　$-1-3x \geq k$

ⅱ) $\dfrac{1}{2} < x \leq 3$일 때, $2-4x < 0$,　$3-x \geq 0$

　　$-2+4x-3+x \geq k$

　　$5x-5 \geq k$

ⅲ) $x > 3$일 때, $2-4x < 0$,　$3-x < 0$

　　$-2+4x+3-x \geq k$

　　$3x+1 \geq k$

그래프를 그리면 다음과 같다.

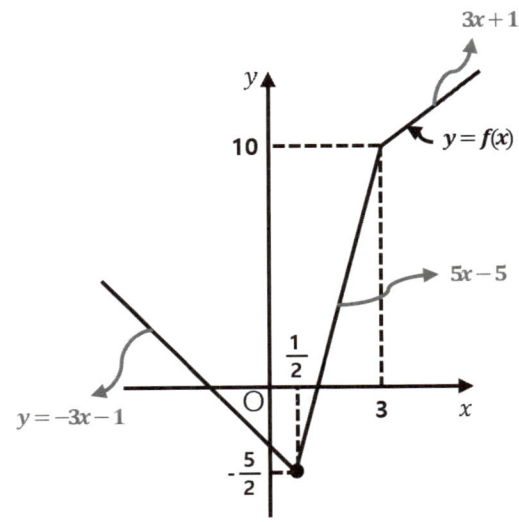

$\therefore$ $f(x)$의 최솟값은 $-\dfrac{5}{2}$

모든 실수에 대해 $f(x) \geq k$가 성립하도록 하는 정수 k의 최댓값은 -3

8단원.

이차부등식

유형 1

절댓값 기호를 포함한 부등식

205

부등식 $x^2 - 4|x| - 5 \leq 0$을 만족시키는 모든 정수 x의 개수는?

206

부등식 $|x| + |x+2| \leq 10$의 해와 이차부등식 $x^2 + ax + b \leq 0$의 해가 일치할 때, $a+b$의 값은?

207

연립부등식 $\begin{cases} x^2 - 4|x| - 32 \leq 0 \\ 2x^2 + 4x - 35 \geq x^2 + 2x \end{cases}$ 를 만족시키는 정수 x가 될 수 있는 모든 값들의 합은?

208

$|x^2 - |x+2|| < 4$의 해가 $a < x < b$일 때, $a+b$의 값은?

유형 2

부등식 $f(x) < 0$과 부등식 $f(ax+b) < 0$의 관계

209

x에 대한 이차부등식 $f(x) \geq 0$의 해가 $x \geq 4$ 또는 $x \leq -2$일 때, 부등식 $f(4x-1) \leq 0$의 해는?

210

두 점 $(-2, 0)$, $(1, 0)$을 지나는 이차함수 $y = f(x)$에 대하여 부등식 $f\left(\dfrac{x+4k}{3}\right) \leq 0$의 해가 $-2 \leq x \leq 7$일 때, 상수 k의 값은?

211

이차함수 $y=f(x)$의 그래프가 두 점 $(-1,\ 0), (2,\ 0)$을 지난다. 상수 k에 대하여 부등식 $f\left(\dfrac{k-x}{2}\right)\le 0$의 해가 $k^2-4k\le x\le k^2-10$일 때, 부등식 $f(kx-3)>0$의 해는 $x<\alpha$ 또는 $x>\beta$ 이다. 이때, $\alpha+\beta$의 값은?

212

이차함수 $f(x)$가 다음 [조건]을 만족시킨다. $f(3)$의 최솟값을 $\dfrac{q}{p}$라 할 때, $p+q$의 값은?

(단, $p,\ q$는 서로소인 자연수이다.)

[조 건]

(가) 부등식 $f\left(\dfrac{1-x}{3}\right)\le 0$의 해가 $-5\le x\le 7$이다.

(나) 모든 실수 x에 대하여 부등식 $f(x)\ge 2x-5$ 가 성립한다.

유형 3
이차부등식이 해를 갖지 않을 조건

213

이차부등식 $(k+1)x^2+6x+(k-3)>0$의 해가 없도록 실수 k의 값의 범위를 정하면?

214

x에 대한 이차부등식
$-x^2+(k+1)x+(k+2)(k-4)\ge 0$이 해가 없을 때, 실수 k값의 범위가 $n<k<m$이다. $m-n$의 값은?

215

x에 대한 부등식 $2|x-2|-|x+3|\le k$의 해가 존재하지 않도록 하는 정수 k의 최댓값은?

216

부등식 $|2x-1|+|3x+4| \leq k$가 해를 갖지 않도록 하는 실수 k의 값의 범위는?

유형 4

제한된 범위에서 항상 성립하는 이차부등식

217

$4 \leq x \leq 6$인 실수 x에 대하여 이차부등식 $x^2-5x-3k+2 \leq 0$이 항상 성립하도록 하는 정수 k의 최솟값은?

218

$-1 \leq x \leq 3$인 모든 실수 x에 대하여 이차부등식 $-x^2+4x+6 \geq k$가 항상 성립할 때, k값의 범위를 구하면?

219

$-3 \leq x \leq 0$인 모든 실수 x에 대하여 부등식 $(a-1)x^2+2(a-1)x+1 > 0$이 성립하기 위한 실수 a값의 범위는?

220

$-2 < x < 2$인 실수 x에 대하여 부등식 $x^2+(t-3)x+3t \leq 0$이 항상 성립할 때, 실수 t의 최댓값은?

유형 5

해가 주어진 연립이차부등식

221

이차부등식 $x^2 + ax + b > 0$의 해가 $x < -3$ 또는 $x > 2$일 때, 이차부등식 $x^2 + bx - 7a \leq 0$의 해는?

222

이차부등식 $ax^2 + 2bx - 12 > 0$의 해가 $-3 < x < -2$일 때, 이차부등식 $ax^2 - 8x - 2b > 0$의 해는 $\alpha < x < \beta$이다. $\alpha + \beta$의 값은?

223

x에 대한 이차부등식 $f(x) > 0$의 해가 $-2 < x < 1$일 때, 부등식 $f(3x - 1) \leq 0$의 해는?

224

$ax^2 + bx + c < 0$의 해가 $-2 < x < 3$일 때, $cx^2 + bx + a > 0$의 해는 $\alpha < x < \beta$이다. $\alpha + \beta$의 값은? (단, α, β는 실수이다.)

유형 6

정수인 해의 개수가 주어진 이차부등식

225

연립이차부등식 $\begin{cases} x^2 - 3x - 10 \leq 0 \\ x^2 - (a+3)x + 3a > 0 \end{cases}$ 을 만족시키는 정수 x가 6개가 되게 하는 자연수 a의 개수는?

226

연립부등식 $\begin{cases} x^2 - 6x + 8 \leq 0 \\ x^2 + (1-a)x - a < 0 \end{cases}$ 을 만족시키는 모든 정수 x의 값의 합이 9일 때, a의 값의 범위는?

227

연립부등식 $\begin{cases} |x-2| < k \\ x^2 - 2x - 3 \le 0 \end{cases}$ 을 만족시키는 정수 x의 개수가 5일 때, 양의 정수 k의 최솟값은?

228

자연수 k에 대하여 연립부등식

$\begin{cases} x^2 - 2kx + 2k^2 \ge 0 \\ x^2 - (6k+3)x + 5k^2 + 3k \le 0 \end{cases}$ 의 정수 해의 개수

가 24개일 때, k의 값은?

유형 7

이차방정식의 근의 분리

229

이차방정식 $x^2 + 2ax - a + 6 = 0$의 두 근이 모두 -3과 1사이에 있을 때, 실수 a값의 범위는?

230

이차함수 $f(x) = x^2 - 6x + k$에 대하여 $y = f(x)$의 그래프와 x축이 서로 다른 두 점 α, β에서 만나고 $\alpha < 2 < \beta$를 만족한다. 실수 k 값의 범위는?

231

이차함수 $f(x) = -x^2 - 4x + k$에 대하여 $y = f(x)$의 그래프와 x축이 서로 다른 두 점 $(\alpha, 0)$, $(\beta, 0)$에서 만난다. $\alpha < \beta < 3$을 만족시키는 실수 k 값의 범위는?

232

x에 대한 이차방정식 $x^2 - kx + 3k + 3 = 0$의 근 중 적어도 한 개가 $-1 < x < 6$에 존재하도록 하는 상수 k 값의 범위는?

205 ·············· 정답 **11개**

> ①
> 부등식 $x^2-4|x|-5 \leq 0$을 만족시키는 모든 정수 x의 개수는?

①

$|x|$에서 x의 부호에 따라 부등식이 달라지므로 x가 아니라 0보다 크거나 0인 경우와 x가 0보다 작은 경우로 나누어 생각하자.

 i) $x \geq 0$일 때, 주어진 부등식은

$x^2-4x-5 \leq 0$

$(x-5)(x+1) \leq 0$, $-1 \leq x \leq 5$

$\therefore \ 0 \leq x \leq 5$ ($\because \ x \geq 0$)

 ii) $x < 0$일 때, 주어진 부등식은

$x^2+4x-5 \leq 0$

$(x+5)(x-1) \leq 0$, $-5 \leq x \leq 1$

$\therefore \ -5 \leq x < 0$ ($\because \ x < 0$)

 i), ii)에서 부등식의 해는 $-5 \leq x \leq 5$이므로 모든 정수 x의 개수는 11개이다.

206 ·············· 정답 **−22**

> ①
> 부등식 $|x|+|x+2| \leq 10$의 해와 이차부등식 $x^2+ax+b \leq 0$의 해가 일치할 때, $a+b$의 값은?

①

$x<-2$인 경우, $-2 \leq x < 0$인 경우, $x \geq 0$인 경우의 부등식이 모두 다르므로 세 경우의 부등식에 대한 해를 구해야 한다.

 i) $x < -2$일 때, 주어진 부등식은

$-x-x-2 \leq 10$이므로 $x \geq -6$

$\therefore \ -6 \leq x < -2$

 ii) $-2 \leq x < 0$일 때, 주어진 부등식은

$-x+x+2 \leq 10$, $2 \leq 10$이므로

$-2 \leq x < 0$에서 항상 성립한다.

 iii) $x \geq 0$일 때, 주어진 부등식은

$x+x+2 \leq 10$, $x \leq 4$ $\quad \therefore \ 0 \leq x \leq 4$

그러므로 주어진 부등식의 해는 $-6 \leq x \leq 4$이다.

이 해가 $x^2+ax+b \leq 0$의 해와 일치해야 하므로

$x^2+ax+b = (x+6)(x-4)$

$\qquad\qquad = x^2+2x-24$

$\therefore \ a=2, \ b=-24$

$\therefore \ a+b=-22$

207 ····· 정답 11

연립부등식 $\begin{cases} x^2-4|x|-32 \leq 0 \\ 2x^2+4x-35 \geq x^2+2x \end{cases}$ ① 를 만족시키는 정수 x가 될 수 있는 모든 값들의 합은?

①

각각의 부등식의 해를 구하고, 공통되는 부분의 해를 구한다.

ⅰ) $x^2-4|x|-32 \leq 0$의 해를 구하면

① $x<0$일 때,

$x^2+4x-32 \leq 0$, $(x-4)(x+8) \leq 0$

$-8 \leq x \leq 4$　　∴ $-8 \leq x < 0$

② $x \geq 0$일 때,

$x^2-4x-32 \leq 0$, $(x+4)(x-8) \leq 0$

$-4 \leq x \leq 8$　　∴ $0 \leq x \leq 8$

부등식의 해는 $-8 \leq x \leq 8$

ⅱ) $2x^2+4x-35 \geq x^2+2x$의 해를 구하면

$x^2+2x-35 \geq 0$, $(x-5)(x+7) \geq 0$

$x \geq 5$ 또는 $x \leq -7$

연립부등식의 해는

$-8 \leq x \leq -7$ 또는 $5 \leq x \leq 8$

정수 x가 될 수 있는 모든 값들의 합은

$-8+(-7)+5+6+7+8=11$

208 ····· 정답 1

$|x^2-|x+2|| < 4$ 의 해가 $a<x<b$일 때, $a+b$ 의 값은?

①

$x<-2$인 경우와 $x \geq -2$인 경우로 나누어 생각하자.

②

두 개의 절댓값 부호가 있지만 부등식의 좌변 전체에 절댓값이 있으므로 연립부등식으로 변환하여 해결할 수 있다.

ⅰ) $x<-2$일 때,

$|x^2+x+2| < 4$, $-4 < x^2+x+2 < 4$

$\begin{cases} x^2+x+6>0 \\ x^2+x-2<0 \end{cases} \Rightarrow \begin{cases} x는 모든 실수 \\ -2<x<1 \end{cases}$ 이므로

$x<-2$일 때 해는 없다.

ⅱ) $x \geq -2$일 때,

$|x^2-x-2| < 4$, $-4 < x^2-x-2 < 4$

$\begin{cases} x^2-x+2>0 \\ x^2-x-6<0 \end{cases} \Rightarrow \begin{cases} x는 모든 실수 \\ -2<x<3 \end{cases}$ 이므로

부등식의 해는 $-2 < x < 3$이다.

ⅰ), ⅱ)에서 주어진 부등식의 해는 $-2 < x < 3$이므로 $a=-2$, $b=3$이다.

∴ $a+b=1$

209 ····· 정답 $-\dfrac{1}{4} \leq x \leq \dfrac{5}{4}$

x에 대한 이차부등식 $f(x) \geq 0$의 해가 $x \geq 4$ 또는 $x \leq -2$일 때, 부등식 $f(4x-1) \leq 0$의 해는?

②

①

주어진 조건을 이차부등식의 형태로 표현한다.

$f(x)=a(x-4)(x+2) \geq 0$ $(a>0)$

②

x의 자리에 $(4x-1)$을 대입한다.

$f(4x-1)=a(4x-5)(4x+1) \leq 0$

∴ $f(4x-1) \leq 0$의 해는 $-\dfrac{1}{4} \leq x \leq \dfrac{5}{4}$

210

> ①
> 두 점 $(-2,\ 0)$, $(1,\ 0)$을 지나는 이차함수
> $y=f(x)$에 대하여 부등식 $f\left(\dfrac{x+4k}{3}\right)\leq 0$의 해가
> $-2\leq x\leq 7$일 때, 상수 k의 값은?
> ②

①
$f(x)$를 이차함수의 형태로 나타낸다.
$f(x)=a(x+2)(x-1)$

②
이차함수에 x값에 $\left(\dfrac{x+4k}{3}\right)$ 대입한다.

$f\left(\dfrac{x+4k}{3}\right)=a\left(\dfrac{x+4k}{3}+2\right)\left(\dfrac{x+4k}{3}-1\right)\leq 0$

$\dfrac{a}{9}(x+4k+6)(x+4k-3)\leq 0$의 해가

$-2\leq x\leq 7$이므로
$-4k-6=-2,\ -4k+3=7$에서 $k=-1$

211

> ①
> 이차함수 $y=f(x)$의 그래프가 두 점
> $(-1,\ 0),\ (2,\ 0)$을 지난다. 상수 k에 대하여 부등식
> ② $f\left(\dfrac{k-x}{2}\right)\leq 0$의 해가 $k^2-4k\leq x\leq k^2-10$일 때,
> ③
> 부등식 $f(kx-3)>0$의 해는 $x<\alpha$ 또는 $x>\beta$
> 이다. 이때, $\alpha+\beta$의 값은?

①
이차함수의 형태로 나타낸다.
$f(x)=a(x-2)(x+1)$

②
이차함수의 x에 $\left(\dfrac{k-x}{2}\right)$ 대입한다.

$f\left(\dfrac{k-x}{2}\right)=a\left(\dfrac{k-x}{2}-2\right)\left(\dfrac{k-x}{2}+1\right)\leq 0$

$\dfrac{a}{4}(-x+k-4)(-x+k+2)\leq 0$

$k-4\leq x\leq k+2,\ a$: 양수
$\therefore\ k-4=k^2-4k,\ k+2=k^2-10$
$k-4=k^2-4k$에서 $k^2-5k+4=0$
$(k-1)(k-4)=0\ \ k=1$ 또는 $k=4$이다.
$k+2=k^2-10$에서 $k^2-k-12=0$
$(k+3)(k-4)=0\ \ k=-3$ 또는 $k=4$이다.
두 조건을 모두 만족하는 $k=4$이므로
부등식 $f(kx-3)>0\ \ \Rightarrow f(4x-3)>0$

③
$f(x)=a(x-2)(x+1)$에서 x에 $(4x-3)$을 대입한다.
$f(4x-3)=a(4x-3-2)(4x-3+1)>0$에서
$\qquad a(4x-5)(4x-2)>0$

$\therefore\ x>\dfrac{5}{4}$ 또는 $x<\dfrac{1}{2}$

$\therefore\ \alpha=\dfrac{1}{2},\ \beta=\dfrac{5}{4}$

$\alpha+\beta$의 값은 $\dfrac{7}{4}$

212

이차함수 $f(x)$가 다음 [조건]을 만족시킨다. $f(3)$의 최솟값을 $\dfrac{q}{p}$라 할 때, $p+q$의 값은?

(단, p, q는 서로소인 자연수이다.)

[조 건]

① (가) 부등식 $f\left(\dfrac{1-x}{3}\right) \leq 0$의 해가 $-5 \leq x \leq 7$이다.

(나) 모든 실수 x에 대하여 부등식 $f(x) \geq 2x-5$ 가 성립한다. ②

①

$f\left(\dfrac{1-x}{3}\right)$의 이차함수의 형태로 나타낸다.

$f\left(\dfrac{1-x}{3}\right) = a(x+5)(x-7) \ (a>0)$

$\dfrac{1-x}{3} = t$로 치환하면 $x = 1-3t$

$f(t) = a(1-3t+5)(1-3t-7)$
$\quad\quad = a(-3t+6)(-3t-6)$이므로

$f(x) = 9a(x-2)(x+2)$

②

모든 실수에 대하여 $f(x) \geq 2x-5$가 성립하므로 전개 후 판별식 $D \leq 0$을 이용한다.

$f(x) \geq 2x-5$에서 $9a(x-2)(x+2) \geq 2x-5$

$9ax^2 - 2x - 36a + 5 \geq 0$

$D/4 = 1 - 9a(-36a+5) \leq 0$

$324a^2 - 45a + 1 \leq 0$

$(9a-1)(36a-1) \leq 0$

$\therefore \dfrac{1}{36} \leq a \leq \dfrac{1}{9}$

$f(3) = 45a$이므로 $\dfrac{5}{4} \leq f(3) \leq 5$

$f(3)$의 최솟값은 $\dfrac{5}{4}$

$\therefore p=4, \ q=5 \quad p+q=9$

213

① ②
이차부등식 $(k+1)x^2 + 6x + (k-3) > 0$의 해가 없 도록 실수 k의 값의 범위를 정하면?

①
주어진 부등식이 이차부등식이어야 하므로 $k \neq -1$이다.

②
$k+1$의 부호에 따라 해가 있는 경우가 있는지 확인한다.

ⅰ) $k+1 > 0$이면 $(k+1)x^2 + 6x + (k-3) > 0$을 만족하는 해가 있다.

ⅱ) $k+1 < 0$이면 $D \leq 0$이어야 한다.
($\because$ 위로 볼록한 형태)

$D/4 = 9 - (k+1)(k-3) \leq 0$

$k^2 - 2k - 12 \geq 0$이므로

$k \leq 1-\sqrt{13}$ 또는 $k \geq 1+\sqrt{13}$

$\therefore$ ⅰ), ⅱ)에 의해 $k \leq 1-\sqrt{13}$

214

정답 $\dfrac{4\sqrt{41}}{5}$

> x에 대한 이차부등식
> ① $-x^2+(k+1)x+(k+2)(k-4) \geq 0$이 해가 없을 때,
> 실수 k값의 범위가 $n < k < m$이다. $m-n$의 값은?

주어진 이차부등식이 해가 없으므로 ①
$-x^2+(k+1)x+(k+2)(k-4) < 0$의 해는 모든
실수이다.

방정식 $-x^2+(k+1)x+(k+2)(k-4) = 0$에 대하
여 판별식 $D < 0$이다.

$D=(k+1)^2+4(k+2)(k-4) < 0$

$5k^2-6k-31 < 0$

$\therefore \dfrac{3-2\sqrt{41}}{5} < k < \dfrac{3+2\sqrt{41}}{5}$

$m=\dfrac{3+2\sqrt{41}}{5}, \ n=\dfrac{3-2\sqrt{41}}{5}$

$\therefore m-n=\dfrac{4\sqrt{41}}{5}$

215

정답 -6

> ①
> x에 대한 부등식 $2|x-2|-|x+3| \leq k$의 해가 존
> 재하지 않도록 하는 정수 k의 최댓값은?

①
$y=2|x-2|-|x+3|$라 할 때, x의 범위에 따라 그
래프가 달라지므로 그래프를 그려서 함수의 최솟값을
파악해 k의 값을 찾는다.

i) $x < -3$일 때,
$y=-2x+4+x+3$
$=-x+7$

ii) $-3 \leq x < 2$일 때,
$y=-2x+4-x-3$
$=-3x+1$

iii) $x \geq 2$일 때,
$y=2x-4-x-3$
$=x-7$

이를 그래프로 나타내면

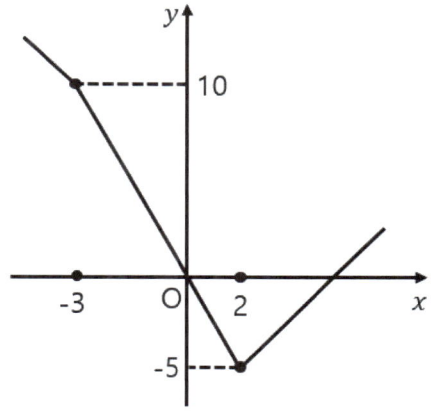

$\therefore$ 임의의 실수 x에 대하여
$2|x-2|-|x+3| \geq -5$이다.
여기에서 $2|x-2|-|x+3| \leq k$의 해가 존재하지 않
으려면 k가 -5보다 작아야 한다.
$\therefore k < -5$, 정수 k의 최댓값은 -6

216

정답 $k < \dfrac{11}{3}$

①
부등식 $|2x-1|+|3x+4| \le k$가 해를 갖지 않도록 하는 실수 k의 값의 범위는?

①
$y=|2x-1|+|3x+4|$라 할 때, x의 범위에 따른 그래프를 그린 후 최솟값을 찾는다.

ⅰ) $x < -\dfrac{4}{3}$일 때,
$$y=-2x+1-3x-4=-5x-3$$

ⅱ) $-\dfrac{4}{3} \le x < \dfrac{1}{2}$일 때,
$$y=-2x+1+3x+4=x+5$$

ⅲ) $x \ge \dfrac{1}{2}$일 때,
$$y=2x-1+3x+4=5x+3$$

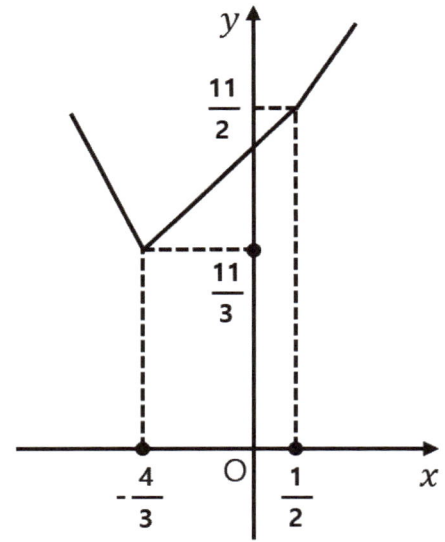

$\therefore y \ge \dfrac{11}{3}$이므로 $|2x-1|+|3x+4| \le k$가 해를

갖지 않도록 하는 실수 k값의 범위는 $k < \dfrac{11}{3}$

217

정답 3

①
$4 \le x \le 6$인 실수 x에 대하여 이차부등식
① $x^2-5x-3k+2 \le 0$이 항상 성립하도록 하는 정수 k의 최솟값은?

①
$f(x)=x^2-5x-3k+2$라 할 때, 축의 방정식을 구한 후 $4 \le x \le 6$의 범위에서 최댓값을 가지는 x값을 찾고, 그 x 값을 대입하여 k값의 범위를 구한다.

$$f(x)=x^2-5x-3k+2=\left(x-\dfrac{5}{2}\right)^2-3k-\dfrac{17}{4}$$

축의 방정식은 $x=\dfrac{5}{2}$

$4 \le x \le 6$의 구간에서 $f(x)$의 최댓값은 $f(6)$이다.
$\therefore f(6)=8-3k$

이 최댓값이 0보다 작거나 같아야 성립한다.

$8-3k \le 0 \qquad \therefore k \ge \dfrac{8}{3}$

정수 k의 최솟값은 3

218

정답 $k \le 1$

①
$-1 \le x \le 3$인 모든 실수 x에 대하여 이차부등식
① $-x^2+4x+6 \ge k$가 항상 성립할 때, k값의 범위를 구하면?

$$-x^2+4x+6 \ge k \implies x^2-4x+k-6 \le 0$$

①
$f(x)=x^2-4x+k-6$이라 할 때, 축의 방정식을 구한 후 주어진 x값의 범위에서 최댓값을 가지는 x값을 판단하고 그 x값을 대입하여 k값의 범위를 구한다.

$$f(x)=x^2-4x+k-6=(x-2)^2+k-10$$
축의 방정식은 $x=2$
$-1 \le x \le 3$의 구간에서 최댓값은 $f(-1)$이다.
$\therefore f(-1)=k-1 \le 0$
$\therefore k \le 1$

219 .... 정답 $\frac{2}{3} < a < 2$

> $-3 \le x \le 0$인 모든 실수 x에 대하여 부등식
> ② $\boxed{(a-1)x^2+2(a-1)x+1} > 0$이 성립하기 위한 실
> ①
> 수 a값의 범위는?

①

$f(x) = (a-1)x^2+2(a-1)x+1$이라 할 때, 축의 방정식을 구하고 주어진 x값의 범위에서 최솟값을 나타내는 x값을 찾아 a의 범위를 구한다.

$$f(x) = (a-1)x^2+2(a-1)x+1$$
$$= (a-1)(x+1)^2 - a + 2$$

축의 방정식은 $x = -1$
이차함수 $f(x)$의 꼭짓점의 좌표는 $(-1, \ -a+2)$

②

$a-1$의 범위에 따른 부등식이 항상 성립하는 a의 범위를 찾는다.

ⅰ) $a-1=0$일 때, $1>0$이므로 x의 값에 관계없이 항상 성립 $\therefore \ a=1$

ⅱ) $a-1>0$일 때, $-3 \le x \le 0$에서 $x=-1$일 때, 최솟값을 갖는다.
$f(-1)=-a+2$이므로 $-a+2>0$이어야 한다.
$\therefore \ 1 < a < 2$

ⅲ) $a-1<0$일 때, $-3 \le x \le 0$에서 $x=-3$일 때, 최솟값을 갖는다.
$f(-3)=3a-2$이므로 $3a-2>0$이어야 한다.
$\therefore \ \frac{2}{3} < a < 1$

$\therefore \ $ ⅰ), ⅱ), ⅲ)에 의하여 $\frac{2}{3} < a < 2$

220 .... 정답 -10

> ①
> $-2 < x < 2$인 실수 x에 대하여 부등식
> $x^2+(t-3)x+3t \le 0$이 항상 성립할 때, 실수 t의 최댓값은?

①

$f(x) = x^2+(t-3)x+3t$가 $f(x) \le 0$이 항상 성립할 때, $-2 < x < 2$의 범위에서 항상 $f(x) \le 0$을 만족하기 위해서는 $f(-2) \le 0$, $f(2) \le 0$이어야 한다.

ⅰ) $f(-2)=4-2t+6+3t=t+10$이고,
$t+10 \le 0$이어야 한다.
$\therefore \ t \le -10$

ⅱ) $f(2)=4+2t-6+3t=5t-2$이고, $5t-2 \le 0$
이어야 한다.
$\therefore \ t \le \frac{2}{5}$

ⅰ), ⅱ)에서 $t \le -10$이므로 실수 t의 최댓값은 -10

221 .... 정답 $-1 \le x \le 7$

> ①
> 이차부등식 $x^2+ax+b>0$의 해가 $x<-3$ 또는
> $x>2$일 때, 이차부등식 $x^2+bx-7a \le 0$의 해는?

①

이차방정식 $x^2+ax+b=0$의 두 근이 $x=-3$ 또는 $x=2$이어야 한다. 이차방정식의 근과 계수의 관계를 이용하여 a와 b의 값을 구한다.

$-a=-3+2=-1 \quad \therefore \ a=1$
$b=(-3)\times 2=-6 \quad \therefore \ b=-6$
이차부등식 $x^2+bx-7a \le 0$에서
$x^2-6x-7 \le 0$
$(x-7)(x+1) \le 0$
$\therefore \ -1 \le x \le 7$

222 ·········· 정답 −4

> ①
> 이차부등식 $ax^2+2bx-12>0$의 해가
> $-3<x<-2$일 때, 이차부등식 $ax^2-8x-2b>0$
> 의 해는 $\alpha<x<\beta$이다. $\alpha+\beta$의 값은?

①

$f(x)=ax^2+2bx-12$라 할 때, $f(x)>0$의 해가
$-3<x<-2$이므로 $a<0$임을 알 수 있다. 또한
$ax^2+2bx-12=a(x+2)(x+3)$으로 둘 수 있다.

$6a=-12$에서 $a=-2$이고,

$2b=5a$에서 $b=-5$이다.

$\therefore ax^2-8x-2b=-2x^2-8x+10>0$

$\Rightarrow x^2+4x-5<0$

$\quad (x-1)(x+5)<0$

$\quad \therefore -5<x<1$

$\alpha=-5$, $\beta=1$이므로 $\alpha+\beta=-4$

223 ·········· 정답 $x\geq\dfrac{2}{3}$ 또는 $x\leq-\dfrac{1}{3}$

> ①
> x에 대한 이차부등식 $f(x)>0$의 해가
> $-2<x<1$일 때, 부등식 $f(3x-1)\leq0$의 해는?

①

$f(x)>0$의 해가 $-2<x<1$이므로
$f(x)=a(x+2)(x-1)(a<0)$로 둘 수 있다.
(a가 음수임에 유의)

$f(3x-1)=a(3x-1+2)(3x-1-1)$

$\qquad\qquad =a(3x+1)(3x-2)$이다.

즉, $a(3x+1)(3x-2)\leq0$에서 $a<0$이므로
$(3x+1)(3x-2)\geq0$

주어진 부등식의 해는 $x\geq\dfrac{2}{3}$ 또는 $x\leq-\dfrac{1}{3}$

224 ·········· 정답 $-\dfrac{1}{6}$

> ①
> $ax^2+bx+c<0$의 해가 $-2<x<3$일 때,
> $cx^2+bx+a>0$의 해는 $\alpha<x<\beta$이다. $\alpha+\beta$의
> ②
> 값은? (단, α, β는 실수이다.)

①

$ax^2+bx+c=0$의 해가 $x=-2$, $x=3$이므로
$ax^2+bx+c=a(x+2)(x-3)$, $(a>0)$이라 할 수
있다.

우변을 전개해서 계수를 비교하면

$ax^2+bx+c=ax^2-ax-6a$에서

$b=-a$, $c=-6a$

②

$-6ax^2-ax+a>0$의 부등식을 풀면

$6x^2+x-1<0$

$(2x+1)(3x-1)<0$에서 $-\dfrac{1}{2}<x<\dfrac{1}{3}$이고

$\alpha=-\dfrac{1}{2}$, $\beta=\dfrac{1}{3}$이다.

$\therefore \alpha+\beta=-\dfrac{1}{6}$

225

연립이차부등식 $\begin{cases} x^2-3x-10 \le 0 \\ x^2-(a+3)x+3a > 0 \end{cases}$ 을 만족시키는 정수 x가 6개가 되게 하는 자연수 a의 개수는?

i) $x^2-3x-10 \le 0$에서 $(x+2)(x-5) \le 0$
$\qquad \therefore \ -2 \le x \le 5$

ii) $x^2-(a+3)x+3a > 0$, $(x-a)(x-3) > 0$
$a > 3$인 경우와 $a < 3$인 경우로 나누어 생각한다.
① $a > 3$일 때, $x > a$ 또는 $x < 3$
② $a < 3$일 때, $x > 3$ 또는 $x < a$

① $a > 3$인 경우,
공통 해는 $-2 \le x < 3$, $a < x \le 5$
a의 범위에 대하여 부등호를 잘 살펴야 한다.
$a = 4$인 경우에도 x의 값 a는 4가 포함이 되지 않기 때문에 $4 \le a < 5$이다.
정수 x가 6개가 되려면 $4 \le a < 5$이어야 하고, 그 때의 정수 해는 $-2, \ -1, \ 0, \ 1, \ 2, \ 5$이다.

② $a < 3$인 경우,
공통 해는 $-2 \le x < a$, $3 < x \le 5$
정수 x가 6개가 되려면 $1 < a \le 2$이어야 하고, 그때의 정수 해는 $-2, \ -1, \ 0, \ 1, \ 4, \ 5$이다.
$\therefore$ 자연수 a는 2, 4, 총 2개

226

연립부등식 $\begin{cases} x^2-6x+8 \le 0 \\ x^2+(1-a)x-a < 0 \end{cases}$ 을 만족시키는 모든 정수 x의 값의 합이 9일 때, a의 값의 범위는?

i) $x^2-6x+8 \le 0$, $(x-2)(x-4) \le 0$,
$2 \le x \le 4$

ii) $x^2+(1-a)x-a < 0$, $(x+1)(x-a) < 0$
a값의 범위를 나누어 생각한다.
① $a > -1$인 경우 $-1 < x < a$
② $a < -1$인 경우 $a < x < -1$

① $\begin{cases} 2 \le x \le 4 \\ -1 < x < a \end{cases}$ 를 만족하는 모든 정수 x의 값이 9이므로

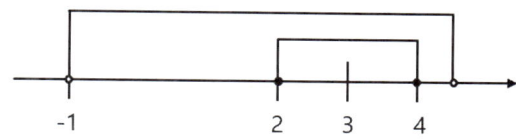

a가 4보다는 커야 함에 유의한다.
$4 < a$

② $\begin{cases} 2 \le x \le 4 \\ a < x < -1 \end{cases}$ 은 a가 -1보다 작으므로 공통해가 존재하지 않는다.
$\therefore$ a값의 범위는 $4 < a$

227 ········· 정답 4

연립부등식 $\begin{cases} |x-2| < k \\ x^2 - 2x - 3 \le 0 \end{cases}$ 을 만족시키는 정수 x의 개수가 5일 때, 양의 정수 k의 최솟값은?

ⅰ) $-k < x - 2 < k$, $-k + 2 < x < k + 2$

ⅱ) $x^2 - 2x - 3 \le 0$, $-1 \le x \le 3$

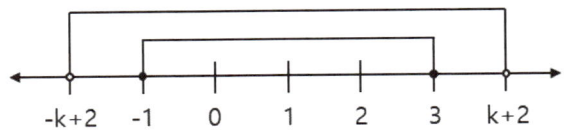

그림에서 $-k + 2 < -1$, $k + 2 > 3$

$-1 \le x \le 3$의 정수해인 -1, 0, 1, 2, 3이 5개이므로 가장 끝값인 -1보다 작고, 3보다 크면 된다.

부등식을 풀면 $k > 3$, $k > 1$

∴ $k > 3$ (두 부등식을 모두 만족하는 k의 범위)

양의 정수 k의 최솟값은 4이다.

228 ········· 정답 5

자연수 k에 대하여 연립부등식

$\begin{cases} x^2 - 2kx + 2k^2 \ge 0 \ ① \\ x^2 - (6k+3)x + 5k^2 + 3k \le 0 \end{cases}$ 의 정수 해의 개수

가 24개일 때, k의 값은?

①
$x^2 - 2kx + 2k^2 \ge 0$에서 $(x-k)^2 + k^2 \ge 0$의 해는 모든 실수이다. 그러므로

$x^2 - (6k+3)x + 5k^2 + 3k \le 0$의 정수해 개수는 24개이다. $x^2 - (6k+3)x + 5k^2 + 3k \le 0$에서

⇒ $(x-k)(x-(5k+3)) \le 0$이므로

$k \le x \le 5k + 3$

∴ $5k + 3 - k + 1 = 24$

∴ $k = 5$

229 ········· 정답 $2 \le a < \dfrac{15}{7}$

①
이차방정식 $x^2 + 2ax - a + 6 = 0$의 두 근이 모두 -3과 1사이에 있을 때, 실수 a값의 범위는?

①
ⅰ) 두 근이 존재 → $D \ge 0$

ⅱ) 대칭축이 -3과 1사이에 있다.

ⅲ) $f(-3) > 0$, $f(1) > 0$임을 알 수 있다.

$y = x^2 + 2ax - a + 6$이라 할 때,

$y = (x+a)^2 - a^2 - a + 6$

ⅰ) $D \ge 0$, $D/4 = a^2 + a - 6 \ge 0$

$a \ge 2$ 또는 $a \le -3$

ⅱ) $-3 < $대칭축$ < 1$

$-3 < -a < 1$

$-1 < a < 3$

ⅲ) $f(-3) > 0$, $f(1) > 0$

$f(-3) = 9 - 6a - a + 6$

$= -7a + 15 > 0 \to a < \dfrac{15}{7}$

$f(1) = 1 + 2a - a + 6 = a + 7 > 0 \to a > -7$

$-7 < a < \dfrac{15}{7}$

∴ $2 \le a < \dfrac{15}{7}$

(ⅰ), ⅱ), ⅲ)를 모두 만족하는 a의 범위)

230

정답 $k < 8$

이차함수 $f(x) = x^2 - 6x + k$에 대하여 $y = f(x)$의 ①
그래프와 x축이 서로 다른 두 점 α, β에서 만나고
$\alpha < 2 < \beta$를 만족한다. 실수 k 값의 범위는?
②

①
서로 다른 두 점에서 만나므로 방정식 $f(x) = 0$은 서
로 다른 두 실근을 가진다. 즉, $D > 0$
②

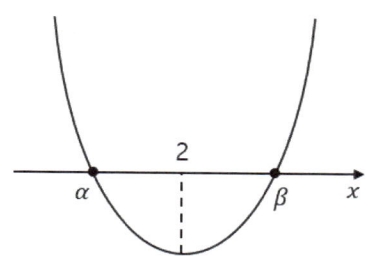

$f(x)$의 개형은 그림과 같으므로 $f(2) < 0$임을 알 수
있다. $x^2 - 6x + k = 0$에서 $D/4 = 9 - k > 0$, $k < 9$
$\quad f(2) = -8 + k < 0$, $k < 8$
$\therefore$ 조건을 만족하는 실수 k값의 범위는 $k < 8$

231

정답 $-4 < k < 21$

이차함수 $f(x) = -x^2 - 4x + k$에 대하여 $y = f(x)$ ①
의 그래프와 x축이 서로 다른 두 점 $(\alpha, 0)$, $(\beta, 0)$
에서 만난다. $\alpha < \beta < 3$을 만족시키는 실수 k 값의
범위는? ②

①
서로 다른 두 실근을 가져야 하므로 $D > 0$
$D/4 = 4 + k > 0$ $\quad k > -4$

②
$f(x) = -(x + 2)^2 + 4 + k$
축의 방정식 $x = -2$
조건 ②를 만족시키도록 그래프를 그리면

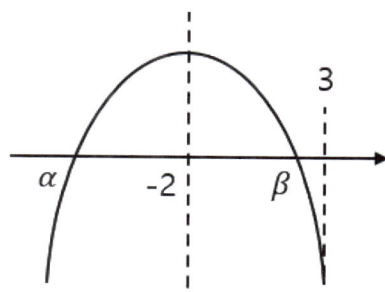

$f(3) < 0$이어야 한다.
$f(3) = -21 + k < 0$, $k < 21$
$\therefore$ 주어진 조건을 만족시키는 k값의 범위는
$\quad -4 < k < 21$

232 ·········· 정답 $k \leq 6-4\sqrt{3}$ 또는 $k > 13$

①

x에 대한 이차방정식 $x^2 - kx + 3k + 3 = 0$의 근 중 적어도 한 개가 $-1 < x < 6$에 존재하도록 하는 상수 k 값의 범위는?

①

$f(x) = x^2 - kx + 3k + 3$이라고 할 때, $y = f(x)$의 그래프와 x축과의 교점이 $-1 < x < 6$에 적어도 한 개가 존재해야 한다. 교점이 1개인 경우와 2개인 경우를 나눠서 생각하면

ⅰ) $-1 < x < 6$에 근이 1개인 경우

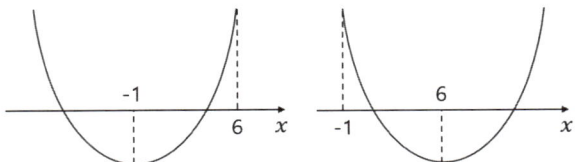

ⅱ) $f(-1) \times f(6) < 0$이어야 한다.
$f(-1) = 1 + k + 3k + 3 = 4k + 4$
$f(6) = 36 - 6k + 3k + 3 = -3k + 39$에서
$f(-1) \times f(6) = (4k + 4)(-3k + 39) < 0$
$(4k + 4)(3k - 39) > 0$
$\therefore k < -1, \ k > 13$

ⅲ) $-1 < x < 6$에 근이 2개인 경우
① $D \geq 0$
② 축의 방정식이 -1과 6사이에 존재
③ $f(-1) > 0, \ f(6) > 0$

① $D \geq 0$
$D = k^2 - 4(3k + 3) = k^2 - 12k - 12 \geq 0$
$\therefore k \geq 6 + 4\sqrt{3}$ 또는 $k \leq 6 - 4\sqrt{3}$

② 축의 방정식 $x = \dfrac{k}{2}$

$-1 < \dfrac{k}{2} < 6 \quad \therefore -2 < k < 12$

③ $f(-1) = 4k + 4 > 0 \quad k > -1$
$f(6) = 36 - 6k + 3k + 3 > 0 \quad k < 13$
$\therefore -1 < k < 13$

①~③을 만족하는 k값의 범위는 $-1 < k \leq 6 - 4\sqrt{3}$

$f(-1) = 0, \ f(6) = 0$일 때, k값을 확인한다.

ⅰ) $f(-1) = 4k + 4 = 0 \quad \therefore k = -1$
$f(x) = x^2 + x = x(x + 1)$
$-1 < x < 6$ 사이에 근이 존재하므로 성립

ⅱ) $f(6) = -3k + 39 = 0 \quad \therefore k = 13$
$f(x) = x^2 - 13x + 42 = (x - 6)(x - 7)$
$-1 < x < 6$ 사이에 근이 존재하지 않음

ⅰ), ⅱ)를 만족하는 k값의 범위는
$k \leq 6 - 4\sqrt{3}$ 또는 $k > 13$

9단원.

순열과 조합

유형 1
합의 법칙

233

서로 다른 주사위 3개를 동시에 던질 때, 나오는 눈의
수의 합이 7 또는 8인 모든 경우의 수는?

① 33   ② 34   ③ 35

④ 36   ⑤ 37

234

서로 다른 세 개의 주사위를 동시에 던져서 나오는
눈의 수를 각각 a, b, c라 하자.

이차방정식 $ax^2 + bx + c = 0$이 중근을 갖도록 하는
순서쌍 (a, b, c)의 개수는?

① 3   ② 4   ③ 5

④ 6   ⑤ 7

235

서로 다른 두 주사위를 던져서 나오는 눈의 수의 합이
짝수가 되는 경우의 수는?

① 10   ② 12   ③ 14

④ 16   ⑤ 18

236

주사위를 세 번 던져서 나온 눈의 수를 a, b, c라
하자. $a \times b = c$인 경우와 $a + b = c$인 경우의 수의
차는?

① 0   ② 1   ③ 2

④ 3   ⑤ 4

유형 2
곱의 법칙

237

다항식 $(a+b+c)^2(x+y)^2$을 전개했을 때, 항의 개수는?

238

$(a+b+1)(p+q)(x+y+z)$를 전개하였을 때, 모든 항의 개수를 m이라 하고, a를 포함한 항의 개수를 n, p를 포함한 항의 개수를 γ이라 할 때, $m+n-\gamma$의 값은?

① 15   ② 17   ③ 23

④ 27   ⑤ 29

239

1부터 6까지 적힌 카드를 차례대로 3번 뽑을 때 각각의 수를 a, b, c라 하자. $a+b+c$의 값이 짝수가 되는 경우의 수는? (단, 뽑았던 카드는 다시 넣어서 섞은 후 뽑는다.)

240

1부터 8까지 8개의 숫자를 한 번씩만 사용하여 두 줄로 배열하고자 한다.

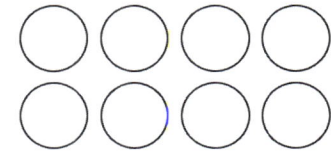

각 가로줄에 있는 네 수의 합이 서로 같은 모든 경우의 수는?

유형 3

약수의 개수

241

240의 약수 중 5의 배수의 개수는?

① 10 ② 11 ③ 12
④ 13 ⑤ 14

242

540의 양의 약수 중 9의 배수인 것의 개수는?

243

$2^3 \times 3^k \times 5^{k+2}$의 양의 약수의 개수가 60일 때, 자연수 k의 값은?

① 1 ② 2 ③ 3
④ 4 ⑤ 5

244

540의 양의 약수 중 짝수의 개수를 p, 3의 배수의 개수를 q, 5의 배수의 개수를 r이라 할 때, $p+q-r$의 값을 구하시오.

유형 4

도로망에서 경우의 수

245

다음 그림과 같은 도로망이 있다. A지점에서 D지점까지 갈 때, B와 C를 모두 거쳐 가는 경우의 수는? (단, 같은 지점을 두 번 이상 지나지 않는다.)

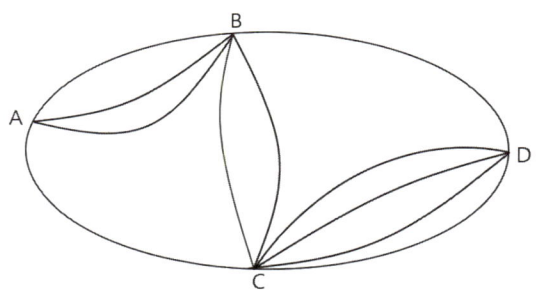

246

다음 그림과 같이 A, B, C, D 4개를 연결하는 도로망이 있다. 지점 A에서 출발하여 D까지 도착하는 모든 방법의 수는?

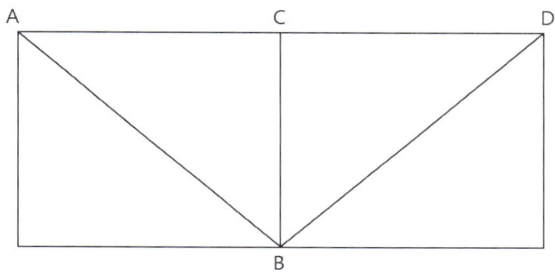

248

다음 그림과 같은 바둑판 모양의 도로망이 있다. 주사위를 던져서 홀수 번째(ex. 첫 번째, 세 번째, 다섯 번째)는 나온 눈의 수만큼 가로로 움직이고 짝수 번째(ex. 두 번째, 네 번째, 여섯 번째 등)는 나온 눈의 수만큼 세로로 움직인다. 이때, 4번 이내에 Q에 도착하는 경우의 수는?

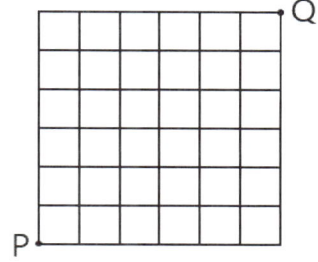

247

다음 그림과 같은 도로망에서 Q지점과 R지점 사이에 도로를 추가하여 P에서 S까지 가는 방법의 수가 40이 되도록 하려고 한다. 추가해야 하는 도로의 개수는? (단, 한 번 지난 지점은 다시 지나지 않고, 도로끼리는 서로 만나지 않는다.)

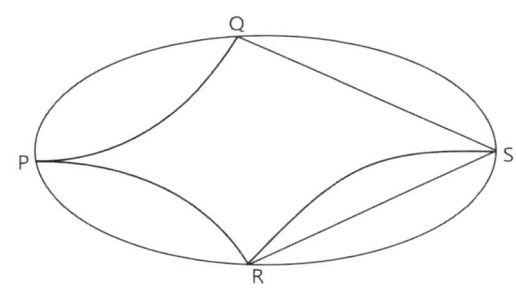

① 1   ② 2   ③ 3

④ 4   ⑤ 5

유형 5
색칠하는 경우의 수

249

다음 그림과 같이 사각형 4개의 영역을 서로 다른 4가지 색으로 칠하려고 한다. 각 영역에 같은 색을 중복해서 칠해도 좋으나, 인접한 영역은 서로 다른 색으로 칠할 때, 칠하는 경우의 수는?
(단, 각 영역에는 한 가지 색만 칠한다.)

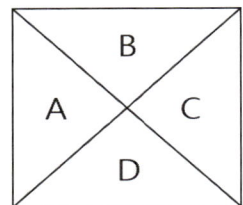

250

다음 사각형의 4개 영역을 서로 다른 3가지 색으로 칠하려고 한다. 각 영역에 같은 색을 중복해서 칠해도 좋으나 인접한 영역은 서로 다른 색으로 칠하는 모든 방법의 수는?

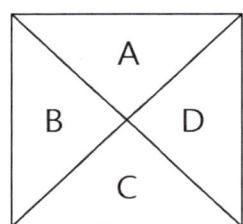

① 32   ② 27   ③ 18
④ 12   ⑤ 9

251

다음 그림과 같이 어느 도시를 5개 영역으로 나누어 놓은 지도를 서로 다른 4개의 색을 모두 사용하여 칠하려고 한다. 같은 색을 여러 번 사용할 수 있지만 이웃하는 영역에는 서로 다른 색을 칠할 때, 칠하는 경우의 수는? (단, 경계가 일부라도 닿은 두 영역은 이웃한 영역으로 본다.)

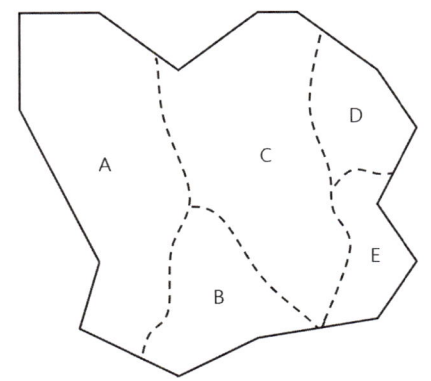

① 24   ② 48   ③ 72
④ 96   ⑤ 144

252

다음 그림과 같은 모양의 타일이 있다. 타일의 5개 영역을 서로 다른 5가지 색으로 칠하려고 할 때, 각 영역에 같은 색을 중복으로 사용해도 좋으나 인접한 영역을 서로 다른 색으로 칠할 때 칠하는 경우의 수는? (단, 각 영역에는 한 가지 색만 칠한다.)

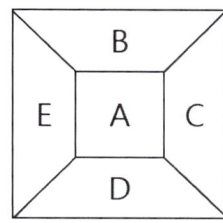

① 160 ② 270 ③ 360

④ 420 ⑤ 540

253

다음 그림과 같이 의자를 배열할 때, 부부를 포함한 6명이 모두 이 의자에 앉을 때, 부부가 같은 줄에 이웃하여 앉는 경우의 수는? (모든 의자에서는 서로 다른 숫자가 적혀 있다.)

1	2	3
4	5	6

① 32 ② 48 ③ 64

④ 96 ⑤ 192

254

네 쌍의 남녀가 회의장에서 일렬로 된 8개의 좌석에 남녀 교대로 앉을 때, 특정한 한 쌍의 남녀가 이웃하는 경우의 수는?

① 288 ② 504 ③ 576

④ 1152 ⑤ 2880

255

어른 6명과 어린이 2명이 일렬로 설 때, 어린이끼리는 이웃하지 않는다. 어른끼리는 항상 서로 이웃하고 이웃하는 어른의 수는 짝수가 되도록 줄을 서는 경우의 수는?

① 820
② 1120
③ 2240
④ 6720
⑤ 8640

256

남학생 4명과 여학생 3명을 일렬로 세우려고 한다. 처음과 끝에 남학생이 오고 여학생 3명이 서로 이웃하도록 서는 경우의 수를 a, 남학생과 여학생이 번갈아 일렬로 서는 경우의 수를 b, 여학생이 서로 이웃하지 않게 서는 경우의 수를 c라 하면 $a+b+c$의 값은?

유형 7

이웃하지 않는 순열의 수

257

4명의 관객이 일렬로 놓인 10개의 좌석에 앉을 때, 어느 두 명도 이웃하지 않게 앉는 경우의 수를 구하시오.

258

4개의 서로 다른 과일 사과, 배, 감, 귤을 일렬로 놓인 8개의 바구니에 넣을 때, 어느 두 과일도 이웃하지 않도록 넣는 방법의 수는?

① 24
② 48
③ 72
④ 96
⑤ 120

259

7개의 알파벳 a, b, c, d, e, f, g를 일렬로 나열할 때, a, b는 이웃하고 e, f, g는 이웃하지 않게 나열하는 경우의 수는?

260

다음 그림과 같이 9칸의 상자를 세워 놓고 1부터 5까지의 번호가 적힌 빨간 공 5개와 1부터 4까지의 번호가 적힌 파란 공 4개를 빨간 공끼리 좌우에 이웃하여 넣지 않고, 파란 공끼리 좌우에 이웃하여 넣지 않는 방법의 수는?

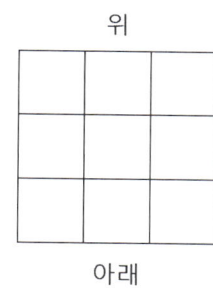

위

아래

① 2880　　② 86400　　③ 1440
④ 8640　　⑤ 25920

유형 8

자리에 대한 조건이 있는 순열의 수

261

숫자 1, 2, 3, 4, 5를 12345부터 54321까지 크기 순으로 배열할 때 53142는 몇 번째 오는 수인가?

① 108　　② 110　　③ 112
④ 114　　⑤ 116

262

다섯 개의 숫자 1, 2, 3, 4, 5를 모두 배열해서 만들 수 있는 5자리의 양의 정수가 있다. 이 중에서 32400보다 작은 양의 정수의 개수는?

① 48　　② 56　　③ 60
④ 66　　⑤ 72

263

알파벳 a와 b만을 사용하여 7자리 문자열을 나열할 때, $abba$의 배열이 한 번만 나타나는 것의 개수는? (단, $abbabba$는 '$abba$'가 두 번 나타난 것으로 보아 제외한다.)

① 30　　② 31　　③ 32
④ 33　　⑤ 34

264

DIRECTLY의 8개의 문자를 일렬로 배열할 때, D와 C 사이에 2개의 문자가 들어가는 경우의 수는?

① 1440   ② 2024   ③ 3600

④ 7200   ⑤ 7600

유형 9

자연수의 개수

265

여섯 개의 숫자 0, 1, 2, 3, 4, 5 중에서 서로 다른 세 개의 숫자를 사용하여 세 자리 자연수를 만들려고 한다. 이 중에서 5의 배수의 개수는?

266

0, 1, 2, 3, 4, 5의 6개 숫자 중에서 서로 다른 4개의 숫자를 택하여 만들 수 있는 네 자리 자연수의 개수는?

267

1부터 9까지 자연수를 한 번씩만 사용하여 4자리 숫자를 만들려고 한다. 8000보다 크고 9000보다 작은 3의 배수의 개수는?

268

1에서 5까지의 자연수를 중복을 허락하여 세 자리 자연수를 만들려고 한다. 십의 자리와 일의 자리의 수가 백의 자리 수보다 작은 세 자리 자연수는 모두 몇 개인가? (예: 543, 422 등)

유형 10

조합의 수

269

서로 다른 3개의 주사위를 던져서 나온 눈의 수를 a, b, c라 하면, $ab+bc+ca$의 값이 홀수가 되는 경우의 수는?

270

10개의 축구구단에서 올스타전 후보 구단 5개를 선정하고, 선정된 5개 팀은 각 팀에서 올스타 후보 5명을 선정한다. 이 중에서 총 11명을 뽑아서 올스타 팀을 만들 수 있는 경우의 수는 몇 자리 수인가? (단, 선정된 5개 팀은 각 팀별로 최소 2명 이상 올스타를 뽑아야 한다. (예) 1000은 4자리 수이다.)

271

5개의 숫자 0, 1, 2, 3, 4 중에서 세 개를 뽑아 세 자리 자연수를 만든다고 할 때, 백의 자리 숫자를 a, 십의 자리 숫자를 b, 일의 자리 숫자를 c라 하자. 이때, $a > b \geq c$를 만족하는 자연수의 개수는? (단, 같은 숫자를 여러 번 뽑아도 된다.)

272

가군의 대학 3개, 나군의 대학 3개, 다군 대학 4개가 있다. 각 군별로 하나 이상의 대학을 선택하여 4개의 대학에 정시 원서를 내려고 한다. 정시 원서를 내는 방법의 수를 구하면? (제출 순서는 상관없고, 한 대학에는 한 번만 지원한다.)

유형 11

분할하는 경우의 수

273

6명의 학생을 3개의 조로 나누는 경우의 수를 구하시오.

274

7개의 과일 사과, 배, 귤, 감, 참외, 수박, 망고를 2개, 2개, 3개로 분류할 때, 사과와 배가 같은 묶음에 속하는 경우의 수는?

275

8개의 축구팀이 토너먼트 방식으로 경기를 할 때, 다음 그림처럼 대진표를 작성하는 경우의 수는?

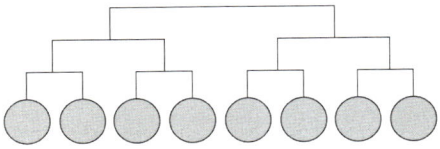

276

남학생 3명, 여학생 5명이 2개 조로 나누어 박물관을 관람하기로 했다. 각 조에 남학생 1명은 꼭 포함되고 각 조의 인원이 3명 이상이 되도록 조를 나누는 방법의 수는?

유형 12

분할한 후 분배하는 경우의 수

277

9명의 학생을 1, 2, 3반에 3명씩 배정하는 경우의 수는?

278

8개의 서로 다른 꽃을 3개, 3개, 2개씩 나누어 6명 중 3명에게 나누어 주는 방법의 수는?

279

선생님 3명과 학생 7명을 3개조로 나누어 방송국을 견학하려고 한다. 각 조에는 인솔 선생님이 1명씩 반드시 포함된다고 할 때, 10명을 3개조로 나누는 경우의 수는? (단, 한 조의 최대 인원은 4명으로 한다.)

280

90만 원이 들어 있는 통장을 한 번에 10만원 또는 20만 원씩 여러 번에 걸쳐서 인출하여 모두 인출하려고 한다. 돈을 인출하는 모든 경우의 수는?

233 ·········· 정답 ④

> ①
> 서로 다른 주사위 3개를 동시에 던질 때, 나오는 눈의
> 수의 합이 7 또는 8인 모든 경우의 수는?
>
> ① 33 　　 ② 34 　　 ③ 35
> ④ 36 　　 ⑤ 37

①

서로 다른 주사위 3개를 a, b, c라고 하면
$a+b+c=7$ 또는 8이 되는 순서쌍을 찾는다.

ⅰ) $a+b+c=7$인 경우,
$(1, 1, 5)(1, 2, 4)(1, 3, 3)(1, 4, 2)(1, 5, 1)$
$(2, 1, 4)(2, 2, 3)(2, 3, 2)(2, 4, 1)$
$(3, 1, 3)(3, 2, 2)(3, 3, 1)$
$(4, 1, 2)(4, 2, 1)$
$(5, 1, 1)$ → 총 15가지

ⅱ) $a+b+c=8$인 경우,
$(1, 1, 6)(1, 2, 5)(1, 3, 4)(1, 4, 3)(1, 5, 2)(1, 6, 1)$
$(2, 1, 5)(2, 2, 4)(2, 3, 3)(2, 4, 2)(2, 5, 1)$
$(3, 1, 4)(3, 2, 3)(3, 3, 2)(3, 4, 1)$
$(4, 1, 3)(4, 2, 2)(4, 3, 1)$
$(5, 1, 2)(5, 2, 1)$
$(6, 1, 1)$ → 총 21가지

∴ 구하는 경우의 수는 36가지

234 ·········· 정답 ③

> 서로 다른 세 개의 주사위를 동시에 던져서 나오는
> 눈의 수를 각각 a, b, c라 하자.
> ① 이차방정식 $ax^2+bx+c=0$이 중근을 갖도록 하는
> 순서쌍 (a, b, c)의 개수는?
>
> ① 3 　　 ② 4 　　 ③ 5
> ④ 6 　　 ⑤ 7

①

$ax^2+bx+c=0$이 중근을 갖기 위한 조건은
판별식 $D=0$
$b^2-4ac=0$ 　　∴ $b^2=4ac$

a, b, c 모두 1부터 6까지의 자연수이므로 b^2의 값
을 기준으로 경우의 수를 나눈다.
$b=1$인 경우, $1=4ac$ 불가
$b=2$인 경우, $4=4ac$, $ac=1$, $a=c=1$,
　 $(a, b, c)=(1, 2, 1)$ → 1가지
$b=3$인 경우, $9=4ac$, ac는 자연수이므로 불가
$b=4$인 경우, $16=4ac$, 　$4=ac$
　 $(a, c)=(2, 2), (4, 1), (1, 4)$
∴ 가능한 경우 $(2, 4, 2), (4, 4, 1), (1, 4, 4)$
　 → 3가지
$b=5$인 경우, $25=4ac$, ac는 자연수이므로 불가
$b=6$인 경우, $36=4ac$, $ac=9$ $(a, c)=(3, 3)$
∴ 가능한 경우 $(3, 6, 3)$ → 1가지
∴ 가능한 경우의 수는 $1+3+1=5$가지

235 ········· 정답 ⑤

> 서로 다른 두 주사위를 던져서 나오는 눈의 수의 합이
> 짝수가 되는 경우의 수는?
>
> ① 10   ② 12   ③ 14
>
> ④ 16   ⑤ 18

서로 다른 눈의 수의 합이 짝수가 되려면 짝수+짝수,
홀수+홀수가 되어야 한다.
서로 다른 두 주사위의 눈의 수를 a, b라 할 때,
ⅰ) a 짝수, b 짝수가 되는 경우의 수
　　$a(2, 4, 6)$, $b(2, 4, 6)$
　　$3 \times 3 = 9$
ⅱ) a 홀수, b 홀수가 되는 경우의 수
　　$a(1, 3, 5)$, $b(1, 3, 5)$
　　$3 \times 3 = 9$
∴ 구하는 경우의 수는 $9 + 9 = 18$

236 ········· 정답 ②

> 주사위를 세 번 던져서 나온 눈의 수를 a, b, c라
> 하자. $a \times b = c$인 경우와 $a + b = c$인 경우의 수의
> 차는?
>
> ① 0   ② 1   ③ 2
>
> ④ 3   ⑤ 4

①
ⅰ) $a \times b = c$인 경우,
　a, b, c 모두 $1 \sim 6$의 자연수이므로 경우의 수를
　줄이기 위해서 c를 기준으로 한다.
　$c = 1$인 경우, $(a, b) = (1, 1)$
　$c = 2$인 경우, $(a, b) = (2, 1)(1, 2)$
　$c = 3$인 경우, $(a, b) = (3, 1)(1, 3)$
　$c = 4$인 경우, $(a, b) = (1, 4)(2, 2)(4, 1)$
　$c = 5$인 경우, $(a, b) = (1, 5)(5, 1)$
　$c = 6$인 경우,
　　$(a, b) = (1, 6)(2, 3)(3, 2)(6, 1)$
　→ 총 14가지

②
ⅱ) $a + b = c$인 경우,
　$c = 1$인 경우는 없음
　$c = 2$인 경우, $(a, b) = (1, 1)$
　$c = 3$인 경우, $(a, b) = (1, 2)(2, 1)$
　$c = 4$인 경우, $(a, b) = (1, 3)(3, 1)(2, 2)$
　$c = 5$인 경우,
　　$(a, b) = (1, 4)(4, 1)(2, 3)(3, 2)$
　$c = 6$인 경우,
　　$(a, b) = (1, 5)(5, 1)(2, 4)(4, 2)(3, 3)$
　→ 총 15가지
∴ 두 경우의 차는 $15 - 14 = 1$

237

> 다항식 $(a+b+c)^2(x+y)^2$을 전개했을 때, 항의 개수는?

$(a+b+c)^2$의 항의 개수는

$a^2+b^2+c^2+2ab+2bc+2ca \rightarrow$ 총 6개

$(x+y)^2 = x^2+2xy+y^2 \rightarrow$ 총 3개

$(a^2+b^2+c^2+2ab+2bc+2ca)(x^2+2xy+y^2)$

6개 항 중에서 1개, 3개 항 중에서 1개를 택해야 하므로 $6 \times 3 = 18$

[주의할 점] $(a+b+c)(a+b+c)(x+y)(x+y)$

$3 \times 3 \times 2 \times 2$로 계산하면 36개가 나와서 실제 결과와 맞지 않는다.

(예) $(x+y)(x+y) = x^2+xy+yx+y^2$

$2xy$

$(a+b+c)(a+b+c)$

$\quad = a^2+ab+ac+ba+b^2+bc+ca+cb+c^2$

$2ab \qquad 2bc$

$2ac \qquad$

항의 개수가 줄어들 수 있기 때문에 같은 계수를 가지는 항이 나오는지를 확인해야 한다.

238

> $(a+b+1)(p+q)(x+y+z)$를 전개하였을 때, 모든 항의 개수를 m이라 하고, a를 포함한 항의 개수를 n, p를 포함한 항의 개수를 γ이라 할 때, $m+n-\gamma$의 값은?
>
> ① 15   ② 17   ③ 23
> ④ 27   ⑤ 29

①

$(a+b+c)(p+q)(x+y+z)$

3개 중에 1개, 2개 중에 1개, 3개 중에 1개를 선택해서 곱하면 총 항의 개수가 나온다(괄호별로 같은 문자가 없으므로 같은 항이 추가로 나오지 않는다).

$\therefore m = 3 \times 2 \times 3 = 18$

②

a를 포함한 항의 개수는

$(a+b+c)(p+q)(x+y+z)$

a 선택, 2개 중에 1개, 3개 중에 1개를 선택하는 것이므로 $2 \times 3 = 6$

③

p를 포함한 항의 개수는

$(a+b+c)(p+q)(x+y+z)$

3개 중에 1개, p 선택, 3개 중에 1개를 선택하는 것이므로 $3 \times 3 = 9$

$\therefore 18+6-9 = 15$

239 ·········· 정답 108

> 1부터 6까지 적힌 카드를 차례대로 3번 뽑을 때 각각의 수를 a, b, c라 하자. $a+b+c$의 값이 짝수가 ① 되는 경우의 수는? (단, 뽑았던 카드는 다시 넣어서 섞은 후 뽑는다.)

최종 형태의 식을 먼저 고려한다.

$a+b+c$의 값이 짝수가 되려면

ⅰ) 짝, 짝, 짝

ⅱ) 홀, 홀, 짝

ⅲ) 홀, 짝, 홀

ⅳ) 짝, 홀, 홀 → 4가지

4가지 경우 모두 $3 \times 3 \times 3 = 27$개

∴ $4 \times 27 = 108$개

240 ·········· 정답 4608

> 1부터 8까지 8개의 숫자를 한 번씩만 사용하여 두 줄로 배열하고자 한다.
>
>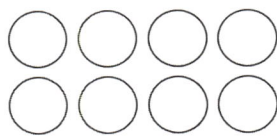
>
> ① 각 가로줄에 있는 네 수의 합이 서로 같은 모든 경우의 수는?

──────────── ①

1부터 8까지의 합은 36, 가로줄의 숫자 합이 같으려면 18이 되어야 한다. 한 줄에 4개 숫자의 합이 18이 되도록 하는 4개 숫자 조합을 찾으면

$(1, 2, 7, 8)(1, 3, 6, 8)(1, 4, 6, 7)$

$(1, 4, 5, 8)(2, 3, 6, 7)(2, 3, 5, 8)$

$(2, 4, 5, 7)(3, 4, 5, 6)$ → 8가지

8가지 조합 중에 하나를 윗줄에 넣으면 조합에 포함되지 않는 나머지 네 개의 숫자는 아랫줄에 들어간다.

각 가로줄에 있는 숫자를 순서대로 배열하는 경우의 수는 4!이므로

∴ $8 \times 4! \times 4! = 4608$

8가지 중 1 | 위 가로줄 배열하는 방법 | 아래 가로줄 배열하는 방법

241 ·········· 정답 ①

> 240의 약수 중 5의 배수의 개수는?
>
> ① 10   ② 11   ③ 12
>
> ④ 13   ⑤ 14

240을 소인수분해하면 $240 = 2^4 \times 3 \times 5$

5를 제외한 $2^4 \times 3$의 약수에 5를 곱한 것들이 5의 배수인 240의 약수이므로, $2^4 \times 3$의 약수는 240의 약수 중 5의 배수인 것의 개수와 같다.

∴ $2^4 \times 3$의 약수는 $5 \times 2 = 10$개

242
정답 12

> 540의 양의 약수 중 9의 배수인 것의 개수는?

540을 소인수분해하면

$540 = 2^2 \times 3^3 \times 5 = 2^2 \times 3 \times 5 \times 9$로 나타낼 수 있다.

540의 약수 중에서 9의 배수인 것의 개수는

$2^2 \times 3 \times 5$의 약수의 개수와 같다.

$\therefore$ $2^2 \times 3 \times 5$의 약수의 개수는 $3 \times 2 \times 2 = 12$개

243
정답 ②

> $2^3 \times 3^k \times 5^{k+2}$의 양의 약수의 개수가 60일 때, 자연
> 수 k의 값은?
>
> ① 1　　　　② 2　　　　③ 3
>
> ④ 4　　　　⑤ 5

$2^3 \times 3^k \times 5^{k+2}$의 양의 약수의 개수는

$(3+1)(k+1)(k+3) = 60$

$4(k+1)(k+3) = 60$

$(k+1)(k+3) = 15$

$\therefore$ $k = 2$

244
정답 22

> 540의 양의 약수 중 짝수의 개수를 p, 3의 배수의
> 개수를 q, 5의 배수의 개수를 r이라 할 때,
> $p+q-r$의 값을 구하시오.

540을 소인수분해하면 $540 = 2^2 \cdot 3^3 \cdot 5$

ⅰ) 짝수의 개수 p

　짝수는 2의 배수이므로 $2 \times 2 \times 3^3 \times 5$에서

　$2 \times 3^3 \times 5$의 약수의 개수와 같다.

　(짝수는 2의 배수이므로, 2를 반드시 약수로 가져

　야 하므로 $2 \times 2 \times 3^3 \times 5$에서 2를 제외한

　$2 \times 3^3 \times 5$의 약수의 개수를 구한다.)

　(예) $2 \times 3^3 \times 5$의 약수의 개수는

　　　$(1+1)(3+1)(1+1) = 16$

　$\therefore$ $p = 16$

ⅱ) 3의 배수 q

　3의 배수는 $3 \times 2^2 \times 3^2 \times 5$에서 $2^2 \times 3^2 \times 5$의 약

　수의 개수와 같다.

　$q = (2+1)(2+1)(1+1) = 18$

ⅲ) 5의 배수 r

　5의 배수는 $5 \times 2^2 \times 3^3$에서 $2^2 \times 3^3$의 약수의 개

　수와 같다.

　$r = (2+1)(3+1) = 12$

$\therefore$ $p+q-r = 16+18-12 = 22$

245 ·· 정답 26

다음 그림과 같은 도로망이 있다. A지점에서 D지점 까지 갈 때, B와 C를 모두 거쳐 가는 경우의 수는? (단, 같은 지점을 두 번 이상 지나지 않는다.)

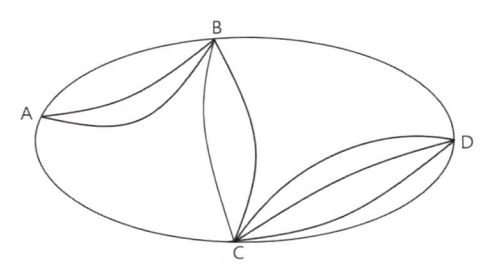

ⅰ) A → B → C → D로 가는 경우,
A에서 B까지 3가지
B에서 C까지 2가지
C에서 D까지 4가지
∴ 3×2×4＝24가지

ⅱ) A → C → B → D로 가는 경우,
A에서 C까지 1가지
C에서 B까지 2가지
B에서 D까지 1가지
∴ 1×2×1＝2가지

∴ 구하는 경우의 수는 24＋2＝26가지

246 ·· 정답 9

다음 그림과 같이 A, B, C, D 4개를 연결하는 도 로망이 있다. 지점 A에서 출발하여 D까지 도착하는 모든 방법의 수는?

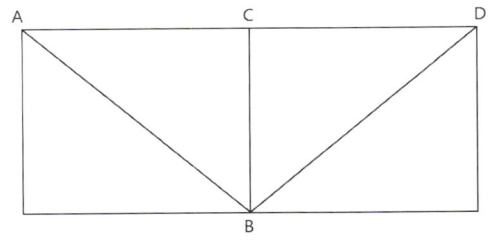

ⅰ) A → C → D
1×1＝1

ⅱ) A → B → D
2×2＝4

ⅲ) A → C → B → D
1×1×2＝2

ⅳ) A → B → C → D
2×1×1＝2

∴ 모든 방법의 수는 1＋4＋2＋2＝9

247 .... 정답 ③

다음 그림과 같은 도로망에서 Q지점과 R지점 사이에 도로를 추가하여 P에서 S까지 가는 방법의 수가 40 이 되도록 하려고 한다. 추가해야 하는 도로의 개수는? (단, 한 번 지난 지점은 다시 지나지 않고, 도로끼리는 서로 만나지 않는다.)

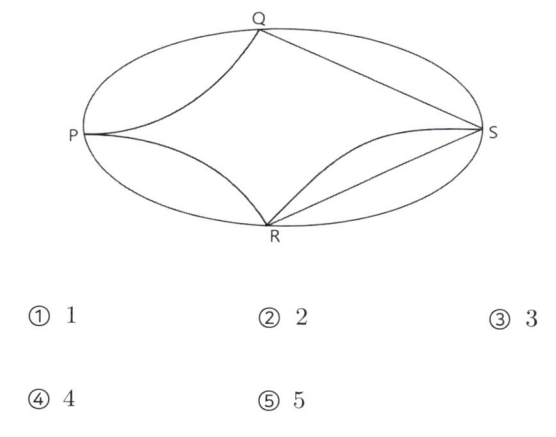

① 1   ② 2   ③ 3

④ 4   ⑤ 5

ⅰ) P → Q → S로 가는 방법의 수
  $2 \times 2 = 4$

ⅱ) P → R → S로 가는 방법의 수
  $2 \times 3 = 6$

ⅲ) P → Q → R → S로 가는 방법의 수
  $2 \times n \times 3 = 6n$

ⅳ) P → R → Q → S로 가는 방법의 수
  $2 \times n \times 2 = 4n$

$4 + 6 + 6n + 4n = 40$
$10 + 10n = 40$
$\therefore n = 3$

248 .... 정답 31

다음 그림과 같은 바둑판 모양의 도로망이 있다. 주사위를 던져서 홀수 번째(ex. 첫 번째, 세 번째, 다섯 번째)는 나온 눈의 수만큼 가로로 움직이고 짝수 번째(ex. 두 번째, 네 번째, 여섯 번째 등)는 나온 눈의 수만큼 세로로 움직인다. 이때, 4번 이내에 Q에 도착하는 경우의 수는?

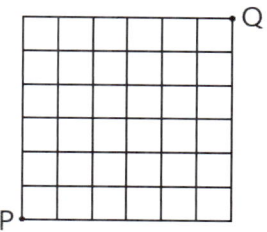

가로세로 모두 움직여야 하므로 최소 두 번 이상을 던져야 한다.

ⅰ) 두 번 만에 도착 가능한 경우 $(6, 6)$ → 1가지

ⅱ) 세 번 만에 도착 가능한 경우
  첫 번째, 세 번째 눈의 합이 6, 두 번째는 6인 경우
  $(1, 6, 5)(2, 6, 4)(3, 6, 3)(4, 6, 2)(5, 6, 1)$
  → 5가지

ⅲ) 네 번 만에 도착 가능한 경우
  첫 번째, 세 번째 눈의 합이 6, 두 번째, 네 번째 눈의 합이 6인 경우, 첫 번째에 가능한 눈의 수
  $1 \sim 5$ → 5가지
  (세 번째 눈의 수는 6 - 첫 번째 눈의 수,
  네 번째 눈의 수는 6 - 두 번째 눈의 수가 된다.)
  두 번째에도 가능한 눈의 수 $1 \sim 5$ → 5가지
  $\therefore 5 \times 5 = 25$

$\therefore$ 전체 경우의 수는 $1 + 5 + 25 = 31$가지

249

다음 그림과 같이 사각형 4개의 영역을 서로 다른 4가지 색으로 칠하려고 한다. 각 영역에 같은 색을 중복해서 칠해도 좋으나, 인접한 영역은 서로 다른 색으로 칠할 때, 칠하는 경우의 수는?
(단, 각 영역에는 한 가지 색만 칠한다.)

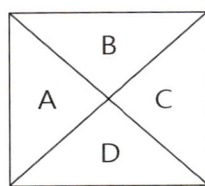

인접한 영역은 같은 색을 칠할 수 없으므로 인접하지 않은 영역을 골라서, 각 영역에 같은 색을 칠할 경우와 다른 색을 칠하는 경우를 나누어서 생각한다.

ⅰ) A와 C에 같은 색을 칠하는 경우,
  A에 칠할 수 있는 색은 4가지
  B에 칠할 수 있는 색은 3가지
    (A와 인접하므로 A에 칠한 색은 제외)
  C에 칠할 수 있는 색은 1가지
    (A와 같은 색을 칠하기로 했으므로)
  D에 칠할 수 있는 색은 3가지
    (A에 칠한 색을 제외한 3가지)
  경우의 수는 $4 \times 3 \times 1 \times 3 = 36$

ⅱ) A와 C에 다른 색을 칠하는 경우,
  A에 칠할 수 있는 색은 4가지
  B에 칠할 수 있는 색은 3가지
    (A와 인접하므로 A에 칠한 색은 제외)
  C에 칠할 수 있는 색은 2가지
    (A와 다른색, B와 인접하므로 B의 색도 제외)
  D에 칠할 수 있는 색은 2가지
    (인접한 A, C의 색을 제외)
  경우의 수는 $4 \times 3 \times 2 \times 2 = 48$

∴ 두 가지 경우에서 구하는 경우의 수를 모두 더하면
  $36 + 48 = 84$

250

다음 사각형의 4개 영역을 서로 다른 3가지 색으로 칠하려고 한다. 각 영역에 같은 색을 중복해서 칠해도 좋으나 인접한 영역은 서로 다른 색으로 칠하는 모든 방법의 수는?

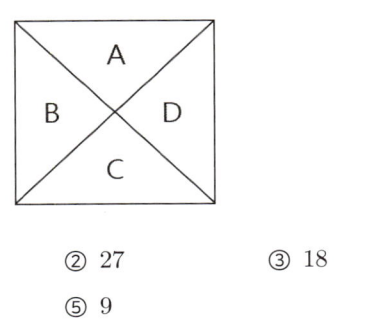

① 32
② 27
③ 18
④ 12
⑤ 9

인접한 영역은 같은 색을 칠할 수 없으므로 인접하지 않은 영역을 골라서, 각 영역에 같은 색을 칠할 경우와 다른 색을 칠하는 경우를 나누어서 생각한다.

ⅰ) A와 C에 같은 색을 칠하는 경우,
  A에 칠할 수 있는 색은 3가지
  B에 칠할 수 있는 색은 2가지
    (A와 인접하므로 A에 칠한 색은 제외)
  C에 칠할 수 있는 색은 1가지
    (A와 같은 색을 칠하기로 했으므로)
  D에 칠할 수 있는 색은 2가지
    (A와 C에 칠한 색을 제외한 2가지)
  경우의 수는 $3 \times 2 \times 1 \times 2 = 12$

ⅱ) A와 C에 다른 색을 칠하는 경우,
  A에 칠할 수 있는 색은 3가지
  B에 칠할 수 있는 색은 2가지
    (A와 인접하므로 A에 칠한 색은 제외)
  C에 칠할 수 있는 색은 1가지
    (A와 다른 색, B와 인접하므로 B의 색도 제외)
  D에 칠할 수 있는 색은 1가지
    (인접한 A, C의 색을 제외)
  경우의 수는 $3 \times 2 \times 1 \times 1 = 6$

∴ 칠하는 경우의 수는 $12 + 6 = 18$

251 ········· 정답 ④

다음 그림과 같이 어느 도시를 5개 영역으로 나누어 놓은 지도를 서로 다른 4개의 색을 모두 사용하여 칠하려고 한다. 같은 색을 여러 번 사용할 수 있지만 이웃하는 영역에는 서로 다른 색을 칠할 때, 칠하는 경우의 수는? (단, 경계가 일부라도 닿은 두 영역은 이웃한 영역으로 본다.)

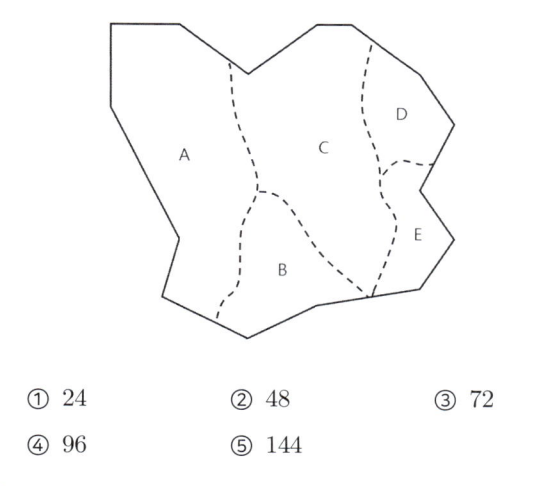

① 24   ② 48   ③ 72
④ 96   ⑤ 144

이 경우는 인접하지 않은 경우의 수가 여러 개이므로 ((예) A와 E, A와 D, B와 E, B와 D 등) 인접하지 않는 경우의 수를 나누지 않고, A 영역부터 차례로 경우의 수를 찾는다.

A에 칠할 수 있는 색은 4가지

B에 칠할 수 있는 색은 3가지(A와 인접. A 제외)

C에 칠할 수 있는 색은 2가지(A, B 인접, A, B 제외)

ⅰ) D에 칠한 색이 A 또는 B와 동일할 때, E에 칠할 수 있는 색 1가지 (C, D와 인접, C, D 제외. 2가지를 사용할 수 있지만, 4가지 색을 모두 사용해야 하므로 남은 1가지만 사용 가능)

ⅱ) D에 칠한 색이 A와 B에 칠한 색과 다르면 E에 칠할 수 있는 색 2가지 (A, B, C, D에서 4가지를 모두 사용했으므로 인접한 C, D 제외, 2가지 색 사용 가능)

$\therefore 4 \times 3 \times 2 \times (2 \times 1 + 1 \times 2) = 96$

A색 B색 C색

E색, E색

D와 A 동일 또는 D와 B 동일 2가지 D의 색

A, B와 다르고 인접한 C와 다른 D의 색

252 ········· 정답 ④

다음 그림과 같은 모양의 타일이 있다. 타일의 5개 영역을 서로 다른 5가지 색으로 칠하려고 할 때, 각 영역에 같은 색을 중복으로 사용해도 좋으나 인접한 영역을 서로 다른 색으로 칠할 때 칠하는 경우의 수는? (단, 각 영역에는 한 가지 색만 칠한다.)

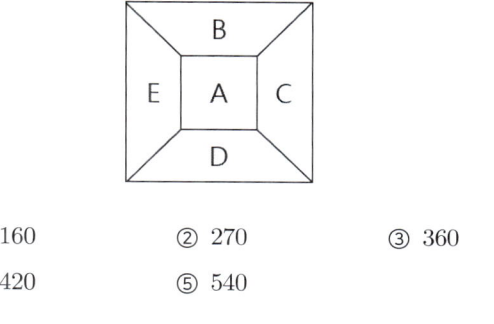

① 160   ② 270   ③ 360
④ 420   ⑤ 540

인접한 영역이 가장 많은 A를 기준으로 생각한다.

A, B, C, D, E 순서대로 칠할 때,

A: 5가지, B: 4가지(A 인접, A 제외).

C: 3가지(A, B 인접, A, B 제외)

ⅰ) D를 칠할 때 인접하지 않는 B와 같은 색으로 칠할 경우,

D와 B가 같은 색으로 1가지

E는 A와 B(D)에 칠한 색 제외한 3가지

경우의 수는 $5 \times 4 \times 3 \times 1 \times 3 = 180$

ⅱ) D를 B와 다른 색으로 칠하는 경우,

D는 A, B, C 제외한 2가지

E는 A, B, D 제외한 2가지

경우의 수는 $5 \times 4 \times 3 \times 2 \times 2 = 240$

$\therefore$ ⅰ) + ⅱ) $= 420$

253 ───────────── 정답 ⑤

다음 그림과 같이 의자를 배열할 때, 부부를 포함한 6명이 모두 이 의자에 앉을 때, 부부가 같은 줄에 이웃하여 앉는 경우의 수는? (모든 의자에서는 서로 다른 숫자가 적혀 있다.)

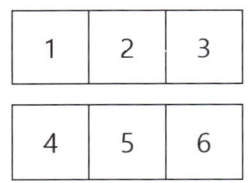

① 32　　　② 48　　　③ 64

④ 96　　　⑤ 192

부부가 같은 줄에 이웃하여 앉을 수 있는 의자의 번호는
$(1, 2)(2, 3)(4, 5)(5, 6)$으로 총 4가지 경우이다.
각 경우에 대하여 남은 4자리에 각각 앉는 경우의 수는 4!
$(1, 2)$에 부부가 앉는다고 할 때, 남/여, 여/남 두 가지 경우가 있으므로 각 경우에 대한 앉는 방법의 수는
$2 \times 4! = 48$
∴ 4가지 경우가 있으므로 $4 \times 48 = 192$

254 ───────────── 정답 ②

네 쌍의 남녀가 회의장에서 일렬로 된 8개의 좌석에 남녀 교대로 앉을 때, 특정한 한 쌍의 남녀가 이웃하는 경우의 수는?

① 288　　　② 504　　　③ 576

④ 1152　　　⑤ 2880

남녀가 교대로 앉는 방법은
ⅰ) 남 여 남 여 남 여 남 여,
ⅱ) 여 남 여 남 여 남 여 남 → 2가지
특정한 한 쌍의 남녀를 A, B라고 하면 ⅰ) 경우에서

A B 남 여 남 여 남 여
남 B A 여 남 여 남 여
남 여 A B 남 여 남 여
남 여 남 B A 여 남 여
남 여 남 여 A B 남 여
남 여 남 여 남 B A 여
남 여 남 여 남 여 A B

→ 총 7가지
(ⅱ)의 경우도 같다.)

이 특정한 한 쌍만 이웃하면 되므로 나머지 3쌍의 남녀 중 남자 3명을 차례로 앉히는 법 3!
여자 3명을 차례로 앉히는 법 3!
ⅱ) 경우에서도 ⅰ)과 경우의 수는 동일하다.
∴ 구하는 경우의 수는 $2 \times 7 \times 3! \times 3 = 504$

ⅰ), ⅱ)의 2가지 ──── 여자 앉는 경우
2가지 경우 중 n가지　남자 앉는 경우

255 ───────────── 정답 ⑤

어른 6명과 어린이 2명이 일렬로 설 때, 어린이끼리는 이웃하지 않는다. 어른끼리는 항상 서로 이웃하고 이웃하는 어른의 수는 짝수가 되도록 줄을 서는 경우의 수는?

① 820　　　② 1120　　　③ 2240

④ 6720　　　⑤ 8640

어른이 이웃하는 수가 짝수가 되는 경우는
ⅰ) ○○　○○　○○
ⅱ) ○○　○○○○
ⅲ) ○○○○　○○
ⅳ)　○○○○○○
3가지 경우, 그 사이에 이웃하지 않게 어린이를 배열하면
① ○○ ② ○○ ③ ○○ ④
어린이가 ①, ② 또는 ②, ④에 들어가면 ⅱ)의 경우,
②, ③에 들어가면 ⅰ)의 경우,
③, ④에 또는 ①, ③ 들어가면 ⅲ)의 경우,
①, ④에 들어가면 ⅳ)의 경우가 되므로

①, ②, ③, ④ 중 2자리에 어린이가 들어가면 조건을 모두 만족한다.

∴ 어른을 배열하는 경우의 수 6!

어린이를 배열하는 경우의 수 $_4P_2$

전체 경우의 수는 $6! \times _4P_2 = 8640$

256 ························· 정답 2016

> 남학생 4명과 여학생 3명을 일렬로 세우려고 한다. 처음과 끝에 남학생이 오고 여학생 3명이 서로 이웃하도록 서는 경우의 수를 a, 남학생과 여학생이 번갈아 일렬로 서는 경우의 수를 b, 여학생이 서로 이웃하지 않게 서는 경우의 수를 c라 하면 $a+b+c$의 값은?

ⅰ) a는 양 끝에 남학생을 배치하고 여학생은 한 묶음으로 생각해서 나열한다.

양끝에 남학생을 배치하는 경우 $_4P_2$(제일 앞쪽에 4명 중 하나, 제일 뒤에 3명 중 하나)

가운데는 남자 2명과 여자 한 묶음을 일렬로 배치하는 방법 3!, 여자 3명이 일렬로 서는 방법 3!

∴ $a = _4P_2 \times 3! \times 3! = 432$

ⅱ) b는 번갈아 나열하는 경우의 수

① 남 여 남 여 남 여 남

② 여 남 여 남 여 남 남

②의 경우는 번갈아 설 수 없으므로 ①만 가능

그 경우는 $4! \times 3! = 144$

ⅲ) c는 남학생을 먼저 배치하고 사이사이에 여학생을 배치하면 된다.

√ 남 √ 남 √ 남 √ 남 √

남학생 일렬 배치 4!

√ 표시 중 3자리 선택 여학생 배치 $_5P_3$

$_5P_3 \times 4! = 1440$

∴ $a+b+c = 432+144+1440 = 2016$

257 ························· 정답 840

> 4명의 관객이 일렬로 놓인 10개의 좌석에 앉을 때, 어느 두 명도 이웃하지 않게 앉는 경우의 수를 구하시오.

의자 4개만 관객이 앉으므로 빈 의자는 6개이다.

√ ○ √ ○ √ ○ √ ○ √ ○ √

(예) ○ → 빈 의자

빈 의자들 사이와 양 끝의 7개의 자리에 4명이 앉으면 되므로 구하는 경우의 수는

$_7P_4 = 7 \times 6 \times 5 \times 4 = 840$

258 ························· 정답 ⑤

> 4개의 서로 다른 과일 사과, 배, 감, 귤을 일렬로 놓인 8개의 바구니에 넣을 때, 어느 두 과일도 이웃하지 않도록 넣는 방법의 수는?
>
> ① 24   ② 48   ③ 72
> ④ 96   ⑤ 120

빈 바구니가 4개이므로 빈 바구니를 배열하고,

√ □ √ □ √ □ √ □ √

빈 바구니 사이와 양 끝에 과일을 넣는다고 생각하면 된다. √로 표시한 5개의 빈칸에 과일 4개를 넣는 방법의 수는 $_5P_4 = 5 \times 4 \times 3 \times 2 = 120$

259
정답 288

> 7개의 알파벳 a, b, c, d, e, f, g를 일렬로 나열할 때, a, b는 이웃하고 e, f, g는 이웃하지 않게 나열하는 경우의 수는?

이웃하는 a, b는 한 묶음으로 생각한다. 이웃하지 않게 하는 e, f, g는 띄어 놓고, 그 사이에 들어가는 경우를 생각한다.

a, b 한 묶음, c, d 총 3개를 일렬로 나열하는 경우의 수는 3!

a와 b가 자리를 바꾸는 경우 2!(a, b 또는 b, a)

$\checkmark$ a b $\checkmark$ c $\checkmark$ d $\checkmark$

$\checkmark$ 표시된 곳에 3개의 알파벳 e, f, g를 나열하는 경우의 수는 $_4\mathrm{P}_3 = 24$

$\therefore$ 구하는 경우의 수는 $3! \times 2! \times 24 = 288$

260
정답 ④

> 다음 그림과 같이 9칸의 상자를 세워 놓고 1부터 5까지의 번호가 적힌 빨간 공 5개와 1부터 4까지의 번호가 적힌 파란 공 4개를 빨간 공끼리 좌우에 이웃하여 넣지 않고, 파란 공끼리 좌우에 이웃하여 넣지 않는 방법의 수는?
>
> 위
>
>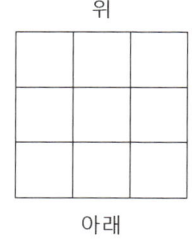
>
> 아래
>
> ① 2880   ② 86400   ③ 1440
> ④ 8640   ⑤ 25920

빨간 공의 개수가 많으므로 빨간 공을 좌우에 이웃하지 않게 상자에 넣는 방법은 다음의 3가지이다.

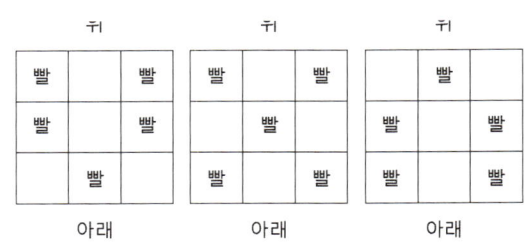

각 상자당 빨간 공 5개를 나열하는 방법의 수는 5! ($\because$번호가 적혀있으므로 서로 다른 공)

$\therefore$ 전체 빨간 공을 나열하는 방법의 수는 $5! \times 3$

비어있는 4자리에 파란 공을 배치하는 방법은 4!

$\therefore$ 구하는 경우의 수는 $5! \times 3 \times 4! = 8640$

261
정답 ②

> 숫자 1, 2, 3, 4, 5를 12345부터 54321까지 크기 순으로 배열할 때 53142는 몇 번째 오는 수인가?
>
> ① 108   ② 110   ③ 112
> ④ 114   ⑤ 116

첫째 자리에 5가 오기 위해서는 앞자리에 1, 2, 3, 4인 경우의 수를 전부 고려한다.

1 ○○○○ 인 경우 $4! = 24$가지
2 ○○○○ 인 경우 $4! = 24$가지
3 ○○○○ 인 경우 $4! = 24$가지
4 ○○○○ 인 경우 $4! = 24$가지

두 번째 자리에 3인 경우보다 앞 순서일 때, 두 번째 자리는 1, 2가 올 수 있다.

5 1 ○○○ 인 경우 $3! = 6$가지
5 2 ○○○ 인 경우 $3! = 6$가지
5 3 ○○○ 인 경우 5 3 1 2 4 → 1가지

$24 \times 4 + 6 \times 2 + 1 = 96 + 12 + 1 = 109$

$\therefore$ 5 3 1 4 2 앞에 109개의 수가 있으므로
5 3 1 4 2는 110번째 수

262 ···················· 정답 ②

다섯 개의 숫자 1, 2, 3, 4, 5를 모두 배열해서 만들 수 있는 5자리의 양의 정수가 있다. 이 중에서 32400 보다 작은 양의 정수의 개수는?

① 48 ② 56 ③ 60
④ 66 ⑤ 72

32400보다 작은 수는

1 ○ ○ ○ ○ 인 경우 $4! = 24$가지
2 ○ ○ ○ ○ 인 경우 $4! = 24$가지
3 1 ○ ○ ○ 인 경우 $3! = 6$가지
3 2 1 ○ ○ 인 경우 $2! = 2$가지
∴ 구하는 경우의 수는 $24 \times 2 + 6 + 2 = 56$

263 ···················· 정답 ①

알파벳 a와 b만을 사용하여 7자리 문자열을 나열할 때, $abba$의 배열이 한 번만 나타나는 것의 개수는? (단, $abbabba$는 '$abba$'가 두 번 나타난 것으로 보아 제외한다.)

① 30 ② 31 ③ 32
④ 33 ⑤ 34

$abba$가 무조건 나타나야 하므로 $abba$를 7자리 중에서 한 번씩 배치하면서 각 경우의 수를 구한다.
ⅰ) $abba$○○○인 경우, 비어있는 곳에 a, b 둘 중 하나가 들어갈 수 있으므로 $2 \times 2 \times 2 = 2^3 = 8$, 이 중에서 bba인 1가지 경우를 제외하므로 $8 - 1 = 7$
ⅱ) ○$abba$○○인 경우, $2^3 = 8$개
ⅲ) ○○$abba$○인 경우, $2^3 = 8$개
ⅳ) ○○○$abba$인 경우, 2^3에서 비어있는 곳이 abb인 경우를 제외하므로 $2^3 - 1 = 7$개
∴ $7 + 8 + 8 + 7 = 30$

264 ···················· 정답 ④

DIRECTLY의 8개의 문자를 일렬로 배열할 때, D와 C 사이에 2개의 문자가 들어가는 경우의 수는?

① 1440 ② 2024 ③ 3600
④ 7200 ⑤ 7600

D와 C 사이에 빈자리 2개를 고정하면
ⅰ) D○○C 2자리에 문자를 일렬로 배열하는 방법
→ $6 \times 5 = 30$가지
ⅱ) D○○C, C○○D C와 D를 바꾸는 방법
→ 2가지
ⅲ) D○○C, C○○D 문자 4개를 한 묶음으로 보면
□□□□ ○○○○ 5개를 일렬로 나열하는 방법 $5! = 120$가지
∴ 구하는 경우의 수는 $30 \times 2 \times 120 = 7200$가지

265 ···················· 정답 36

여섯 개의 숫자 0, 1, 2, 3, 4, 5 중에서 서로 다른 세 개의 숫자를 사용하여 세 자리 자연수를 만들려고 한다. 이 중에서 5의 배수의 개수는?

5의 배수는 일의 자리에 0 또는 5가 와야 한다.
ⅰ) 일의 자리 수가 0인 경우,
백의 자리에는 0을 제외한 5가지 숫자가 올 수 있다. 십의 자리에는 0과 백의 자리 숫자를 제외하면 4가지 숫자가 올 수 있다.
∴ $5 \times 4 = 20$
ⅱ) 일의 자리 수가 5인 경우,
백의 자리에는 5와 0을 제외한 4가지 숫자가 올 수 있다. (백의 자리에는 0이 올 수 없다.) 십의 자리에는 5와 백의 자리 숫자를 제외한 4 가지 숫자가 올 수 있다. (십의 자리에는 0이 올 수 있다.)
∴ $4 \times 4 = 16$
∴ 모든 경우의 수는 $20 + 16 = 36$

266
정답 300

> 0, 1, 2, 3, 4, 5의 6개 숫자 중에서 서로 다른 4개의 숫자를 택하여 만들 수 있는 네 자리 자연수의 개수는?

천의 자리에는 0이 올 수 없으므로 5가지
백의 자리에는 천의 자리 숫자 제외 5가지
십의 자리에는 위의 2가지를 제외한 4가지
일의 자리에는 위의 3가지를 제외한 3가지
$5 \times 5 \times 4 \times 3 = 300$개

267
정답 108

> 1부터 9까지 자연수를 한 번씩만 사용하여 4자리 숫자를 만들려고 한다. 8000보다 크고 9000보다 작은 3의 배수의 개수는? ①
> ②

①
천의 자리 숫자는 8

②
3의 배수일 조건은 각 자리 숫자의 합이 3의 배수가 되어야 한다.
8을 포함한 세 수의 합이 3의 배수인 경우 나머지 세 숫자를 a, b, c라고 하면 $8 + a + b + c = 3$의 배수
　→ $8 + a + b + c \geq 15$이어야 한다. (∵ 모든 숫자를 한 번씩 사용해야 하므로 네 자리 숫자의 합이 12 이하인 경우는 만들 수 없음)
$a + b + c = 7$ (1, 2, 4)
$a + b + c = 10$ (1, 2, 7)(1, 3, 6)(1, 4, 5)(2, 3, 5)
$a + b + c = 13$
　(1, 3, 9)(1, 5, 7)(2, 4, 7)(2, 5, 6)(3, 4, 6)
$a + b + c = 16$
　(1, 6, 9)(2, 5, 9)(3, 4, 9)(3, 6, 7)(4, 5, 7)
$a + b + c = 19$ (3, 7, 9)(4, 6, 9)
$a + b + c = 22$ (9, 7, 6)
　→ 8을 제외한 가장 큰 세 수의 합(최대)
총 18가지, 각 경우의 수를 순서대로 배열하면 3!
∴ $18 \times 3! = 108$

268
정답 30

> 1에서 5까지의 자연수를 중복을 허락하여 세 자리 자연수를 만들려고 한다. 십의 자리와 일의 자리의 수가 백의 자리 수보다 작은 세 자리 자연수는 모두 몇 개인가? (예: 543, 422 등) ①

①
백의 자리 수를 1부터 5까지 설정한 후, 경우의 수를 찾는다.
ⅰ) 1□□ → 불가. 1보다 작을 수 없음.
ⅱ) 2□□ → $1 \times 1 = 1$가지
ⅲ) 3□□ → 3보다 작은 수 1, 2. 2가지
　　　　　$2 \times 2 = 4$가지
ⅳ) 4□□ → 4보다 작은 수 1, 2, 3. 3가지
　　　　　$3 \times 3 = 9$가지
ⅴ) 5□□ → 5보다 작은 수 1, 2, 3, 4. 4가지
　　　　　$4 \times 4 = 16$가지
∴ 구하고자 하는 세 자리 자연수는
　　$1 + 4 + 9 + 16 = 30$가지

269 · 정답 108

서로 다른 3개의 주사위를 던져서 나온 눈의 수를 a, b, c라 하면, $ab+bc+ca$의 값이 홀수가 되는 경우의 수는?

$ab+bc+ca$가 홀수가 되려면 홀+홀+홀, 짝+짝+홀 두 가지 경우만 가능하다.

ⅰ) 홀+홀+홀의 경우는 $ab=$홀, $bc=$홀, $ca=$홀
   a, b, c가 모두 홀수가 나오는 경우이므로
   $3\times3\times3=27$

ⅱ) 짝+짝+홀의 경우는
   $ab=$홀인 경우 a, b는 홀, c는 짝이어야 한다.
   $bc=$홀인 경우 b, c는 홀, a는 짝이어야 한다.
   $ca=$홀인 경우 a, c는 홀, b는 짝이어야 한다.

∴ a, b, c중에서 하나는 짝, 두 개는 홀수여야 한다.

a, b, c 3개 중에서 짝수를 뽑는 경우 $_3C_1$,
짝 3가지, 홀 3가지, 홀 3가지
∴ $_3C_1\times3\times3\times3=81$

∴ 모든 경우의 수는 ⅰ)+ⅱ)$=27+81=108$개

270 · 정답 9자리

①
10개의 축구구단에서 올스타전 후보 구단 5개를 선정하고, 선정된 5개 팀은 각 팀에서 올스타 후보 5명을 선정한다. 이 중에서 총 11명을 뽑아서 올스타 팀을 ② 만들 수 있는 경우의 수는 몇 자리 수인가? (단, 선정된 5개 팀은 각 팀별로 최소 2명 이상 올스타를 뽑아야 한다. (예) 1000은 4자리 수이다.)

①
10개 팀 중에서 5개 팀을 뽑는 방법의 수는
$_{10}C_5=252$

②
뽑힌 다섯 개 팀은 2명 이상 선수를 뽑아야 하므로 한 팀만 3명을 뽑고, 4팀은 2명을 뽑아야 한다. 선택한 5개 팀 중에서 3명을 뽑는 팀을 뽑는 경우의 수는 $_5C_1$

한 팀에서 두 명을 뽑는 경우의 수 $_5C_2$
한 팀에서 세 명을 뽑는 경우의 수 $_5C_3$
모든 경우의 수는
$$_{10}C_5\times{_5}C_1\times{_5}C_2\times{_5}C_2\times{_5}C_2\times{_5}C_2\times{_5}C_3$$
$$=252\times5\times10\times10\times10\times10\times10$$
$$=126000000$$
∴ 9자리

271 · 정답 20

5개의 숫자 0, 1, 2, 3, 4 중에서 세 개를 뽑아 세 자리 자연수를 만든다고 할 때, 백의 자리 숫자를 a, 십의 자리 숫자를 b, 일의 자리 숫자를 c라 하자. 이때, ① $a>b\geq c$를 만족하는 자연수의 개수는? (단, 같은 숫자를 여러 번 뽑아도 된다.)

①
$a>b\geq c$는 $a>b>c$와 $a>b=c$인 경우에서 뽑는 경우가 다르므로 나누어서 생각한다.

ⅰ) $a>b>c$인 경우,
   주어진 수는 모두 다른 수이고 대소 관계가 명확하므로 3개를 뽑아서 크기 순으로 나열하면 된다.
   (뽑으면 순서가 자동으로 정해진다. 0을 뽑아도 조건에 맞으려면 백의 자리에 놓을 수 없다.)
   ∴ 5개 중에서 3개를 뽑는 경우의 수는 $_5C_3=10$

ⅱ) $a>b=c$인 경우,
   b와 c가 같으므로 5개 중에서 2개를 뽑은 후 작은 수를 한 번 더 적는다. 5개 중에서 2개를 뽑는 경우의 수는 $_5C_2=10$

∴ 구하는 자연수는 ⅰ)+ⅱ)$=10+10=20$

272 .... 정답 126

가군의 대학 3개, 나군의 대학 3개, 다군 대학 4개가 있다. 각 군별로 하나 이상의 대학을 선택하여 4개의 대학에 정시 원서를 내려고 한다. 정시 원서를 내는 방법의 수를 구하면? (제출 순서는 상관없고, 한 대학에는 한 번만 지원한다.)

군은 3개, 지원학교가 4개이므로 한 군에서 2개 나머지 2개의 군은 1개씩 지원해야 한다.
(각 군의 대학 수가 모두 같으면 2개를 뽑는 군을 고르는 경우의 수 $_3C_1$로 쓸 수 있으나 학교 수가 다르므로 각각 고려해야 한다.)

ⅰ) 가군 2, 나군 1, 다군 1개 택하는 방법
$_3C_2 \times _3C_1 \times _4C_1 = 36$가지

ⅱ) 가군 1, 나군 2, 다군 1개 택하는 방법
$_3C_1 \times _3C_2 \times _4C_1 = 36$가지

ⅲ) 가군 1, 나군 1, 다군 2개 택하는 방법
$_3C_1 \times _3C_1 \times _4C_2 = 54$가지

∴ 구하는 경우의 수는 $36 + 36 + 54 = 126$

273 .... 정답 90

6명의 학생을 3개의 조로 나누는 경우의 수를 구하시오

6명을 3개의 조로 나눌 때, 모든 조가 인원이 같아야 한다는 조건이 없으므로 세 수를 더해서 6이 되는 경우와 같다.

$(1, 1, 4)(1, 2, 3)(2, 2, 2)$
세 가지 경우로 나눌 수 있다. 또한 3개의 조라고 했으므로 순서는 생각하지 않는다.

ⅰ) 1, 1, 4개로 나누는 경우,
$_6C_1 \times _5C_1 \times _4C_4 \times \dfrac{1}{2!} = 6 \times 5 \times 1 \times \dfrac{1}{2} = 15$
6명 중 1명   나머지 4명
나머지 5명 중 1명
인원수가 같은 조가 2개이므로 2개를 나열하는 경우의 수는 1가지 경우로 보고 나눠 준다.

ⅱ) 1, 2, 3개로 나누는 경우의 수
$_6C_1 \times _5C_2 \times _3C_3 = 6 \times 10 \times 1 = 60$

ⅲ) 2, 2, 2개로 나누는 경우의 수
$_6C_2 \times _4C_2 \times _2C_2 \times \dfrac{1}{3!} = 15 \times 6 \times 1 \times \dfrac{1}{6} = 15$

∴ 구하는 경우의 수는 $15 + 60 + 15 = 90$

274 .... 정답 25

7개의 과일 사과, 배, 귤, 감, 참외, 수박, 망고를 2개, 2개, 3개로 분류할 때, 사과와 배가 같은 묶음에 속하는 경우의 수는?

ⅰ) 사과, 배를 2개로 묶는 경우,
사과, 배를 먼저 뽑고, 나머지 5개를 2, 3개로 나누면 된다.
$_5C_2 \times _3C_3 = 10$가지

ⅱ) 사과, 배가 3개로 묶는 조에 들어가는 경우,
사과, 배를 먼저 뽑고, 나머지 5개 중에서 1개를 더 뽑고, 나머지 4개를 2개, 2개로 나누는 경우를 생각한다.
$_5C_1 \times _4C_2 \times _2C_2 \times \dfrac{1}{2} = 15$가지

∴ 구하는 경우의 수는 $10 + 15 = 25$

275 .... 정답 315

8개의 축구팀이 토너먼트 방식으로 경기를 할 때, 다음 그림처럼 대진표를 작성하는 경우의 수는?

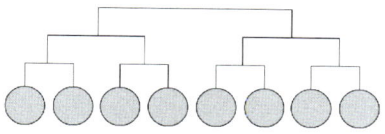

8팀을 4팀, 4팀으로 분류한 후, 각 팀에서 2팀, 2팀으로 분류해야 한다.

i) 4팀, 4팀으로 나누는 경우의 수

$$_8C_4 \times _4C_4 \times \frac{1}{2} = 35$$

ii) 2팀, 2팀으로 나누는 경우의 수

$$_4C_2 \times _2C_2 \times \frac{1}{2} = 3$$

∴ 전체 경우의 수는 $35 \times 3 \times 3 = 315$
(ii)의 경우가 2번 있다.)

276 .... 정답 75

남학생 3명, 여학생 5명이 2개 조로 나누어 박물관을 관람하기로 했다. 각 조에 남학생 1명은 꼭 포함되고 각 조의 인원이 3명 이상이 되도록 조를 나누는 방법의 수는?

인원이 3명 이상 2조로 나누는 경우는 (3명, 5명), (4명, 4명)의 두 가지 경우

i) 3명, 5명으로 나누는 경우,
남학생이 1명 이상이 반드시 포함되므로

㉠ 남남여, 남여여여여의 경우
$$_3C_2 \times _5C_1 = 15$$가지
5명의 여자 중 1명
3명의 남자 중 2명

(남남여를 뽑으면 나머지는 자동으로 정해진다.)

㉡ 남여여, 남남여여여의 경우
$$_3C_1 \times _5C_2 = 30$$가지
5명의 여자 중 2명
3명의 남자 중 1명

ii) 4명, 4명으로 나누는 경우
남남여여, 남여여여
↓
$$_3C_2 \times _5C_2 = 30$$가지

∴ 구하는 경우의 수는 $30 + 15 + 30 = 75$가지

277 .... 정답 1680

9명의 학생을 1, 2, 3반에 3명씩 배정하는 경우의 수는?

9명의 학생을 3명, 3명, 3명씩 분할하는 경우의 수는

$$_9C_3 \times _6C_3 \times _3C_3 \times \frac{1}{3!}$$

1, 2, 3반에 배정하는 경우는 순서가 중요하므로 분할한 3조를 1, 2, 3반에 배정하는 경우의 수는 3!

∴ 전체 경우의 수는 $_9C_3 \times _6C_3 \times _3C_3 \times \frac{1}{3!} \times 3!$

$$= \frac{9 \times 8 \times 7}{3 \times 2 \times 1} \times \frac{6 \times 5 \times 4}{3 \times 2 \times 1} = 1680$$

278 ········· 정답 33600

8개의 서로 다른 꽃을 3개, 3개, 2개씩 나누어 6명 중 3명에게 나누어 주는 방법의 수는?

8개의 꽃을 3개, 3개, 2개로 나누는 경우의 수는

$${}_8C_3 \times {}_5C_3 \times {}_2C_2 \times \frac{1}{2!}$$

6명 중 3명을 고르는 방법은 ${}_6P_3$

전체 경우의 수 ${}_8C_3 \times {}_5C_3 \times {}_2C_2 \times \frac{1}{2!} \times {}_6P_3$

$$= \frac{8 \times 7 \times 6}{3 \times 2 \times 1} \times \frac{5 \times 4 \times 3}{3 \times 2 \times 1} \times \frac{1}{2} \times 6 \times 5 \times 4$$

$$= 33600$$

279 ········· 정답 1050

선생님 3명과 학생 7명을 3개조로 나누어 방송국을 견학하려고 한다. 각 조에는 인솔 선생님이 1명씩 반드시 포함된다고 할 때, 10명을 3개조로 나누는 경우의 수는? (단, 한 조의 최대 인원은 4명으로 한다.)

각 조에 선생님이 반드시 1명씩 포함되므로 선생님을 제외한 학생 7명을 3개조로 나누는 경우의 수를 생각하면 (1, 3, 3) 또는 (2, 2, 3) 또는 (1, 2, 4)

한 조의 최대 인원이 4명이므로 (1, 2, 4)의 경우는 제외한다. (∵ 선생님 1명이 포함된다면 한조의 인원이 5명이 된다.)

ⅰ) 1명, 3명, 3명으로 나누는 경우의 수는

$${}_7C_1 \times {}_6C_3 \times {}_3C_3 \times \frac{1}{2!} = 7 \times 20 \times 1 \times \frac{1}{2} = 70$$

ⅱ) 2명, 2명, 3명으로 나누는 경우의 수는

$${}_7C_2 \times {}_5C_2 \times {}_3C_3 \times \frac{1}{2!} = 21 \times 10 \times 1 \times \frac{1}{2} = 105$$

학생 7명을 3개조로 나누는 경우의 수는

$$70 + 105 = 175$$

3개의 조를 3명의 선생님이 맡게 되는 경우의 수는

$$3! = 6$$

$$\therefore 175 \times 6 = 1050$$

280 ········· 정답 55

90만 원이 들어 있는 통장을 한 번에 10만원 또는 20만 원씩 여러 번에 걸쳐서 인출하여 모두 인출하려고 한다. 돈을 인출하는 모든 경우의 수는?

ⅰ) 10만 원씩 9번 → 1가지

ⅱ) 10만 원씩 7번, 20만 원 1번
(10, 10, 10, 10, 10, 10, 10, 20)을 배열하는 경우의 수와 같으므로 8가지(20만 원을 처음, 두 번째 ⋯ 마지막에 인출하는 경우)

ⅲ) 10만 원씩 5번, 20만 원 2번
(10, 10, 10, 10, 10, 20, 20)을 배열하는 경우의 수와 같다. 20이 위치할 자리 2개를 선택하는 경우와 수와 같으므로 ${}_7C_2 = 21$가지

ⅳ) 10만 원 3번, 20만 원 3번
(10, 10, 10, 20, 20, 20)을 배열하는 경우
${}_6C_3 = 20$가지

ⅴ) 10만 원 1번, 20만 원 4번
(10, 20, 20, 20, 20)을 배열하는 경우 5가지

∴ 모든 경우의 수는 $1 + 8 + 21 + 20 + 5 = 55$

10단원.

행렬과
그 연산

유형 1
행렬의 성분 a_{ij}가 주어진 경우

281

이차정사각행렬 A의 $(i,\ j)$ 성분 a_{ij}를
$a_{ij}=(-1)^{i+j}+ki$라 하자. 행렬 A의 모든 성분의
합이 24일 때, 상수 k의 값은?

① 1   ② 2   ③ 3

④ 4   ⑤ 5

282

행렬 A의 $(i,\ j)$ 성분 a_{ij}가 $a_{ij}=(i-1)(j^2+k)$,
$(i=1,\ 2,\ 3,\ j=1,\ 2)$일 때, 행렬 A의 모든 성분
의 합이 51이다. 이때, 실수 k의 값을 구하시오.

283

행렬 A의 $(i,\ j)$ 성분 a_{ij}가 $a_{ij}=3j-i+k$일 때,

$A=\begin{Bmatrix} p & 8 \\ q & r \\ s & 6 \end{Bmatrix}$이다. 이때, $p+q+r+s$의 값을 구하시오.

(단, k는 상수이다.)

284

행렬 A의 $(i,\ j)$ 성분 $a_{ij}=\begin{cases} i-2j & (i>j) \\ i+j & (i=j) \\ j-i & (i<j) \end{cases}$일 때,

행렬 A의 모든 성분의 합을 구하시오.
(단, $i,\ j=1,\ 2$)

행렬의 연산 결과가 조건으로 주어진 경우

285

두 행렬 $A = \begin{pmatrix} 1 & 0 \\ -1 & 2 \end{pmatrix}$, $B = \begin{pmatrix} 2 & 3 \\ 0 & 2 \end{pmatrix}$와 두 행렬 X, Y가 $X + Y = 3A - 5B$, $X - Y = A + B$를 만족시킬 때, 행렬 $X + 2Y$는?

① $\begin{pmatrix} 4 & 12 \\ 9 & 2 \end{pmatrix}$ ② $\begin{pmatrix} 3 & 4 \\ -4 & 3 \end{pmatrix}$ ③ $\begin{pmatrix} 24 & 12 \\ -4 & 6 \end{pmatrix}$

④ $\begin{pmatrix} 10 & 12 \\ -15 & 10 \end{pmatrix}$ ⑤ $\begin{pmatrix} -12 & -24 \\ -4 & -8 \end{pmatrix}$

286

세 이차정사각행렬 A, B, C에 대하여

$A + C = \begin{pmatrix} 0 & 2 \\ 1 & -2 \end{pmatrix}$, $B - C = \begin{pmatrix} 2 & 0 \\ -3 & 2 \end{pmatrix}$일 때, 행렬 $A(B - C) + CB - C^2$의 모든 성분의 합을 구하시오.

287

두 이차정사각행렬 A, B에 대하여

$A + B = \begin{pmatrix} 0 & 3 \\ 2 & 1 \end{pmatrix}$, $A^2 + B^2 = \begin{pmatrix} 3 & -2 \\ 1 & 1 \end{pmatrix}$일 때, 행렬 $BA + AB$의 모든 성분의 합을 구하시오.

288

두 이차정사각행렬 A, B에 대하여

$A - B = \begin{pmatrix} 7 & -2 \\ 0 & 1 \end{pmatrix}$, $A + B = \begin{pmatrix} 3 & 4 \\ -2 & 3 \end{pmatrix}$일 때, 행렬 $A^2 - B^2$의 $(1, 2)$ 성분을 구하시오.

유형 3

유형 3

단위행렬이 포함된 조건을 만족시키는 행렬

289

행렬 $A = \begin{pmatrix} 0 & 1 \\ 1 & 0 \end{pmatrix}$에 대하여 $(E+2A)^2 = xE+yA$가 성립할 때, 실수 x, y에 대하여 $x+y$의 값을 구하시오. (단, E는 단위행렬이다.)

290

두 이차정사각행렬 A, B에 대하여
$A = -B$, $AB = E$일 때, 다음 중 $A^{806} + B^{808}$과 같은 것은? (단, E는 단위행렬, O는 영행렬이다.)

① $-E$　　　　　② E　　　　　③ O

④ $A-E$　　　　⑤ $A+E$

291

두 이차정사각행렬 A, B에 대하여 $A+B = 3E$, $AB = 2E$일 때, $A^2 + B^2 = kE$이다. 이때, 상수 k의 값을 구하시오. (단, E는 단위행렬이다.)

292

두 이차정사각행렬 A, B가 $A+B = E$, $AB = E$를 만족시킬 때, $A^{1000} + B^{1000} - A^{1001} - B^{1001}$과 같은 행렬은? (단, E는 단위행렬이다.)

① $-2E$　　　　② $-E$　　　　③ E

④ $2E$　　　　　⑤ $3E$

유형 4

$A^n = E$ 의 활용(1)

293

행렬 $A = \begin{pmatrix} -2 & 0 \\ 0 & 2 \end{pmatrix}$에 대하여 행렬 $A^{10} + A^{11}$의 모든 성분의 합을 구하시오.

294

행렬 $A = \begin{pmatrix} 1 & -2 \\ 0 & 1 \end{pmatrix}$에 대하여 행렬

$A - A^2 + A^3 - A^4 + \cdots + A^9 - A^{10}$의 모든 성분의 합을 구하시오.

295

행렬 $A = \dfrac{1}{3} \begin{pmatrix} 2 & 7 \\ -1 & 1 \end{pmatrix}$에 대하여

$A + A^2 + A^3 + \cdots + A^{205}$의 모든 성분의 합을 구하시오.

296

행렬 $A = \begin{pmatrix} 0 & 0 & 3 \\ 1 & 1 & 1 \\ 1 & 1 & 1 \end{pmatrix}$에 대하여 $A^n \begin{pmatrix} 1 \\ 1 \\ 1 \end{pmatrix} = \begin{pmatrix} x_n \\ y_n \\ z_n \end{pmatrix}$ 이라

할 때, 부등식 $x_n + y_n + z_n < 1000$을 만족시키는 자연수 n의 최댓값을 구하시오.

유형 5

$A^n = E$ 의 활용(2)

297

행렬 $A = \begin{pmatrix} 1 & -1 \\ 3 & -2 \end{pmatrix}$에 대하여 다음 중

$A^{16} + A^{10} + A^3$과 같은 행렬은? (단, E는 단위행렬, O는 영행렬이다.)

① $-2A$　　　　② $-E$　　　　③ O

④ $2E$　　　　⑤ $2A + E$

298

두 이차정사각행렬 A, B가 $A+B=O$,
$AB=2E$를 만족시킬 때, 행렬 $A^{10}+B^{10}$의 $(1,\ 1)$
성분을 구하시오.
(단, O는 영행렬, E는 단위행렬이다.)

299

행렬 $A=\begin{pmatrix} -2 & -1 \\ 3 & 1 \end{pmatrix}$에 대하여

$A+A^2+A^3+\ \cdots\ +A^{16}=\begin{pmatrix} a & b \\ c & d \end{pmatrix}$일 때,

$a+b+c+d$의 값은?

① 1   ② 2   ③ 3

④ 4   ⑤ 5

300

두 이차정사각행렬 A, B가 $A+B=2E$, $AB=O$
를 만족시킬 때, 다음 중
$A^{100}+A^{99}B+A^{98}B^2+\cdots+AB^{99}+B^{100}$과 같은
행렬은? (단, E는 단위행렬, O는 영행렬이다.)

① O ② E ③ A

④ $2^{100}E$ ⑤ $2^{100}A$

유형 6
행렬 곱셈의 여러 가지 성질

301

A, B가 이차정사각행렬일 때, 다음 [보기] 중 옳은
것만을 있는 대로 고른 것은?
(단, E는 단위행렬, O는 영행렬이다.)

[보 기]

ㄱ. $AB=BA$이면 $(AB)^3=A^3B^3$이다.

ㄴ. $(A+B)^2=O$이면 $A+B=O$이다.

ㄷ. $A^3=A^2=E$이면 $A=E$이다.

① ㄱ   ② ㄴ   ③ ㄱ, ㄷ

④ ㄴ, ㄷ   ⑤ ㄱ, ㄴ, ㄷ

302

두 이차정사각행렬 A, B에 대하여 다음 [보기] 중 $AB=BA$가 성립하도록 하는 조건인 것만을 있는 대로 고른 것은? (단, E는 단위행렬, O는 영행렬이다.)

[보 기]

ㄱ. $A=B^2$

ㄴ. $(A+B)(A-B)=A^2-B^2$

ㄷ. $A+B=E$

① ㄱ   ② ㄴ   ③ ㄱ, ㄷ

④ ㄴ, ㄷ   ⑤ ㄱ, ㄴ, ㄷ

303

두 이차정사각행렬 A, B에 대하여 다음 [보기] 중 옳은 것만을 있는 대로 고른 것은?
(단, E는 단위행렬, O는 영행렬이다.)

[보 기]

ㄱ. $A^2=E$이면 $A=E$이다.

ㄴ. $(A+2B)^2=(A-2B)^2$이면 $AB+BA=O$이다.

ㄷ. $AB=A$, $BA=B$이면 $A^2+B^2=A+B$이다.

① ㄱ   ② ㄷ   ③ ㄱ, ㄴ

④ ㄴ, ㄷ   ⑤ ㄱ, ㄴ, ㄷ

304

두 이차정사각행렬 A, B가 $AB+B=A$, $ABA-A^2=E$를 만족시킬 때, 옳은 것만을 [보기]에서 있는 대로 고른 것은? (단, E는 단위행렬이다.)

[보 기]

ㄱ. $AB=BA$

ㄴ. $A^3+B^3=E$

ㄷ. $(B+E)^{30}=-3^{15}E$

① ㄱ   ② ㄴ   ③ ㄱ, ㄷ

④ ㄴ, ㄷ   ⑤ ㄱ, ㄴ, ㄷ

유형 7

실생활에서 행렬 곱셈의 활용

305

〈표1〉은 어느 과학공원의 관람료, 〈표2〉는 과학공원을 관람할 사람 수를 나타낸 것이다. 〈표2〉와 같이 9명이 평일에 과학공원을 관람한다면 주말 관람에 비해 절약할 수 있는 금액은?

〈표1〉

구분	성인	청소년
평일	8,000원	6,000원
주말	10,000원	7,000원

〈표2〉

대상	사람 수
성인	4
청소년	5

306

〈표1〉은 두 식당 P, Q에서 판매하는 짜장면과 짬뽕의 가격이고, 〈표2〉는 은주의 가족과 선희의 가족이 주문하려고 하는 짜장면과 짬뽕의 수이다.

〈표1〉		(단위: 원)
메뉴 / 식당	짜장면	짬뽕
P	3,500	4,000
Q	3,000	4,500

〈표2〉		(단위: 그릇)
가족 / 메뉴	은주	선희
짜장면	6	3
짬뽕	4	5

〈표1〉과 〈표2〉를 각각 행렬 $A = \begin{pmatrix} 3500 & 4000 \\ 3000 & 4500 \end{pmatrix}$,

$B = \begin{pmatrix} 6 & 3 \\ 4 & 5 \end{pmatrix}$로 나타낸다. 이때, 선희의 가족이 P식당에 주문할 경우에 지불해야 할 금액을 나타낸 것은?

① 행렬 AB의 $(1, 2)$ 성분

② 행렬 AB의 $(2, 1)$ 성분

③ 행렬 AB의 $(2, 2)$ 성분

④ 행렬 BA의 $(1, 2)$ 성분

⑤ 행렬 BA의 $(2, 1)$ 성분

307

가정의 전력량 요금은 200kWh 이하까지는 다음과 같은 방법으로 계산한다.

> 사용한 전력량 중에서 100kWh까지는 1kWh에 59원이고, 100kWh를 초과한 나머지 전력량에 대해서는 1kWh에 122원이다.

한 달간 사용한 전력량이 $a\,\mathrm{kWh}\,(100 < a \leq 200$, a는 자연수)인 어느 가정의 전력량 요금(원)은 행렬 $\begin{pmatrix} 100 & a \\ 0 & x \end{pmatrix}\begin{pmatrix} 59 \\ 122 \end{pmatrix}$의 모든 성분의 합과 같다. x의 값은?

① -100 ② -1 ③ 0

④ 1 ⑤ 100

308

다음 표는 어떤 전자 회사 '갑', '을' 두 공장에서 만들어진 제품 A와 B의 작년도 생산량이다.

제품 / 공장	A	B
갑	20	30
을	25	15

올해 갑 공장에서는 작년에 비하여 두 제품 모두 생산량을 40%증가시킬 계획이고, 을 공장에서는 제품 A, B의 생산량을 각각 30%, 20% 증가시킬 계획이다. 행렬 P, Q를

$P = \begin{pmatrix} 20 & 30 \\ 25 & 15 \end{pmatrix}$, $Q = \begin{pmatrix} 1.4 & 1.3 \\ 1.4 & 1.2 \end{pmatrix}$라고 할 때, 다음 중 행렬 PQ의 $(2, 2)$ 성분이 나타내는 것은?

281 ·· 정답 4

이차정사각행렬 A의 (i, j) 성분 a_{ij}를 $a_{ij} = (-1)^{i+j} + ki$라 하자. 행렬 A의 모든 성분의 합이 24일 때, 상수 k의 값은?

① 1   ② 2   ③ 3

④ 4   ⑤ 5

A가 이차정사각 행렬이므로 a_{11}, a_{12}, a_{21}, a_{22}를 구한다.

$a_{11} = (-1)^{1+1} + k = 1 + k$

$a_{12} = (-1)^{1+2} + k = -1 + k$

$a_{21} = (-1)^{2+1} + 2k = -1 + 2k$

$a_{22} = (-1)^{2+2} + 2k = 1 + 2k$

행렬 A의 모든 성분의 합이 24이므로

$1 + k + (-1 + k) + (-1 + 2k) + (1 + 2k) = 24$

$6k = 24$

$\therefore k = 4$

282 ·· 정답 6

행렬 A의 (i, j) 성분 a_{ij}가 $a_{ij} = (i-1)(j^2 + k)$, $(i = 1, 2, 3, \ j = 1, 2)$일 때, 행렬 A의 모든 성분의 합이 51이다. 이때, 실수 k의 값을 구하시오.

$a_{ij} = (i-1)(j^2 + k)$에 $i = 1, 2, 3$, $j = 1, 2$를 각각 대입한다.

$a_{11} = (1-1)(1^2 + k) = 0$

$a_{12} = (1-1)(2^2 + k) = 0$

$a_{21} = (2-1)(1^2 + k) = 1 + k$

$a_{22} = (2-1)(2^2 + k) = 4 + k$

$a_{31} = (3-1)(1^2 + k) = 2 + 2k$

$a_{32} = (3-1)(2^2 + k) = 8 + 2k$

행렬 A의 모든 성분의 합이 51이므로

$0 + 0 + (1+k) + (4+k) + (2+2k) + (8+2k) = 51$

$6k + 15 = 51$, $6k = 36$

$\therefore k = 6$

283 ········· 정답 19

> 행렬 A의 (i, j) 성분 a_{ij}가 $a_{ij} = 3j - i + k$일 때,
>
> $A = \begin{Bmatrix} p & 8 \\ q & r \\ s & 6 \end{Bmatrix}$ 이다. 이때, $p + q + r + s$의 값을 구하시오.
>
> (단, k는 상수이다.)

성분 a_{12}의 값을 알고 있으므로 대입하여 k값을 구한다. 그 후 p, q, r, s의 값을 대입하여 구한다.

$a_{12} = 3 \times 2 - 1 + k = 8$

$\therefore k = 3$

$a_{ij} = 3j - i + 3$이므로

$\quad p = a_{11} = 3 \times 1 - 1 + 3 = 5$

$\quad q = a_{21} = 3 \times 1 - 2 + 3 = 4$

$\quad r = a_{22} = 3 \times 2 - 2 + 3 = 7$

$\quad s = a_{31} = 3 \times 1 - 3 + 3 = 3$

$\therefore p + q + r + s = 19$

284 ········· 정답 7

> 행렬 A의 (i, j) 성분 $a_{ij} = \begin{cases} i - 2j & (i > j) \\ i + j & (i = j) \\ j - i & (i < j) \end{cases}$일 때,
>
> 행렬 A의 모든 성분의 합을 구하시오.
>
> (단, $i, j = 1, 2$)

$i > j$인 경우 → a_{21}

$i = j$인 경우 → a_{11}, a_{22}

$i < j$인 경우 → a_{12}를 각각 구한다.

$i > j$일 때, $a_{ij} = i - 2j$, $\quad a_{21} = 2 - 1 \times 2 = 0$

$i = j$일 때, $a_{ij} = i + j$, $\quad a_{11} = 1 + 1 = 2$

$\qquad\qquad\qquad\qquad\qquad a_{22} = 2 + 2 = 4$

$i < j$일 때, $a_{ij} = j - i$, $\quad a_{12} = 2 - 1 = 1$

$\therefore A = \begin{Bmatrix} 2 & 1 \\ 0 & 4 \end{Bmatrix}$

행렬 A의 모든 성분의 합은 7

285 ········· 정답 ⑤

> 두 행렬 $A = \begin{pmatrix} 1 & 0 \\ -1 & 2 \end{pmatrix}$, $B = \begin{pmatrix} 2 & 3 \\ 0 & 2 \end{pmatrix}$와 두 행렬
>
> X, Y가 $X + Y = 3A - 5B$, $X - Y = A + B$를 만족시킬 때, 행렬 $X + 2Y$는?
>
> ① $\begin{pmatrix} 4 & 12 \\ 9 & 2 \end{pmatrix}$ ② $\begin{pmatrix} 3 & 4 \\ -4 & 3 \end{pmatrix}$ ③ $\begin{pmatrix} 24 & 12 \\ -4 & 6 \end{pmatrix}$
>
> ④ $\begin{pmatrix} 10 & 12 \\ -15 & 10 \end{pmatrix}$ ⑤ $\begin{pmatrix} -12 & -24 \\ -4 & -8 \end{pmatrix}$

연립하여 행렬 X와 행렬 Y를 구한다.

$X + Y = 3A - 5B$, $\quad X - Y = A + B$

$2X = 4A - 4B$

$\therefore X = 2A - 2B$

$2Y = 2A - 6B$

$\therefore Y = A - 3B$

행렬 $X + 2Y = 2A - 2B + 2(A - 3B)$

$\qquad = 4A - 8B$

$\qquad = 4\begin{pmatrix} 1 & 0 \\ -1 & 2 \end{pmatrix} - 8\begin{pmatrix} 2 & 3 \\ 0 & 2 \end{pmatrix}$

$\qquad = \begin{pmatrix} 4-16 & 0-24 \\ -4-0 & 8-16 \end{pmatrix} = \begin{pmatrix} -12 & -24 \\ -4 & -8 \end{pmatrix}$

286 ·········· 정답 2

세 이차정사각행렬 A, B, C 에 대하여
$A+C=\begin{pmatrix} 0 & 2 \\ 1 & -2 \end{pmatrix}$, $B-C=\begin{pmatrix} 2 & 0 \\ -3 & 2 \end{pmatrix}$일 때, 행렬
① $A(B-C)+CB-C^2$의 모든 성분의 합을 구하시오.

────────────────────────── ①

공통 행렬을 파악하여 식을 간단하게 표현한다.
$A(B-C)+CB-C^2$
$\quad = A(B-C)+C(B-C)$
$\quad = (A+C)(B-C)$
$\quad = \begin{pmatrix} 0 & 2 \\ 1 & -2 \end{pmatrix}\begin{pmatrix} 2 & 0 \\ -3 & 2 \end{pmatrix} = \begin{pmatrix} -6 & 4 \\ 8 & -4 \end{pmatrix}$

∴ 모든 성분의 합은 2

287 ·········· 정답 15

두 이차정사각행렬 A, B에 대하여
① $A+B=\begin{pmatrix} 0 & 3 \\ 2 & 1 \end{pmatrix}$, $A^2+B^2=\begin{pmatrix} 3 & -2 \\ 1 & 1 \end{pmatrix}$일 때, 행렬
$BA+AB$의 모든 성분의 합을 구하시오.

────────────────────────── ①

$A+B$ 와 A^2+B^2의 관계를 통해 $AB+BA$를 구한다.
$(A+B)^2 = (A+B)(A+B)$
$\qquad = A^2+AB+BA+B^2$
∴ $BA+AB = (A+B)^2-(A^2+B^2)$
$\qquad = \begin{pmatrix} 0 & 3 \\ 2 & 1 \end{pmatrix}\begin{pmatrix} 0 & 3 \\ 2 & 1 \end{pmatrix} - \begin{pmatrix} 3 & -2 \\ 1 & 1 \end{pmatrix}$
$\qquad = \begin{pmatrix} 6 & 3 \\ 2 & 7 \end{pmatrix} - \begin{pmatrix} 3 & -2 \\ 1 & 1 \end{pmatrix}$
$\qquad = \begin{pmatrix} 3 & 5 \\ 1 & 6 \end{pmatrix}$

∴ 모든 성분의 합은 15

288 ·········· 정답 10

두 이차정사각행렬 A, B에 대하여
① $A-B=\begin{pmatrix} 7 & -2 \\ 0 & 1 \end{pmatrix}$, $A+B=\begin{pmatrix} 3 & 4 \\ -2 & 3 \end{pmatrix}$일 때, 행렬
② A^2-B^2의 $(1,\ 2)$ 성분을 구하시오.

────────────────────────── ①

$A^2-B^2 = (A+B)(A-B)$가 아님에 유의하자.
$(\because\ AB \neq BA)$

────────────────────────── ②

$A-B$와 $A+B$를 연립하여 A와 B를 각각 구한다.
$A-B=\begin{pmatrix} 7 & -2 \\ 0 & 1 \end{pmatrix}$ $A+B=\begin{pmatrix} 3 & 4 \\ -2 & 3 \end{pmatrix}$에서
$2A=\begin{pmatrix} 10 & 2 \\ -2 & 4 \end{pmatrix}$ $\qquad 2B=\begin{pmatrix} -4 & 6 \\ -2 & 2 \end{pmatrix}$
$A=\begin{pmatrix} 5 & 1 \\ -1 & 2 \end{pmatrix}$ $\qquad B=\begin{pmatrix} -2 & 3 \\ -1 & 1 \end{pmatrix}$
∴ $A^2-B^2 = \begin{pmatrix} 5 & 1 \\ -1 & 2 \end{pmatrix}\begin{pmatrix} 5 & 1 \\ -1 & 2 \end{pmatrix} - \begin{pmatrix} -2 & 3 \\ -1 & 1 \end{pmatrix}\begin{pmatrix} -2 & 3 \\ -1 & 1 \end{pmatrix}$
$\qquad = \begin{pmatrix} 24 & 7 \\ -7 & 3 \end{pmatrix} - \begin{pmatrix} 1 & -3 \\ 1 & -2 \end{pmatrix}$
$\qquad = \begin{pmatrix} 23 & 10 \\ -8 & 5 \end{pmatrix}$

∴ 행렬 A^2-B^2의 $(1,\ 2)$의 성분은 10

289 ·········· 정답 9

행렬 $A = \begin{pmatrix} 0 & 1 \\ 1 & 0 \end{pmatrix}$에 대하여 $(E+2A)^2 = xE+yA$가 성립할 때, 실수 x, y에 대하여 $x+y$의 값을 구하시오. (단, E는 단위행렬이다.)

$(E+2A)^2 = E^2 + 4AE + 4A^2$

$= E + 4A + 4A^2$에서 $A^2 = E$임을 이용한다.

$A^2 = \begin{pmatrix} 0 & 1 \\ 1 & 0 \end{pmatrix}\begin{pmatrix} 0 & 1 \\ 1 & 0 \end{pmatrix} = \begin{pmatrix} 1 & 0 \\ 0 & 1 \end{pmatrix} = E$

$\therefore (E+2A)^2 = E+4A+4A^2 = 5E+4A$

$\therefore x=5, \ y=4$

$x+y=9$

290 ·········· 정답 ③

두 이차정사각행렬 A, B에 대하여 $A=-B$, $AB=E$일 때, 다음 중 $A^{806}+B^{808}$과 같은 것은? (단, E는 단위행렬, O는 영행렬이다.)

① $-E$ ② E ③ O

④ $A-E$ ⑤ $A+E$

$A=-B$, $AB=E$ 에서 $A(-A)=E$

$\therefore A^2 = -E$

위의 방법으로 $A^n = E$ 가 되는 n을 찾는다.

$A^4 = (A^2)^2 = (-E)^2 = E$

같은 방법으로 $B^4 = E$

$\therefore A^{806}+B^{808} = (A^4)^{201}A^2 + (B^4)^{202}$

$\qquad = -E+E = O$

291 ·········· 정답 5

두 이차정사각행렬 A, B에 대하여 $A+B=3E$, $AB=2E$일 때, $A^2+B^2 = kE$이다. 이때, 상수 k의 값을 구하시오. (단, E는 단위행렬이다.)

$A+B=3E$에서 $B=3E-A$, $A=3E-B$의 꼴로 변형한 후, $AB=2E$에 대입하여 A^2과 B^2의 값을 구한다.

$B=3E-A$, $A(3E-A)=2E$

$3A-A^2 = 2E$

$\therefore A^2 = 3A-2E$

같은 방법으로 $B^2 = 3B-2E$

$\therefore A^2+B^2 = 3A-2E+3B-2E$

$\qquad = 3(A+B)-4E$

$\qquad = 3(3E)-4E$

$\qquad = 5E$

$\therefore k=5$

292

> 두 이차정사각행렬 A, B가 $A+B=E$, $AB=E$를 만족시킬 때, $A^{1000}+B^{1000}-A^{1001}-B^{1001}$과 같은 행렬은? (단, E는 단위행렬이다.)
>
> ① $-2E$ ② $-E$ ③ E
>
> ④ $2E$ ⑤ $3E$

식을 활용해 $A^n=E$ 또는 $A^n=-E$가 되는 n의 값을 찾는다.

$B=E-A$를 $AB=E$에 대입하면 $A(E-A)=E$

$A-A^2=E$

$A^2-A+E=O$

양변에 $(A+E)$를 곱하여 간단하게 식을 변형한다.

$(A+E)(A^2-A+E)=O$

$A^3+E=O$ $\therefore A^3=-E$

같은 방법으로 $B^3=-E$

$\therefore A^{1000}+B^{1000}-A^{1001}-B^{1001}$

$= (A^3)^{333}A+(B^3)^{333}B-(A^3)^{333}A^2-(B^3)^{333}B^2$

$= (-E)^{333}A+(-E)^{333}B-(-E)^{333}A^2-(-E)^{333}B^2$

$= -A-B+A^2+B^2$

$= -2E \quad (\because A^2-A=-E, \ B^2-B=-E)$

293

> 행렬 $A=\begin{pmatrix} -2 & 0 \\ 0 & 2 \end{pmatrix}$에 대하여 행렬 $A^{10}+A^{11}$의 모든 성분의 합을 구하시오.

A의 거듭제곱을 반복하여 $A^n=kE$가 되는 n을 찾는다.

$A^2=AA=\begin{pmatrix} -2 & 0 \\ 0 & 2 \end{pmatrix}\begin{pmatrix} -2 & 0 \\ 0 & 2 \end{pmatrix}=\begin{pmatrix} 4 & 0 \\ 0 & 4 \end{pmatrix}=4E$

$\therefore A^{10}+A^{11}=(A^2)^5+(A^2)^5A$

$= 4^5E+4^5A$

$= \begin{pmatrix} 4^5 & 0 \\ 0 & 4^5 \end{pmatrix}+\begin{pmatrix} -4^5\times 2 & 0 \\ 0 & 4^5\times 2 \end{pmatrix}$

$= \begin{pmatrix} -4^5 & 0 \\ 0 & 3\times 4^5 \end{pmatrix}$

$\therefore$ 모든 성분의 합은 $2\cdot 4^5=2^{11}=2048$

294 ·········· 정답 10

①

행렬 $A = \begin{pmatrix} 1 & -2 \\ 0 & 1 \end{pmatrix}$ 에 대하여 행렬

$A - A^2 + A^3 - A^4 + \cdots + A^9 - A^{10}$ 의 모든 성분의

합을 구하시오.

①

A의 거듭제곱을 통해 규칙을 찾는다.

$$A^2 = AA = \begin{pmatrix} 1 & -2 \\ 0 & 1 \end{pmatrix}\begin{pmatrix} 1 & -2 \\ 0 & 1 \end{pmatrix} = \begin{pmatrix} 1 & -4 \\ 0 & 1 \end{pmatrix}$$

$$A^3 = A^2 A = \begin{pmatrix} 1 & -4 \\ 0 & 1 \end{pmatrix}\begin{pmatrix} 1 & -2 \\ 0 & 1 \end{pmatrix} = \begin{pmatrix} 1 & -6 \\ 0 & 1 \end{pmatrix}$$

$$\vdots$$

$$A^n = \begin{pmatrix} 1 & -2n \\ 0 & 1 \end{pmatrix} \text{이므로}$$

$$A - A^2 + A^3 - A^4 + \cdots + A^9 - A^{10}$$

$$= \begin{pmatrix} 1 & -2 \\ 0 & 1 \end{pmatrix} - \begin{pmatrix} 1 & -4 \\ 0 & 1 \end{pmatrix} + \begin{pmatrix} 1 & -6 \\ 0 & 1 \end{pmatrix} - \begin{pmatrix} 1 & -8 \\ 0 & 1 \end{pmatrix} + \cdots$$

$$\quad + \begin{pmatrix} 1 & -18 \\ 0 & 1 \end{pmatrix} - \begin{pmatrix} 1 & -20 \\ 0 & 1 \end{pmatrix}$$

$$= \begin{pmatrix} 1-1+\cdots+1-1 & -2+4-\cdots-18+20 \\ 0 & 1-1+\cdots+1-1 \end{pmatrix}$$

$$= \begin{pmatrix} 0 & 10 \\ 0 & 0 \end{pmatrix}$$

$\therefore$ 모든 성분의 합은 10

295 ·········· 정답 3

①

행렬 $A = \dfrac{1}{3}\begin{pmatrix} 2 & 7 \\ -1 & 1 \end{pmatrix}$ 에 대하여

$A + A^2 + A^3 + \cdots + A^{205}$ 의 모든 성분의 합을

구하시오.

①

A의 거듭제곱을 통해 규칙을 찾는다.

$$A = \frac{1}{3}\begin{pmatrix} 2 & 7 \\ -1 & 1 \end{pmatrix}$$

$$A^2 = \frac{1}{9}\begin{pmatrix} 2 & 7 \\ -1 & 1 \end{pmatrix}\begin{pmatrix} 2 & 7 \\ -1 & 1 \end{pmatrix} = \frac{1}{9}\begin{pmatrix} -3 & 21 \\ -3 & -6 \end{pmatrix}$$

$$A^3 = \frac{1}{27}\begin{pmatrix} -3 & 21 \\ -3 & -6 \end{pmatrix}\begin{pmatrix} 2 & 7 \\ -1 & 1 \end{pmatrix}$$

$$\quad = \frac{1}{27}\begin{pmatrix} -27 & 0 \\ 0 & -27 \end{pmatrix} = -E$$

$$A^4 = A^3 A = -A$$

$$A^5 = A^3 A^2 = -A^2$$

$$A^6 = A^3 A^3 = E$$

$$\therefore A + A^2 + A^3 + A^4 + A^5 + A^6 = O$$

6개 단위로 O행렬이 만들어짐을 알 수 있다.

$$\therefore A + A^2 + A^3 + \cdots + A^{205}$$

$$\quad = O + A^{205} = A^{204} \cdot A = A$$

$\therefore$ 모든 성분의 합은 3

296   정답 5

행렬 $A = \begin{pmatrix} 0 & 0 & 3 \\ 1 & 1 & 1 \\ 1 & 1 & 1 \end{pmatrix}$에 대하여 $A^n \begin{pmatrix} 1 \\ 1 \\ 1 \end{pmatrix} = \begin{pmatrix} x_n \\ y_n \\ z_n \end{pmatrix}$ 이라

할 때, 부등식 $x_n + y_n + z_n < 1000$을 만족시키는 자연수 n의 최댓값을 구하시오.

A의 거듭제곱을 통해 규칙을 찾는다.

$A = \begin{pmatrix} 0 & 0 & 3 \\ 1 & 1 & 1 \\ 1 & 1 & 1 \end{pmatrix}$에 대하여

$A \begin{pmatrix} 1 \\ 1 \\ 1 \end{pmatrix} = \begin{pmatrix} 0 & 0 & 3 \\ 1 & 1 & 1 \\ 1 & 1 & 1 \end{pmatrix} \begin{pmatrix} 1 \\ 1 \\ 1 \end{pmatrix} = \begin{pmatrix} 3 \\ 3 \\ 3 \end{pmatrix}$

$A^2 \begin{pmatrix} 1 \\ 1 \\ 1 \end{pmatrix} = A \cdot A \begin{pmatrix} 1 \\ 1 \\ 1 \end{pmatrix} = \begin{pmatrix} 0 & 0 & 3 \\ 1 & 1 & 1 \\ 1 & 1 & 1 \end{pmatrix} \begin{pmatrix} 3 \\ 3 \\ 3 \end{pmatrix} = \begin{pmatrix} 9 \\ 9 \\ 9 \end{pmatrix}$

$A^3 \begin{pmatrix} 1 \\ 1 \\ 1 \end{pmatrix} = A \cdot A^2 \begin{pmatrix} 1 \\ 1 \\ 1 \end{pmatrix} = \begin{pmatrix} 0 & 0 & 3 \\ 1 & 1 & 1 \\ 1 & 1 & 1 \end{pmatrix} \begin{pmatrix} 9 \\ 9 \\ 9 \end{pmatrix} = \begin{pmatrix} 27 \\ 27 \\ 27 \end{pmatrix}$

$$\vdots$$

$A^n \begin{pmatrix} 1 \\ 1 \\ 1 \end{pmatrix} = \begin{pmatrix} 3^n \\ 3^n \\ 3^n \end{pmatrix}$

$\therefore \ x_n = 3^n, \ y_n = 3^n, \ z_n = 3^n$

$x_n + y_n + z_n < 1000 \ \Rightarrow \ 3^n + 3^n + 3^n < 1000$

$3 \cdot 3^n < 1000, \quad 3^{n+1} < 1000$

$\therefore$ 자연수 n의 최댓값은 5

297   정답 ⑤

행렬 $A = \begin{pmatrix} 1 & -1 \\ 3 & -2 \end{pmatrix}$에 대하여 다음 중

$A^{16} + A^{10} + A^3$과 같은 행렬은? (단, E는 단위행렬, O는 영행렬이다.)

① $-2A$ ② $-E$ ③ O

④ $2E$ ⑤ $2A + E$

$A^2, \ A^3, \cdots$를 구해서 $A^n = E$가 되는 n을 찾고, 식을 간단히 한다.

$A^2 = \begin{pmatrix} 1 & -1 \\ 3 & -2 \end{pmatrix} \begin{pmatrix} 1 & -1 \\ 3 & -2 \end{pmatrix} = \begin{pmatrix} -2 & 1 \\ -3 & 1 \end{pmatrix}$

$A^3 = \begin{pmatrix} -2 & 1 \\ -3 & 1 \end{pmatrix} \begin{pmatrix} 1 & -1 \\ 3 & -2 \end{pmatrix} = \begin{pmatrix} 1 & 0 \\ 0 & 1 \end{pmatrix} = E$

$\therefore \ A^{16} + A^{10} + A^3 = (A^3)^5 \cdot A + (A^3)^3 \cdot A + E$
$\qquad = 2A + E$

298   정답 -64

두 이차정사각행렬 A, B가 $A + B = O$,
$AB = 2E$를 만족시킬 때, 행렬 $A^{10} + B^{10}$의 $(1, \ 1)$
성분을 구하시오.
(단, O는 영행렬, E는 단위행렬이다.)

$A + B = O$에서 $B = -A$

이를 $AB = 2E$에 대입하면 $A(-A) = 2E$

$\therefore \ A^2 = -2E$

$A^{10} + B^{10} = A^{10} + (-A)^{10}$
$\qquad = 2A^{10} = 2(A^2)^5$
$\qquad = 2(-2E)^5$
$\qquad = -2^6 E = \begin{pmatrix} -64 & 0 \\ 0 & -64 \end{pmatrix}$

$\therefore \ (1, \ 1)$의 성분은 -64

299 정답 ①

행렬 $A = \begin{pmatrix} -2 & -1 \\ 3 & 1 \end{pmatrix}$에 대하여

① $A + A^2 + A^3 + \cdots + A^{16} = \begin{pmatrix} a & b \\ c & d \end{pmatrix}$일 때,

$a + b + c + d$의 값은?

① 1   ② 2   ③ 3

④ 4   ⑤ 5

$A^n = E$가 되는 n을 찾는다.

$A^2 = \begin{pmatrix} -2 & -1 \\ 3 & 1 \end{pmatrix}\begin{pmatrix} -2 & -1 \\ 3 & 1 \end{pmatrix} = \begin{pmatrix} 1 & 1 \\ -3 & -2 \end{pmatrix}$

$A^3 = \begin{pmatrix} 1 & 1 \\ -3 & -2 \end{pmatrix}\begin{pmatrix} -2 & -1 \\ 3 & 1 \end{pmatrix} = \begin{pmatrix} 1 & 0 \\ 0 & 1 \end{pmatrix} = E$

$A^3 = E$를 $(A + A^2 + A^3)$이 반복되는 것을 이용해 식을 간단히 하자.

$\therefore A + A^2 + A^3 + \cdots + A^{16}$

$= (A + A^2 + A^3) + A^3(A + A^2 + A^3) +$

$\qquad \cdots + A^{12}(A + A^2 + A^3) + A^{15}A$

$= 5(A^2 + A + E) + A$

$((A^{16} = A^{15} \cdot A = E \cdot A = A)$

$= 5A^2 + 6A + 5E$

$= 5\begin{pmatrix} 1 & 1 \\ -3 & -2 \end{pmatrix} + 6\begin{pmatrix} -2 & -1 \\ 3 & 1 \end{pmatrix} + 5\begin{pmatrix} 1 & 0 \\ 0 & 1 \end{pmatrix}$

$= \begin{pmatrix} -2 & -1 \\ 3 & 1 \end{pmatrix}$

$\therefore a + b + c + d = 1$

300 정답 ④

두 이차정사각행렬 A, B가 $A + B = 2E$, $AB = O$를 만족시킬 때, 다음 중

$A^{100} + A^{99}B + A^{98}B^2 + \cdots + AB^{99} + B^{100}$과 같은

행렬은? (단, E는 단위행렬, O는 영행렬이다.)

① O ② E ③ A

④ $2^{100}E$ ⑤ $2^{100}A$

하나의 행렬에 대한 식으로 정리한다.

$A + B = 2E$에서 $B = -A + 2E$, $AB = O$에 대입하

면 $A(-A + 2E) = O$, $-A^2 + 2A = O$

$\therefore A^2 = 2A$

$A^3 = A^2 A = 2AA = 2A^2 = 2^2A$

$A^4 = A^3 A = 2^2 AA = 2^2 A^2 = 2^3 A$이므로

자연수 n에 대하여 $A^n = 2^{n-1}A$

같은 방법으로 $B^n = 2^{n-1}B$

$\therefore A^{100} + A^{99}B + A^{98}B^2 + \cdots + AB^{99} + B^{100}$

$AB = O$을 이용하여 식을 간단히 하자.

$= 2^{99}A + 2^{98}AB + 2^{97}A2B + \cdots + 2^{98}AB + 2^{99}B$

$= 2^{99}A + O + O + \cdots + A + 2^{99}B$

$= 2^{99}(A + B) = 2^{100}E$

301 ·········· 정답 ③

A, B가 이차정사각행렬일 때, 다음 [보기] 중 옳은 것만을 있는 대로 고른 것은?
(단, E는 단위행렬, O는 영행렬이다.)

[보기]

ㄱ. $AB=BA$이면 $(AB)^3=A^3B^3$이다.
ㄴ. $(A+B)^2=O$이면 $A+B=O$이다. ①
ㄷ. $A^3=A^2=E$이면 $A=E$이다.

① ㄱ   ② ㄴ   ③ ㄱ, ㄷ
④ ㄴ, ㄷ   ⑤ ㄱ, ㄴ, ㄷ

ㄱ. $(AB)^3=A(BA)(BA)B=A(AA)(BB)B$
$=A^3B^3$ $(\because AB=BA)(\bigcirc)$

①

$(A')^2=O$일 때, A'가 O이 아닌 경우를 생각하자.

ㄴ. $A+B=\begin{pmatrix}0&1\\0&0\end{pmatrix}$인 경우,

$(A+B)^2=\begin{pmatrix}0&1\\0&0\end{pmatrix}\begin{pmatrix}0&1\\0&0\end{pmatrix}=\begin{pmatrix}0&0\\0&0\end{pmatrix}=O$이지만

$A+B\neq O$ (×)

ㄷ. $A^3=A^2A=EA=A$
$\therefore A=E$ (○)

302 ·········· 정답 ⑤

두 이차정사각행렬 A, B에 대하여 다음 [보기] 중 $AB=BA$가 성립하도록 하는 조건인 것만을 있는 대로 고른 것은? (단, E는 단위행렬, O는 영행렬이다.)

[보기]

ㄱ. $A=B^2$ ①
ㄴ. $(A+B)(A-B)=A^2-B^2$
ㄷ. $A+B=E$

① ㄱ   ② ㄴ   ③ ㄱ, ㄷ
④ ㄴ, ㄷ   ⑤ ㄱ, ㄴ, ㄷ

①

ㄱ. $A=B^2$을 변형하여 $AB=B^3$ $BA=B^3$인 경우를 생각하자.
$\therefore AB=BA$ (○)

ㄴ. $(A+B)(A-B)=A^2+BA-AB-B^2$
$A^2+BA-AB-B^2=A^2-B^2$이려면
$AB=BA$이어야 한다. (○)

ㄷ. $A+B=E$에서 $A=E-B$
$AB=(E-B)B=B-B^2$
$BA=B(E-B)=B-B^2$
$\therefore AB=BA$ (○)

$\therefore AB=BA$가 성립하도록 하는 조건은 ㄱ, ㄴ, ㄷ

303   정답 ④

두 이차정사각행렬 A, B에 대하여 다음 [보기] 중 옳은 것만을 있는 대로 고른 것은?
(단, E는 단위행렬, O는 영행렬이다.)

[보 기]

ㄱ. $A^2 = E$이면 $A = E$이다. ①

ㄴ. $(A+2B)^2 = (A-2B)^2$이면 $AB+BA = O$ 이다.

ㄷ. $AB = A$, $BA = B$이면 $A^2+B^2 = A+B$ 이다.

① ㄱ   ② ㄷ   ③ ㄱ, ㄴ
④ ㄴ, ㄷ   ⑤ ㄱ, ㄴ, ㄷ

---

①

ㄱ의 경우 $A = \begin{pmatrix} 0 & 1 \\ 1 & 0 \end{pmatrix}$을 반례로 기억하자.

ㄱ. $A = \begin{pmatrix} 0 & 1 \\ 1 & 0 \end{pmatrix}$인 경우 성립하지 않는다. (×)

ㄴ. $(A+2B)^2 = (A-2B)^2$에서
$A^2+2AB+2BA+4B^2 = A^2-2AB-2BA+4B^2$
$4AB+4BA = O$
$\therefore AB+BA = O$ (○)

ㄷ. $AB = A$ …㉠ $BA = B$ … ㉡에서
㉡을 ㉠의 양변에 A를 곱한 식에 대입한다.
㉠을 ㉡을 양변에 B를 곱한 식에 대입하여
$A^2+B^2 = A+B$임을 판별한다.
$ABA = A^2$에 ㉡을 대입하면
$AB = A^2 \Rightarrow A = A^2$(㉠에 의해 $AB = A$)
$BAB = B^2$에 ㉠을 대입하면
$BA = B^2 \Rightarrow B = B^2$(㉡에 의해 $BA = B$)
$\therefore A^2+B^2 = A+B$ (○)

304   정답 ③

두 이차정사각행렬 A, B가 $AB+B = A$,
① $ABA - A^2 = E$를 만족시킬 때, 옳은 것만을 [보기] 에서 있는 대로 고른 것은? (단, E는 단위행렬이다.)

[보 기]

ㄱ. $AB = BA$

ㄴ. $A^3+B^3 = E$

ㄷ. $(B+E)^{30} = -3^{15}E$

① ㄱ   ② ㄴ   ③ ㄱ, ㄷ
④ ㄴ, ㄷ   ⑤ ㄱ, ㄴ, ㄷ

---

①

$ABA - A^2 = E$를 $A(BA-A) = E$,
$(AB-A)A = E$로 나타낼 수 있다.
이를 이용해 행렬의 연산을 활용하여 추론한다.

ㄱ. $ABA - A^2 = E$ $(AB-A)A = E$
$A(BA-A) = E$
$A(BA-A) = E$의 양변에 $AB-A$를 곱하면
$(AB-A)A(BA-A) = AB-A$ $= E$
$BA-A = AB-A$ $\therefore AB = BA$ (○)

ㄴ. $A^2+A+E = O$을 활용하여
$A^3 = E$ 임을 이용한다.
$AB-A = -B$이고 ㉠에 대입하면 $-BA = E$
즉, $AB = BA = -E$(ㄴ에 의해), $ABA - A^2 = E$,
$-A-A^2 = E$ $\therefore A^2+A+E = O$에서 $A^3 = E$
$B^3 = A^3B^3 = (AB)^3 = (-E)^3 = -E$
$\therefore A^3+B^3 = O$ (×)

ㄷ. $AB = A-B = -E$에서 $B = A+E$
$(B+E)^2 = (A+2E)^2 = A^2+4A+4E$
$\qquad = 4A^2+4A+4E-3A^2 = -3A^2$
$\therefore (B+E)^{30} = (-3A^2)^{15} = -3^{15}E$ (○)

305 ························ 정답 13,000원

〈표1〉은 어느 과학공원의 관람료, 〈표2〉는 과학공원을 관람할 사람 수를 나타낸 것이다. 〈표2〉와 같이 9명이 평일에 과학공원을 관람한다면 주말 관람에 비해 절약할 수 있는 금액은? ①

〈표1〉		
구분	성인	청소년
평일	8,000원	6,000원
주말	10,000원	7,000원

〈표2〉	
대상	사람 수
성인	4
청소년	5

①

행렬의 곱셈을 이용하여 평일 요금과 주말 요금의 차를 구한다.

$$\begin{pmatrix} 8000 & 6000 \\ 10000 & 7000 \end{pmatrix} \begin{pmatrix} 4 \\ 5 \end{pmatrix} = \begin{pmatrix} 62000 \\ 75000 \end{pmatrix}$$

∴ 절약할 수 있는 금액은 13,000원

306 ························ 정답 ①

〈표1〉은 두 식당 P, Q에서 판매하는 짜장면과 짬뽕의 가격이고, 〈표2〉는 은주의 가족과 선희의 가족이 주문하려고 하는 짜장면과 짬뽕의 수이다.

〈표1〉		(단위: 원)
메뉴 / 식당	짜장면	짬뽕
P	3,500	4,000
Q	3,000	4,500

〈표2〉		(단위: 그릇)
가족 / 메뉴	은주	선희
짜장면	6	3
짬뽕	4	5

〈표1〉과 〈표2〉를 각각 행렬 $A = \begin{pmatrix} 3500 & 4000 \\ 3000 & 4500 \end{pmatrix}$,

$B = \begin{pmatrix} 6 & 3 \\ 4 & 5 \end{pmatrix}$ 로 나타낸다. 이때, 선희의 가족이 P식당에

주문할 경우에 지불해야 할 금액을 나타낸 것은?

① 행렬 AB의 (1, 2) 성분
② 행렬 AB의 (2, 1) 성분
③ 행렬 AB의 (2, 2) 성분
④ 행렬 BA의 (1, 2) 성분
⑤ 행렬 BA의 (2, 1) 성분

①

선희의 가족이 P식당에 주문할 경우에 지불해야 할 금액은 $(3500 \times 3 + 4000 \times 5)$원이다.

$AB = \begin{pmatrix} 3500 & 4000 \\ 3000 & 4500 \end{pmatrix} \begin{pmatrix} 6 & 3 \\ 4 & 5 \end{pmatrix}$ 에서 (1, 2)성분과 같다.

307

정답 ①

가정의 전력량 요금은 200kWh 이하까지는 다음과 같은 방법으로 계산한다.

> 사용한 전력량 중에서 100kWh까지는 1kWh에 59원이고, 100kWh를 초과한 나머지 전력량에 대해서는 1kWh에 122원이다. ①

한 달간 사용한 전력량이 a kWh $(100 < a \leq 200,$ a는 자연수$)$인 어느 가정의 전력량 요금(원)은 행렬 $\begin{pmatrix} 100 & a \\ 0 & x \end{pmatrix}\begin{pmatrix} 59 \\ 122 \end{pmatrix}$의 모든 성분의 합과 같다. x의 값은?

① -100 ② -1 ③ 0

④ 1 ⑤ 100

---

① 한 달간 사용한 전력량이 a kWh식이므로 100kWh를 초과한 전력량을 $(a-100)$으로 들 수 있다.

전력량 요금은 $(100 \times 59) + \{(a-100) \times 122\}$이다.

여기서 행렬 $\begin{pmatrix} 100 & a \\ 0 & x \end{pmatrix}\begin{pmatrix} 59 \\ 122 \end{pmatrix}$를 계산하면

$$= \begin{pmatrix} 100 \times 59 + a \times 122 \\ x \times 122 \end{pmatrix}$$

전력량 요금과 행렬의 성분의 합이 같으므로

$x = -100$

308

정답 해설 참고

다음 표는 어떤 전자 회사 '갑', '을' 두 공장에서 만들어진 제품 A와 B의 작년도 생산량이다.

제품 공장	A	B
갑	20	30
을	25	15

올해 갑 공장에서는 작년에 비하여 두 제품 모두 생산량을 40%증가시킬 계획이고, 을 공장에서는 제품 A, B의 생산량을 각각 30%, 20% 증가시킬 계획이다. 행렬 P, Q를

$P = \begin{pmatrix} 20 & 30 \\ 25 & 15 \end{pmatrix}$, $Q = \begin{pmatrix} 1.4 & 1.3 \\ 1.4 & 1.2 \end{pmatrix}$라고 할 때, 다음 중 행렬 PQ의 $(2, 2)$ 성분이 나타내는 것은? ①

$$PQ = \begin{pmatrix} 20 & 30 \\ 25 & 15 \end{pmatrix}\begin{pmatrix} 1.4 & 1.3 \\ 1.4 & 1.2 \end{pmatrix}$$

$$= \begin{pmatrix} 20 \times 1.4 + 30 \times 1.4 & 20 \times 1.3 + 30 \times 1.2 \\ 25 \times 1.4 + 15 \times 1.4 & 25 \times 1.3 + 15 \times 1.2 \end{pmatrix}$$

PQ의 $(2, 2)$ 성분은 $25 \times 1.3 + 15 \times 1.20$이다.

25×1.3은 을 공장에서 올해 계획한 제품 A의 생산량, 15×1.2는 을 공장에서 올해 계획한 제품 B의 생산량과 같다.

$\therefore$ PQ의 $(2, 2)$ 성분은 을 공장이 올해 계획한 제품 A와 B의 생산량의 합을 나타낸다.

정답표

1단원 | 다항식의 연산

001	⑤	002	해설 참고	003	①	004	③	005	①
006	29	007	64	008	⑤	009	2	010	135
011	④	012	90	013	1212	014	$\sqrt{5}$	015	①
016	⑤	017	$5\sqrt{6}$	018	30	019	①	020	-58
021	7	022	①	023	①	024	②	025	③
026	⑤	027	①	028	①	029	154	030	⑤
031	④	032	④						

2단원 | 나머지정리와 인수분해

033	④	034	13	035	2022	036	8101	037	3
038	24	039	④	040	$-\dfrac{2}{17}$	041	⑤	042	6
043	3	044	$(x-y)(y-z)(z-x)$	045	⑤	046	③	047	④
048	36	049	17	050	80	051	$-\dfrac{1}{11}$	052	$\dfrac{24}{19}x^2+x-\dfrac{7}{19}$
053	271	054	①	055	116	056	116	057	④
058	72	059	②	060	48	061	97	062	③
063	27	064	$\dfrac{83}{2}$	065	22	066	-10	067	9
068	3								

3단원 | 복소수

069	$3+4i$	070	③	071	$-58-7\sqrt{5}\,i$	072	⑤	073	②
074	③	075	④	076	①	077	②	078	④
079	$\dfrac{45}{16}$	080	③	081	12	082	⑤	083	②
084	②	085	24	086	③	087	⑤	088	③
089	$\dfrac{1}{1-a}$	090	②	091	⑤	092	③		

4단원 | 이차방정식

번호	답	번호	답	번호	답	번호	답	번호	답
093	23	094	$-\dfrac{8}{3}$	095	29	096	498	097	10
098	-2	099	14	100	$x=\sqrt{5}$ 또는 $x=\sqrt{3}$	101	-3	102	3
103	3	104	6	105	-4	106	4개	107	12
108	$\sqrt{2}$	109	2	110	-5	111	$\dfrac{3}{2}$	112	-7
113	13	114	2	115	24	116	$-\dfrac{7}{2}$	117	0
118	14	119	5개	120	1	121	-5	122	-5
123	-12	124	$\dfrac{13}{2}$	125	10	126	-2	127	$\dfrac{9}{8}$
128	13								

5단원 | 이차방정식과 이차함수

번호	답	번호	답	번호	답	번호	답	번호	답
129	4	130	①	131	④	132	③	133	②
134	7개	135	②	136	⑤	137	$y=-2x-2$	138	⑤
139	⑤	140	②	141	$\dfrac{21}{4}$	142	-14	143	$f(x)=x^2-\dfrac{1}{2}x-\dfrac{15}{16}$
144	⑤	145	①	146	⑤	147	40	148	$\sqrt{2}$
149	3	150	2	151	27	152	13	153	1600원
154	12	155	72	156	2				

6단원 | 여러 가지 방정식

번호	답	번호	답	번호	답	번호	답	번호	답
157	$k\le\dfrac{25}{4}$	158	12개	159	17개	160	$a=\dfrac{25}{4}$	161	9
162	1	163	11	164	$\dfrac{3}{2}$	165	4	166	30
167	8	168	-1	169	ㄱ, ㄹ	170	ㄱ, ㄷ	171	ㄴ
172	ㄱ, ㄴ	173	$\dfrac{2}{5}$	174	2	175	9개	176	30
177	-3	178	4	179	7개	180	41	181	7
182	-1	183	-8	184	20	185	2	186	18개
187	8개	188	5개						

7단원 | 일차부등식

번호	답	번호	답	번호	답	번호	답	번호	답
189	$1 < k \le \dfrac{5}{4}$	190	$-\dfrac{7}{3} < a \le -\dfrac{4}{3}$	191	④	192	⑤	193	$700 \le x \le 1700$
194	⑤	195	⑤	196	24	197	14	198	$a \le -\dfrac{8}{3}$
199	⑤	200	③	201	13개	202	②	203	②
204	②								

8단원 | 이차부등식

번호	답	번호	답	번호	답	번호	답	번호	답
205	11개	206	-22	207	11	208	1	209	$-\dfrac{1}{4} \le x \le \dfrac{5}{4}$
210	-1	211	$\dfrac{7}{4}$	212	9	213	$k \le 1 - \sqrt{13}$	214	$\dfrac{4\sqrt{41}}{5}$
215	-6	216	$k < \dfrac{11}{3}$	217	3	218	$k \le 1$	219	$\dfrac{2}{3} < a < 2$
220	-10	221	$-1 \le x \le 7$	222	-4	223	$x \ge \dfrac{2}{3}$ 또는 $x \le -\dfrac{1}{3}$	224	$-\dfrac{1}{6}$
225	2개	226	$4 < a$	227	4	228	5	229	$2 \le a < \dfrac{15}{7}$
230	$k < 8$	231	$-4 < k < 21$	232	$k \le 6 - 4\sqrt{3}$ 또는 $k > 13$				

9단원 | 순열과 조합

번호	답	번호	답	번호	답	번호	답	번호	답
233	④	234	③	235	⑤	236	②	237	18
238	①	239	108	240	4608	241	①	242	12
243	②	244	22	245	26	246	9	247	③
248	31	249	84	250	③	251	④	252	④
253	⑤	254	②	255	⑤	256	2016	257	840
258	⑤	259	288	260	④	261	②	262	②
263	①	264	④	265	36	266	300	267	108
268	30	269	108	270	9자리	271	20	272	126
273	90	274	25	275	315	276	75	277	1680
278	33600	279	1050	280	55				

10단원 | 행렬과 그 연산

번호	답	번호	답	번호	답	번호	답	번호	답
281	4	282	6	283	19	284	7	285	⑤
286	2	287	15	288	10	289	9	290	③
291	5	292	①	293	2048	294	10	295	3
296	5	297	⑤	298	-64	299	①	300	④
301	③	302	⑤	303	④	304	③	305	13,000원
306	①	307	①	308	해설 참고				